U0224492

普通高等院校建筑环境与能源应用工程专业系列教材

建筑节能综合设计

杨柳 等编著

中国建材工业出版社

图书在版编目（CIP）数据

建筑节能综合设计/杨柳等编著. —北京：中国建
材工业出版社，2014.1
普通高等院校建筑环境与能源应用工程专业系列教材
ISBN 978-7- 5160-0616-0

I. ①建… Ⅱ. ①杨… Ⅲ. ①节能—建筑设计—高等
学校—教材　Ⅳ. ①TU201.5

中国版本图书馆 CIP 数据核字（2013）第 243638 号

内 容 简 介

　　本书依照我国最新颁布的各种建筑节能标准，引进国际先进的建筑节能理念，针对我国的地域环境和气候特点，重点介绍了在建筑设计中节能的原理和途径，提出了用建筑综合设计的思想和方法，将节能技术措施准确、合理地融入建筑并成为其必要组成部分，为的是有效提高建筑整体的能源利用效率。合理的建筑设计方案和节能策略能将节能技术与建筑有效地结合起来，以最少的投入达到最佳的节能效果。

建筑节能综合设计

杨柳　等编著

出版发行　中国建材工业出版社
地　　址：北京市西城区车公庄大街 6 号
邮　　编：100044
经　　销：全国各地新华书店
印　　刷：北京鑫正大印刷有限公司
开　　本：787mm×1092mm　1/16
印　　张：15
字　　数：368 千字
版　　次：2014 年 1 月第 1 版
印　　次：2014 年 1 月第 1 次
定　　价：**39.00 元**

本社网址：www.jccbs.com.cn

本书如出现印装质量问题，由我社发行部负责调换。联系电话：（010）88386906

编 委 会

主　编：杨　柳

副主编：谢　栋　罗智星　何　泉　成　辉

　　　　潘文彦　王登甲　王新彬

节约建筑用能源是建筑界实施可持续发展战略的一个关键环节，是贯彻可持续发展战略和实施科教兴国战略的重要方面，也是执行节约能源、保护环境基本国策和《节约能源法》的重要组成部分。在我国，建筑用能在能源消耗中占有较大比重，建筑节能工作任务巨大，刻不容缓。积极推进建筑节能，有利于改善人民生活和工作环境，保证国民经济持续稳定发展，减轻大气污染和温室气体排放，缓解地球变暖的趋势，是发展我国建筑业和节能事业的重要工作。

本书依照我国最新颁布的各种建筑节能标准，引进国际先进的建筑节能理念针对我国的地域环境和气候特点，重点介绍了在建筑设计中节能的原理和途径，提出了用有效的建筑综合设计的思想和方法，将节能技术措施准确、合理地融入建筑并成为其必要组成部分，为的是有效提高建筑整体的能源利用效率。建筑节能不是单纯的技术应用问题，而是涉及建筑规划、设计、设备、运行等与建筑有关的每一个环节的节能，合理的建筑设计方案和节能策略能将节能技术与建筑有效地结合起来，以最少的投入达到最佳的节能效果。

本书的内容包括建筑节能综合设计原理、建筑方案设计与节能、围护结构节能设计、被动式太阳能采暖设计、被动式降温设计、建筑设备系统与节能及建筑节能综合设计实例等七个章节。将建筑节能设计的有效方法合理融入到建筑设计的各阶段过程中，从而实现最大化的综合节能效果是本书的显著特色。本书由西安建筑科技大学绿色建筑研究中心杨柳教授统稿，谢栋、罗智星、何泉、成辉、潘文彦、王登甲、王新彬各位博士参与了书稿各章节的撰写工作。

本书根据全国高等学校土建类专业本科教育培养目标和培养方案及主干课程教学基本要求编写，可作为高等学校建筑学、城市规划专业的教材，也可供土建设计和科研人员作学习参考之用。

限于编者的水平，书中难免有疏漏或不妥之处，恳切希望得到各业界同仁的及时批评和指正。

西安建筑科技大学绿色建筑研究中心

2013 年 9 月

目　　录

中国建材工业出版社
China Building Materials Press

我们提供

图书出版、图书广告宣传、企业/个人定向出版、设计业务、企业内刊等外包、代选代购图书、团体用书、会议、培训，其他深度合作等优质高效服务。

编 辑 部	图书广告	出版咨询	图书销售	设计业务
010-88385207	010-68361706	010-68343948	010-68001605	010-88376510转1008

邮箱：jccbs-zbs@163.com   网址：www.jccbs.com.cn

发展出版传媒　　服务经济建设

传播科技进步　　满足社会需求

（版权专有，盗版必究。未经出版者预先书面许可，不得以任何方式复制或抄袭本书的任何部分。举报电话：010-68343948)

第1章 建筑节能综合设计原理

1.1 能量与能源

虽然"节能"是目前社会关注的热点，也是人们经常谈论的话题，但并不是所有的人都能够正确理解节约的"能"是什么。在英语词汇里，Energy 有"能量"、"能源"的含义，但实际上它们有不同的含义。首先要明确区分和理解能量、能源这两个相关的概念。能量是度量物质运动的一种物理量。对能源的解释有很多，我国的《能源百科全书》这样解释："能源是可以直接或经转换提供人类所需的光、热、动力等任一形式能量的载能体资源。"这与《科学技术百科全书》的定义比较接近："能源是可从其获得热、光和动力之类能量的资源。"简单地说，能源是一种呈多种形式的，且可以相互转换的能量的源泉，是自然界中能为人类提供某种形式能量的物质资源。

1.1.1 能量

构成客观世界有三大基础，即物质、能量和信息。运动是物质存在的方式，是物质的根本属性，而能量是物质运动的度量。物质运动形态不同，因此能量形式也不同。按目前人类的认识水平，能量有以下六种形式：

（1）机械能：包括固体和流体的动能、势能、弹性能和表面张力能。

（2）热能：分子运动所产生的能量。其他形式的能里，最终都可以转换成热能。而热能转换为其他形式的能量要遵循热力学第二定律。热能的表现形式有显热和潜热两种。显热可以用温度来度量，而潜热则是在物质相变过程中释放或吸收。

（3）辐射能：以电磁波形式传递的能量。太阳辐射就是辐射能的一种形式。地球上的所有能量，除了核能外，都是来源于太阳辐射。

（4）化学能：物质在化学反应过程中以热能形式释放出的能量。现代人类利用能量最普遍的方式是燃料的燃烧。燃料中的碳元素和氢元素在燃烧过程中释放出化学能。由于氢在燃烧过程中与空气中的氧反应产生水，因此氢能源是一种无污染的清洁能源。人类目前对氢燃料的开发利用还处于初级阶段。氢燃料在新世纪里将有很广阔的应用前景。

（5）电能：以电子的流动传递的能量。电能是一种高品位能量，可以很方便地转换成其他形式的能量。

（6）核能：是原子核内部粒子相互作用所释放的能量。核能要通过核反应释放能量。核反应有三种形式：放射性衰变、核裂变、核聚变。裂变和聚变所释放的能量是由裂变或聚变物质的一部分质量转化而来的。

在不同形态能量之间，迄今除了尚未发现机械能可以直接转换为化学能和核能的方法

1

外，其他不同形态的能量之间都可以相互传递和转换，并且在相互传递与转换过程中具有以下的性质：

（1）能量的数量守恒性（热力学第一定律）。即能量既不可能创造、也不可能消失，但是能量可以从一种形式转换成另一种形式，并且在能量传递与转换过程中能量的总量不变。这也就是人们所熟知的能量守恒定律。

（2）能量的质量差异性（热力学第二定律）。能量守恒定律反映了能量在"数量"上的一致性，但是不同形态的能量毕竟存在着不一致性。这个不一致性就是不同形态的能量其"质量"不同，其具体体现就是能量在传递与转换过程中具有方向性。如机械能可以无条件地全部转换为热能，而热能不能无条件地全部转换为机械能，原因就在于机械能属于有规则的高品质能量，而热能属于无规则运动的低品质能量；又如环境（大气、海洋）中的热能，虽然数量很大，但是都属于无转换能力的低品质能量。

热力学第二定律实际上是能量"贬值"理论，即能量转换过程总是由高品质能量自发地向着能量品质下降的方向进行。而要提高能量品质，必定要付出降低另一个能量品质的代价。对于一个能量系统来说，其中一个能量品质的提高值，最多只能等于另一个能量品质的降低值。例如，不可能把热量从低温物体传到高温物体而不引起其他变化，即热量不会自动地从低温物体传到高温物体。对于一个孤立系统而言，能量从高温到低温的过程是不可逆的。

因为孤立系统的不可逆过程是在没有任何外来影响的条件下自发进行的，所以过程进行的动力是系统的初态与末态的差别（例如，系统的初始温度和最终温度之间的温差）。因此，自发过程进行的方向取决于过程的初态和末态。设一个仅与初、末态有关，而与过程无关的态函数，可以用它来表述热力学第二定律，指出自发过程进行的方向。这个态函数叫做"熵（Entropy）"。孤立系统的熵永不减少，这就是熵增原理。普朗克把熵增原理描述为："在任何自然的（不可逆的）过程中，凡参与这个过程的物体的熵的总和永远是增加的。"

热力学第二定律指明了能量传递的方向，当存在势差（如温差、浓度差、电位差）时，能量总是向着消除势差的方向传递。势差为零时传递过程即停止。比如一杯热开水放在空气中，水温高于气温，因此开水的热量会不断传递到空气中，水温逐渐降低。开水逐渐变"凉"，直到水温等于气温为止。而如果在开水里放进一个瘪掉的乒乓球，球内空气受热膨胀，将乒乓球的形状复原，即开水中的能量（热能转换为机械能）做了功。

一定形式的能量与环境之间完全可逆地变化，最后与环境达到完全的平衡，在这个过程中所做的功称为（火用）（Exergy）。

一台卡诺热机从高温热源吸收热量 Q，对外做功 W，向低温热源放热 Q_0。热量 Q 的（火用）为：

$$EX_Q = W = Q - Q_0 = \left(1 - \frac{T_0}{T}\right) \times Q \tag{1-1}$$

低温热源是温度为 T_0 的环境。

上式中，当 $T < T_0$ 时，EX_Q 表示从低于环境温度的热源中取出热量所需要消耗的功。EX_Q 为负值，称为冷量（火用）。说明系统从冷环境中吸收冷量而放出（火用）。冷量（火用）流方向与冷量方向相反。制冷机就是根据这一原理工作的。当 $T > T_0$ 时，EX_Q 为正值，表明高于环境温度的热源在放出热量时可以做有用功。

在环境条件任一形式的能量在理论上能够转变为有用功的那部分称为能量的(火用)，其不能转变为有用功的那部分称为该能量的(火无)(Axergy)；因此有：能量 = (火用) + (火无)。即：

$$Q = EX + AX \tag{1-2}$$

在一定的能量中，(火用)占的比例越大，其能质越高。下面定义一个能质系数 φ_Q。

$$\varphi_Q = EX/Q \tag{1-3}$$

在理论上，电能和机械能的能量完全可变为有用功，即：能量 = (火用)，$\varphi_Q = 1$。电能和机械能的能质最高，是高级能量，或所谓"高品位能量"。而自然环境中的空气和海水都含有热能，但其能量 = (火无)，不能转变为有用功，$\varphi_Q = 0$，是一种低品位能量。介于二者之间的能量则有：能量 = (火用) + (火无)，如燃料的化学能、热能、内能和流体能等。热能的能质系数为：

$$\varphi_Q = \left(1 - \frac{T_0}{T}\right) \tag{1-4}$$

在自然界中，不可能实现 $T_0 = 0$ 和 $T = \infty$，所以，热能的能质系数 φ_Q 不可能等于 1。由此也可以看出，热源温度越高，能质系数也就越大。将热能按能质划分为 10 个能级，用下式计算：

$$\varphi = \left(1 - \frac{T_0}{T}\right) \times 10 \tag{1-5}$$

因此可以认识到这样两个原则：（1）在热能利用中，不应将高能级的热能用于低能级的需求；（2）尽量实现热能的梯级利用，减小应用的级差。

在国际单位制中，能量、功和热量的单位都用 J（焦耳）表示。在单位时间内所做的功、吸收（释放）的能量（热量）称为功率，用 W（瓦）表示。在工程单位制中，能量单位用 cal（卡）或 kcal（千卡，也称"大卡"）表示。在美国，还在继续延用英制热量单位（其实英国已经完全改用国际单位制了），用 Btu 表示。

基本能量单位之间的换算关系如下：

1joule（焦耳，又称焦，J）= 0.2388cal

1calorie（卡路里，又称卡，cal）= 4.1868J

1British thermal unit（英制热量单位，Btu）= 1.055kJ = 0.252kcal

各种燃料的含能量是不同的，如 1t 煤约 7560kWh，1 t 泥煤约为 2200kWh，1t 焦炭为 7790kWh，$1m^3$ 煤气为 4.7kWh 等。为了使用的方便，统一标准，在进行能源数量、质量的比较以及能源统计时，经常用到标准能量单位，国际上通用的是"toe（吨石油当量）"，我国沿用的是"tce（吨煤当量）"，又称为"吨标准煤"。

1toe = 42GJ（净热值）= 10034Mcal

1tce = 29.3GJ（净热值）= 70001Mcal

因此可以得到：

1t 原油 = 1.43 tce

1 000m^3 天然气 = 1.33 tce

1t 原煤 = 0.714tce

在国际石油、天然气交易中，还会经常看见用"桶"等单位，其换算关系为：

1barrel（桶）= 42US gallons（美国加仑）≈ 159L（升）

$1m^3 = 35.315ft^3$（立方英尺）= 6.2898barrel

1.1.2　能源

能源就是向自然界提供能量转化的物质（矿物质能源，核物理能源，大气环流能源，地理性能源）。在自然界天然存在的、可以直接获得而不改变其基本形态的能源是一次能源；将一次能源经直接或间接加工改变其形态的能源产品是二次能源（表1-1）。

表1-1　一次能源和二次能源

一　次　能　源	二　次　能　源
煤炭、石油、天然气、水力、核能、太阳能、地热能、生物质能、风能、潮汐能、海洋能	电力、煤气、石油制品、蒸汽、氢气、沼气

在现代社会里，一次能源是直接面对能源终端用户的，它有使用方便和清洁无污染的特点。但在一次能源向二次能源的转换过程中，由于使用的设备不同，其转换效率有很大的差别。所谓省能，主要是终端节能，也就是节约二次能源。但节能的最终目的，是保护自然资源。因此，一次能源的使用是否合理始终是节能工作关注的重点。有的时候，二次能源利用效率高的节能措施，会由于一次能源转换率过低而使其节能效果大打折扣。评价一项技术是否节能，也不能把一次、二次能源割裂开来。

从资源的角度出发，还可以将能源分为可再生能源和不可再生能源。国际公认的可再生能源有六大类，包括：太阳能、风能、地热能、现代生物质能、海洋能、小水电。

而不可再生能源，特别是煤、石油、天然气和核燃料等矿物能源，由于在地球上的蕴藏量有限，再生需要几十万年甚至上亿年。如果无节制地使用，消耗的速度远大于再生的速度，终有枯竭的一天。

从环境保护的角度出发，可以把能源分为清洁能源和非清洁能源。清洁能源是对环境无污染或污染很小的能源，如太阳能、海洋能等。非清洁能源是对环境污染较大的能源，最常用的矿物能源，如煤和石油，都是非清洁能源。

1.2　建筑能耗与建筑节能

广义上，建筑能耗是指建筑生命周期所消耗的能源，包括了建筑设计、建材制造、建筑建造、运营、修缮、改造、拆除和废弃物处理等各个阶段的能耗。狭义上，建筑能耗是在建筑正常使用过程中，为满足使用要求需从外界获取能量，一般指建筑在正常使用条件下为满足室内热环境、光环境及空气品质等要求，在采暖、通风、空气调节、照明和家用电器等方面所消耗的总能量。通常家用电器等方面的能耗主要受电器能效和使用者的行为模式的影响，而基本与建筑设计无关，所以建筑节能设计主要考察的是建筑采暖、通风、空调和照明等电气设备的能耗。

1.2.1　建筑负荷、建筑用能与建筑能源消耗

建筑负荷（或者叫做冷热负荷）是指维持室内空气热湿参数在一定要求范围内时，在

单位时间内需要从室内除去或加入的热量。从定义可以看出，建筑负荷是一个瞬态物理量，是功率的概念。建筑负荷的大小可以用下式表示：

$$L = L_e + L_s + L_i + L_o \tag{1-6}$$

式中　L——建筑负荷，W；

　　　L_e——由建筑围护结构传热所产生的负荷，W；

　　　L_s——太阳辐射通过建筑围护结构进入室内所产生的负荷，W；

　　　L_i——由于冷风渗透所产生的负荷，W；

　　　L_o——由于建筑内部人员或设备散热所产生的负荷，W。

公式 1-6 中，L_s 和 L_o 在全年都是正值，而 L_e 和 L_i 会由于冬夏室外温湿度的变化而可能是正值或负值。

建筑用能通常指建筑采暖、空调、照明等系统所用的能量，它的大小不仅取决于建筑负荷，还由系统运行时间所决定。即建筑用能是建筑负荷与时间的函数。

$$E = \sum (L \times t) \tag{1-7}$$

式中　E——建筑用能，Wh；

　　　t——时间，h。

因此可以发现，建筑用能的大小与建筑负荷的大小有关系，但也会被用能的时间所影响。图 1-1 是对广州某建筑用能的模拟分析图。从图中可以看到，随着围护结构传热系数的降低，建筑最大冷负荷也在降低；但建筑制冷用能却存在一个拐点，即当建筑围护结构传热系数小于 0.4 W/(m² · K) 后，随着围护结构传热系数的降低，建筑制冷用能却在增加。其中的原因在于，当围护结构传热系数低于 0.4 W/(m² · K) 后，虽然建筑最大冷负荷降低了，但用能时间却增加了，最终建筑制冷用能增加。这就说明了建筑负荷的变化趋势不能代表建筑用能的变化趋势。

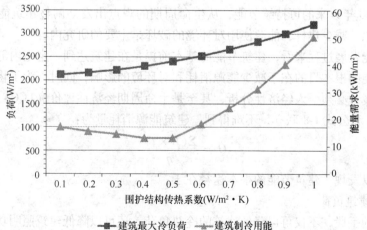

图 1-1　广州某建筑围护结构传热系数变化对建筑
最大冷负荷和制冷用能的影响分析图

由于在计算冬季采暖建筑能耗时常常采用稳态计算的方法，所以《严寒和寒冷地区居住建筑节能设计标准》以及相关地方标准中都是规定了"建筑的耗热量指标"限值。实际上建筑的耗热量指标本质上是建筑采暖负荷，但很多人常常把建筑的耗热量与建筑用能画上了等号。其至有些地方的公共建筑节能标准也规定了公共建筑的"耗热耗冷量指标",这一指标能否代替建筑用能量的大小都值得商榷,更会误导更多人对建筑负荷与建筑用能之间关系的认识。

所谓建筑能源消耗就是指建筑实际所消费的能源,即电力、石油制品、蒸汽等直接面对能源终端用户的二次能源。由于建筑使用能源的过程中有转换效率的问题,所以建筑用能(所需要的能量)和建筑能源消耗之间有很大区别,其关系为:

$$Q = \frac{E}{\eta} \tag{1-8}$$

式中　Q——建筑能源消耗,kWh,kg,L等;
　　　η——能源转换效率。

在公式 1-8 中,η 大于 0 甚至可能大于 1,例如燃油锅炉的额定效率为 89%,而电机驱动压缩机的蒸汽压缩循环冷水(热泵)机组的性能系数(COP,本质上也是一种能源转换效率)可能达到 5.1。因此,建筑能源消耗不仅取决于建筑用能量的大小,更取决于能源转换效率的高低。

1.2.2　建筑节能的根本途径

自 1973 年发生世界性的石油危机以来的几十年间,建筑节能的含义经历了四个阶段:一是 70 年代的能量节约(Energy Saving),节能的内涵是降低室内舒适度水平,抑制能源消费,但代价是牺牲工作效率;二是 80 年代的能量守恒(Energy Conservation),即不增加或少增加能量获得较高的舒适度水平,主要内涵是加强筑围护结构的保温和绝热;三是 90 年代的建筑能效(Energy Efficiency),由于高科技的发展和人民生活水平的提高,室内生活与办公设备大量增加,空调成为建筑不可缺少的设备,暖通空调系统的能效自然成为了节能的重点;四是 2000 年以来的可持续节能,从生命周期的观点出发,调整建筑能源结构,充分利用可再生能源,减少建材和能源使用对环境的破坏是主要的研究内容。

从建筑节能发展过程来看,建筑节能的基本前提是在建筑达到一定室内舒适度的基础上的节能,而节能的根本目的在于减少能源消耗和对环境的影响;同时,为了将节能事业本身做到可持续发展,必须引入经济性分析,甚至是生命周期经济性评价(LCC)。

将公式 1-7 和公式 1-8 联立,不难得到,建筑能源消耗量为:

$$Q = \frac{\Sigma(L \times t)}{\eta} \tag{1-9}$$

从上式可以发现,建筑节能的根本途径在于:

(1)降低建筑负荷

通过设计的手段,不仅可以降低建筑的冷热负荷,还可以降低建筑照明功率密度等电气设备的功率,这些负荷的降低都会对建筑节能产生明显的效果。

(2)减少用能时间

加强建筑的被动式设计,就可以有效减少建筑采暖、空调、设备的使用时间;通过窗洞的优化设计,就可以改善建筑的自然采光,进而减少建筑照明的时间。减少了电气设备的使用时间,建筑消耗的能源也就会降低。

可以看出,以上两种建筑节能的途径都是与建筑设计的好坏息息相关的。因此,建筑设计对建筑能耗的大小起到相当大的影响。

（3）提高设备效率

选用性能系数高的暖通设备、选用变频水泵、选用发光效能高的光源等方法提高建筑电气设备的效率，可以直接减少建筑消耗的能源。

因此，暖通空调、给排水和建筑电气的设计对建筑能耗影响也非常大。

1.3　建筑节能设计

建筑节能设计伴随着建筑设计的全过程，是建筑设计、建筑结构、暖通空调、给排水和建筑电气等多专业协同的设计过程。在这个过程中，有一系列的设计问题要解决；当通过各种设计手段很好地解决这些问题后，零能耗的建筑也是可能达到的，如图 1-2 所示。

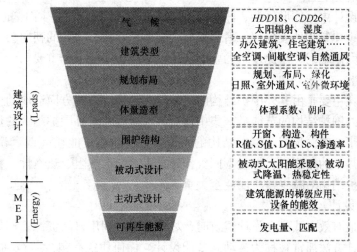

图 1-2　零能耗建筑设计的"倒金字塔"

具体地，在建筑设计中要面对和解决以下问题：

（1）气候

室外的气候系统是对建筑物外部最直接的影响，它通过建筑的开口以及不透明的围护结构对建筑室内环境发生作用。气候是产生建筑采暖空调能耗的最根本原因。在众多气候要素中，室外的温度、湿度和太阳辐射是对建筑能耗影响最大的因素。但需要强调的是，人们对室内舒适温度的要求也会影响建筑采暖空调能耗。例如，相同的气候环境下，设定 18℃ 的采暖温度和 16℃ 的采暖温度就会产生不同的采暖能耗。因此，描述室外空气温度对建筑能耗影响的时候，通常都用采暖度日数（HDD）和制冷度日数（CDD）来表达。这其中隐含了人们对建筑舒适程度的要求。

（2）建筑类型

建筑类型包括两个含义：一是按使用功能分类，例如，办公建筑、住宅建筑等；二是按照暖通空调运行模式分类，例如，全空调建筑、间歇空调建筑、自然通风建筑等。

这两种分类方式都可以看出来，不同建筑类型的能耗是有很大差别的。通常办公建筑的能耗要大于住宅建筑；全空调建筑的能耗要大于间歇空调建筑的能耗。同气候一样，建筑设计无法改变建筑的类型，无法改变建筑的"基本能耗"；但建筑设计可以确定合适的暖通空调运行模式，从一定程度上改变建筑类型对建筑能耗的影响。

（3）规划布局

建筑节能设计应当充分考虑地形、地貌和地物的特点，在尽可能不破坏建设基地原有的河流、山坡、树木、绿地等地理条件的同时，对其加以利用，创造出建筑与自然环境和谐一致、相互依存、富有当地特色的居住、工作环境。比如植被体系的选择与设计、水体和山体的合理利用等，都为建筑物合理应用自然环境、降低建筑能耗、提高室内人工环境的舒适和健康水平奠定了基础。

在建筑设计中应慎重考虑建筑物的间距、绿化配置等因素对节能的影响，力图营造舒适的室外微环境。建筑平面规划布局选择要根据能源布局策略：冬季应有适量的阳光射入室内，避免冷风吹袭；夏季则尽量减少太阳直射室内及外墙面，并有良好的通风。

（4）建筑的体量造型

在建筑单体设计中，体形复杂、凹凸面过多的外表面对全年空调采暖的建筑节能不利，原则上应尽量减少建筑物外表面积，适当控制建筑体形系数。建筑的朝向会影响到建筑接受太阳辐射和遮挡太阳辐射，因此建筑的朝向选择也对建筑节能十分重要。

（5）围护结构

建筑物的能耗主要是由其外围护结构的热传导和冷风渗透两方面造成的。按照能量路径优化策略，建筑外围护结构的节能措施集中体现在对通过建筑外围护结构的热流控制上。因此建筑的开窗大小、窗洞位置、围护结构的构造做法都对建筑能耗（或者说建筑负荷）产生很大影响。从热工的角度说，针对不同气候选择具有合适热阻、热惰性、蓄热性能、遮阳和气密性的外围护结构对减少建筑能耗至关重要。

（6）被动式设计

节能能源的最有效方式是在设计建筑时，尽可能充分利用自然资源，例如太阳能、风和自然光，这种设计方法通常被称为被动式节能设计。任何建筑都包含着被动式节能的设计，只不过一般建筑的被动式节能效果比较弱，对能耗的条件作用不明显。如果建筑能够充分利用太阳能采暖、通风或蒸发降温以及增加建筑围护结构的热稳定性，就能够减少室内温度随室外温度剧烈地波动，明显减少建筑负荷以及开启建筑设备的时间，达到节能的效果，原理如图1-3。但需要指出的是，除非室外气候条件非常好（例如温和气候地区），建筑的内扰较小，否则被动式设计很难使建筑摆脱主动式设备而使室内全年都达到合适的舒适程度。

以上（2）~（6）点都属于建筑设计的范畴，但是它们都不会直接产生建筑的能源消耗。也就是说，建筑设计不会直接决定建筑的能源消耗大小，但是可以决定建筑的冷热负荷以及负荷所持续的时间。因此，建筑设计会影响1.2.2中所说的建筑节能根本途径的前两条内容。

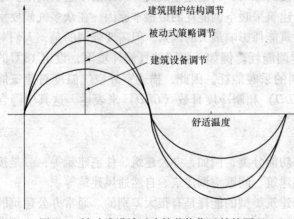

建筑围护结构调节

被动式策略调节

建筑设备调节

舒适温度

图1-3 被动式设计对建筑节能作贡献的原理

（7）建筑耗能设备

空调、灯具等电气设备才是建筑能耗的直接消耗者；所谓建筑节能，实际上就是减少这些设备的能耗；它们所影响的是 1.2.2 中所说的建筑节能根本途径的第三条内容。即使建筑设计的节能工作做得非常出色，建筑负荷很小，建筑用能时间很少，但是如果建筑的主动系统设计不同，电气设备选择不同，那么建筑实际消耗的能源也会差别很大。建筑设备系统的节能措施主要应用在以下两个方面：①建筑能源的梯级应用；②采用高能效的设备。

（8）可再生能源

有人经常误认为，所谓零能耗建筑（Net-Zero Energy Building）就是不耗能的建筑。实际上，零能耗建筑是用自身所产生的可再生能源去平衡建筑的耗能，达到不使用常规能源的目的。所以，设计零能耗建筑，除了要重视被动式设计和主动设备的优化设计，更重要的是要做好可再生能源的利用。对可再生能源利用的关键点在于以下两个方面：①尽量多地利用和生产可再生能源；②将可再生能源和传统能源进行优化匹配。

1.4　建筑节能综合设计原理

建筑学是研究以满足人的不同行为需求的建筑空间与环境设计理论和方法的学科，同时具备技术科学、社会科学及艺术学属性。建筑设计有着多方面的追求，它是文化、技术、形式和内容的综合表现。虽然公元一世纪马可·维特鲁威在其《建筑十书》一书中提出的建筑的三个基本条件"坚固、实用和美观"至今仍然适用，但是自从 1962 年卡尔逊在《寂静的春天》中提出"可持续发展"的理念后，建筑就被赋予了减少能源和资源消耗、减少污染物排放的新要求。

能源、资源的有效利用是可持续建筑的主要标志之一。而能源危机的出现则提醒人类要节约能源；不考虑建筑节能而设计建造的房屋，终有一日会因为无能源可用而被淘汰。在能源短缺的今天，节能本身就是一种最"清洁"的能源。以节能为导向的建筑综合设计将有效地降低建筑能耗，是实现建筑可持续的必要条件。因此建筑节能必须先行，建筑节能设计也应置于当今建筑设计的首位。

设计一栋建筑，通常会将设计问题按专业拆分（比如建筑、结构、给排水、暖通空调和电气专业）。这种解决问题的方式可以有效地发挥各专业的专长，但仅仅考虑了各专业内部的各种优化而忽略了专业之间的优化。正如埃默里·洛文斯（Amory Lovins）在《自然资本论》（Natural Capitalism）中写道："设计窗时，不考虑到建筑物；设计灯时，不考虑到房间；设计发动机时，不考虑到它所驱动的机器。这样的设计理念就像设计一只鸬鹚而忽略了鱼那样糟糕。孤立地对个别元件进行优化往往使整个系统趋于不良运行，并由此危及盈亏一览结算线（Bottom Line）。不把各个元件联系起来考虑，孤立地提高系统各部分的效率所带来的实际结果往往会使整个系统的效率降低。如果设计中不考虑各元件之间的相互协作性，那么它们往往会在实际中趋于互相排斥。"

相比之下，"全系统"的思想揭示和利用了各部分之间的联系。"全系统"设计师要了解不同专业间的团队合作以及各专业之间如何作为系统来一起工作，然后将专业间的联系变成协同效应。在此基础上"全系统"设计师便可以优化建筑性能。越全面的综合设计（跨越空间、时间和学科）越能产生好的结果。

"全系统"的思想是综合设计的基础，而综合设计可以使资源效率大大提高。综合设计优化的是系统的整体，而不是系统中孤立的某些部分。这可以使很多问题迎刃而解；而且单一的付出可以得到丰厚的回报。

1.4.1 建筑节能综合设计

综合设计（Integrated Design）是指使一个整体系统的各部分之间能彼此有机、协调地工作，实现综合效益最大化。其含义有两层：在承认系统各组分自身功能及各组成子系统相互间存在制约关系的同时，也强调共同作用产生的"整体效应"，这种效应将能获得 $1+1>2$ 的效果。

建筑综合设计要求将建筑设计过程看作一个完整的体系，是包含有相对独立又互相关联的若干个子系统的大系统工程。因而要求在传统建筑设计体系的基础上，引入并综合某些相关原则的设计手法，将新的制约因素当做某一子系统考虑，综合规划建筑整体的功能，合并或者重组整个建筑设计体系，使综合效益达到最大化。

用建筑综合设计的思想和方法，将建筑节能技术措施准确、合理地融入建筑并成为建筑的必要组成部分，能提高建筑整体的能源利用效率，从而获得更大的建筑节能效益。而合理的建筑设计方案和节能策略则能将可供使用的节能技术与建筑有效地结合起来并加以综合利用，以最少的投入达到最佳的节能效果。由此可见，节能技术的合理使用对于建筑节能效果有着至关重要的作用，是提高能源在建筑中利用效率的基本保障，也是实现建筑整体节能的关键。

这就促使我们去思考：节能如何能够成为建筑设计要素之一，合理地应用在建筑中，并且成为建筑的必要组成部分，进而实现建筑节能综合效益最大化？

我们将建筑节能作为建筑设计的一个主要元素，并以此为导向展开建筑设计过程，把节能与传统建筑设计综合在一起，这将带来明显的节能效益，从而实现建筑能源利用效率的提高。建筑与节能综合设计的实质是对建筑综合设计思想的传承，是系统理论及方法论在建筑实践中具体应用的一方面。如果说可持续发展理念的提出是对建筑设计实践的一次新挑战，那么以节能为导向的建筑综合设计就是一次有意义的设计实践。

在以节能为导向的建筑综合设计过程中，首先运用建筑节能综合设计策略，之后落实在具体的节能技术措施上，优化并形成实用的建筑节能技术体系，与建筑融为一体，最终实现建筑能耗的降低。换言之，即运用综合、融合、集成和一体化的理念，从策划定位到完成施工图设计的整个建筑设计的各个环节中。协调并凝聚与建筑相关的物理环境、技术进步、空间场地、人体舒适、社会文化、经济技术等因素，形成和维持一种互动的、有机的、统一的能量循环整体，通过对建筑物性能和使用功能特点的综合分析。采用多种手段进行综合用能优化和环境优化设计而非单项节能措施或技术的堆砌。由此可见，如今的建筑节能已经不是单纯的技术应用问题，而是涉及建筑规划、设计、设备、运行等与建筑有关的每一个环节的节能。而合理地安排各环节的能量循环，是实现建筑节能的关键。因此，要求城市规划、建筑设计、结构工程、建筑设备、运行管理等各专业人员通力合作，从功能、结构、设备、建材等多方面综合考虑，采用多种建筑设计手法以及生态、节能、智能的技术手段，合理地应用在建筑设计实践中。

1.4.2　建筑节能综合设计流程

建筑节能的设计过程同任何建筑设计过程相似，包括以下阶段：

1.4.2.1　确定目标和要求

这一阶段是整个建筑节能设计过程的灵魂，但往往被人们所忽略。如果没有这一步确定设计的纲领和目标，以后的设计都是盲目的，甚至可能误入歧途。该阶段的主要任务是：制定节约能源的目标；确定可以接受的建筑节能技术投资回报期。

建立明确的、共享的、雄心勃勃的目标，让团队成员都知道这个目标，给团队一个统一的前景和愿望。目标必须是颠覆性的而不是在一般目标上增加的，而且不要定容易达到的目标：选择一个雄心勃勃的目标，然后尽最大努力去实现。发明家埃德温·兰德（Edwin Land）说："不要随意承接一个项目，除非它很重要，是几乎不可能完成的。"

例如，制定这样一个目标：在一个新建建筑中不使用暖通空调设备（就能满足建筑的热舒适要求），而且让建筑生产的清洁能源在满足自身使用的同时还能有剩余，但总投资还要比一般建筑少。像这样一个值得追求的目标，可以激发设计师的激情。而定制一个目标，让建筑能耗比普通建筑的能耗降低 20%，还允许造价提高一些，这样的目标则不会激发设计师的热情。

1.4.2.2　概念设计

建筑设计就是从抽象到具象的过程，而概念设计就是整理抽象思路，通过理性的思考，权衡判断的一个阶段。具体地说，建筑节能设计的概念设计阶段，就是通过考量建筑类型、场地条件、气候条件和业主想法等因素，确定之后阶段节能设计的方向和提出适宜的主、被动节能设计策略。该阶段的主要任务是：分析当地气候条件；分析场地条件；调查当地传统建筑节能经验；深入了解建筑业主和可能的建筑使用者想法；在此基础上，选择适宜的被动式设计策略；选择适宜的主动的设计策略。

1.4.2.3　初步设计

本阶段要朝着概念设计中提出的设计方向，综合各种主、被动式节能设计策略，使之成为建筑方案中有机组成部分。可以通过主观判断、制作建筑模型实验分析和使用建筑性能分析软件的模拟等手段对初步设计的方案进行优化设计。该阶段的主要任务是：合理的建筑规划布局；适宜的建筑朝向；确定建筑形体与体量造型；确定建筑结构体系；设计合适的建筑窗户位置及尺寸、屋顶出挑和遮阳形式；了解建筑的日照、室内外通风、自然采光和太阳能利用的效果，并通过方案比对和方案改进提高被动式的利用效率；确定建筑照明、采暖和空调的选型，估算其能耗；确定可再生能源利用方案，并计算投资回报期。

1.4.2.4　详细设计

建筑节能的详细设计阶段就是将建筑从抽象变成具象的最终步骤。这一阶段挑战性最大，要求建筑师和其他专业工程师密切配合。从建筑的构件设计到整体表现的确定，从被动式和主动式的衔接配合到非传统能源和传统能源匹配的问题都是对设计者的巨大挑战。该阶段的主要任务是：进行建筑构件等细部的优化设计；建筑构造的优化设计；制定照明智能化控制方案；采暖、空调负荷的详细计算；暖通空调设备与被动式设计匹配后的优化设计；非传统能源和传统能源匹配的优化设计；建筑节能技术投资回报期的最终确定以及建筑设计方案最后的权衡与取舍。

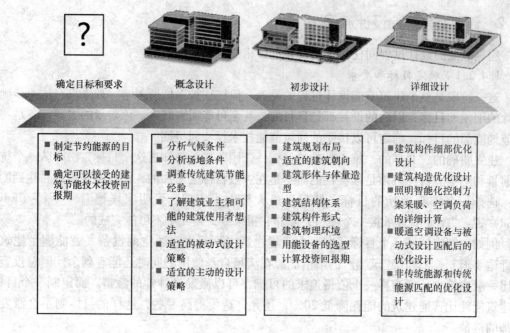

图 1-4　建筑节能综合设计过程

1.4.3　建筑节能综合设计方法

建筑节能综合设计是将能源的可持续利用理念融入建筑设计中，使节能成为建筑设计的必要元素。首先根据建筑基地所处地域的能源分布特点和气候特征，分析建筑设计的各要素并考虑要素之间的关系；其次根据建筑中能量传递的自然规律，在建筑的平面设计、空间形体、围护结构、设备选用等各个设计环节中，采用适宜建筑节能技术措施体系并优化之，最后系统地进行设计并建造综合能耗最低的建筑，实现建筑节能。

运用节能与建筑的整合设计策略进行建筑设计，其过程涉及节能技术与建筑设计两方面的多个要素，针对当代建筑设计过程，可以从能源布局合理、能量梯级利用、能量路径优化及节能技术协作等四个方面运用相应的节能设计策略。

1.4.3.1　能源合理布局

能源合理布局策略——适应可再生能源分布的建筑布局，即把基地内可再生能源的空间分布与建筑整体平面布局设计进行有机整合。基地可再生能源主要包括太阳能、风能、水能、生物质能、地热能和海洋能等。

地球上各地区可再生能源的分布状况及可利用的程度通常随地理位置的变化而有所不同。基地可再生能源的空间分布与建筑整体平面布局的相互协调，有利于充分利用基地的可再生能源；而建筑整体平面布局与可再生能源（太阳能、风能、地热能等）的空间分布状况之间的正效关联是整合设计的出发点。例如处于绿树环抱、水体围绕或者其他建筑物包围的建筑，其周围可再生能源的分布是不同的，这将直接影响基地微环境中的空气温湿度、气流组织、太阳能辐射强度等因素。因此建筑设计可以依据基地中各种可再生能源分布状况的叠图，通过总平面设计或调整，根据建筑功能需求，分别利用不同种类的可再生能源。

例如，在总平面绿化设计中布置树木，既可以获得阴凉和景观美化的效果，又可因地制宜地或阻碍或引导气流组织形式，同时不影响建筑物的室内外形象；总平面中的自然水体或雨水滞留池，既可以作为景观渗透到建筑内部，成为建筑整体空间环境的组成部分，又可以作为空调系统的冷、热源；总平面中建筑物的朝向、组织以及窗户的位置等，既要使建筑对基地进行呼应，满足人视角的展示和私密性的保护，同时也要考虑基地采光和通风的需求；总平面中一些建筑小品或设施的合理摆放，既能丰富建筑物的外部空间，又可以引导和改善建筑周围微环境的气流组织形式。

1.4.3.2　能量梯级利用

能量梯级利用策略——适应能源梯级利用的建筑体形设计，即把建筑对能量的需求形式与建筑空间形体的设计进行有机整合。

建筑的用能系统可以看成一个整体，是各种不同能源的转换和输送，并以不同形式（电能热能机械能等）服务于其终端用户的庞大复杂系统。若把可再生能源当作一次能源"整合"到整个建筑能源系统中，必须对整个能源系统作相应的调整，使之各得其所，发挥各自的长处。这就需要进行整合设计的深入研究，如太阳能光伏发电产生的高品位电能主要用于照明等，而辐射热能可直接用于采暖和加热水等；否则，纯粹为了应用可再生能源而在建筑中投入很大的人力、物力、财力，其收益未必理想。所以按照建筑整体对能源的需要，一定要把"合适的能源放在需要的地方"。因地制宜、因不同需求制宜才是能源梯级利用策略的总原则。

在分析建筑对能量需求形式的基础上进行建筑空间形体设计可以提高建筑的能源利用效率。研究发现，建筑物空间形体与建筑对能量的需求方式之间存在一定的关联性。而在不同地区、不同环境条件下建筑物对风能、太阳能等自然能源的需求不同，吸收或释放能量都会成为建筑空间形体设计的动因。因此建筑设计可以根据建筑物对能量的需求进行空间形体设计。

1.4.3.3　能量路径优化

能量路径优化策略——适应能量传递优化路径的建筑外围护结构设计，即将建筑中的能量传递路径设计和围护结构设计进行有机整合。

热能是能量的一种存在形式，当能量在建筑围护结构中传递时，总是选择距离最短、阻力最小的路径。因此，合理安排能量的传递路径是降低建筑能耗的有效方法之一。建筑设计中的表皮、屋顶、楼地板等外围护结构是建筑与周围环境进行能量交换的主要路径。建筑围护结构和内部设计与能量传递路径的巧妙整合，以及与建筑融合的建筑围护结构设计，可以实现建筑的美观、实用和节能。

1.4.3.4　节能技术协作

节能技术协作策略——适应节能技术协作的建筑立面设计即考虑建筑节能技术与建筑外立面设计的有机整合以降低整体建筑能耗。

建筑节能技术与建筑外立面设计相互融合，不仅可以提高能源利用率，还能够创造生动的建筑表现力。提高建筑能源利用率往往离不开多项建筑节能技术和措施的共同协作，比如太阳辐射的控制与改善、自然通风与采光的利用等技术的整合利用，均可用来改善室内空气温度、相对湿度、空气流动速度以及建筑物内表面温度等。这些节能技术和措施同时也可以是建筑外立面设计的有利因素，从而实现彼此的整合。

因地制宜是建筑节能技术与建筑外立面设计整合的关键。整合过程不是各项节能技术产品简单的机械叠加，而是因地制宜地融合多项节能技术。建筑节能技术体系有通用性也有独特性，在不同的自然环境、地域、经济及技术发展水平的制约下，只有适宜的节能技术措施才能产生明显的节能效果。因此，要根据建筑自身的特点和所处的环境，采用适宜的技术及措施，构成切实可行的建筑节能技术体系，才是节能技术发挥最大效益的保证。

合理的建筑设计方案是提高能源在建筑中的利用效率的基本保障。建筑节能综合不是简单地在建筑设计过程中采用节能技术，而是如何系统地运用上述四项策略，把能量与建筑设计进行有机整合，从而探索出新设计方法的问题。单项高新技术或节能技术的应用只是建筑节能设计的一个方面；建筑师熟练应用建筑节能综合设计的策略，掌握一定的建筑节能技术体系并在建筑设计中加以实践，才是建筑设计方案达到理想节能效果的必要前提。

1.4.4 建筑节能综合设计体系

建筑节能综合设计的技术体系主要由三方面的技术措施构成：

（1）建筑规划的节能设计。在整体环境节能规划中，技术措施的选择主要强调建筑与环境的和谐，协调建筑与地貌、植被、水土、风向、日照及气候之间的关系，以当地气候条件、可再生能源为主要因素。

（2）建筑单体节能设计。单体建筑节能设计中，技术措施的选择主要是运用建筑构造、自然通风、建筑遮阳及可再生能源利用等技术手段。

（3）建筑耗能设备节能。建筑耗能设备节能是指对用于营造建筑内部物理环境舒适的设备进行节能，如空调、照明、热水供应、电梯等，所用的节能技术措施主要包括采用高效、低能耗的技术措施和设备，提高建筑设备的用能效率等。

目前的建筑节能技术体系通常分为被动技术体系和主动技术体系。上述的建筑规划节能措施和可再生能源利用技术属于被动技术范畴，是通过合理的技术处理，完全依赖自然界的能量传递和转化过程为建筑运行服务。这是人工环境与自然环境之间协同发展、共同存在的境界，在某种程度上可视为一种理想境界。此类技术（如风能、太阳能、空气能等应用技术）的成功使用，很大程度上取决于当地、当时的自然条件，因此设计建成的建筑具有鲜明的个体特征。但同一被动性技术在不同的自然和气候环境下，或者针对不同的建筑设计对象来使用，则不具有普遍适用的特征。建筑耗能设备的节能技术和围护结构绝热技术等属于主动技术范畴。通过合理的建筑热工设计和高效设备系统选用，依靠相关技术改进、产品更新等措施，提高建筑能源利用效率。此过程完全依赖当今科学技术的发展水平。换句话说，人在此过程中起主导作用。这些技术受自然和气候环境的约束比较少，具有普遍适用的特征。

在节能与建筑整合设计的过程中，根据能量在建筑中的传递规律，分析每一环节的节能潜力，分别落实在建筑规划节能设计、建筑单体节能设计、建筑耗能设备节能三个方面的技术措施上，并优化组合成适宜的建筑节能技术体系，可以最大限度地提高能源在建筑中的利用率，实现建筑综合能耗最低化。

1.4.4.1 建筑规划阶段的节能设计

整体建筑环境节能设计是结合当地气候特征，充分考虑地形、地貌和地物的特点，在尽可能不破坏建设基地原有的河流、山坡、树木、绿地等地理条件的同时，对其加以利用，创造出建筑与自然环境和谐一致、相互依存、富有当地特色的居住、工作环境。比如朝向的选择、植被体系的选择与设计、水体和山体的合理利用等，都为建筑物合理应用自然环境、降低建筑能耗、提高室内人工环境的舒适和健康水平奠定了基础。

在整体建筑环境节能设计阶段，应慎重考虑建筑物的朝向、间距、体形、体量、绿化配置等因素对节能的影响，力图营造舒适的热环境。建筑平面布局、朝向的选择要根据能源布局策略：冬季应有适量的阳光射入室内，避免冷风吹袭；夏季则尽量减少太阳直射室内及外墙面，并有良好的通风。从节能和热环境的角度考虑，建筑物以南北向或接近南北向为好，避免东西向；若不能都为南北向，则主要房间宜设在冬季背风和朝阳的部位，减少外围护结构的散热量。同时，注意建筑间距与节能的关系，使建筑南墙的太阳辐射面积在整个采暖季节中不因其他建筑的遮挡而减少。

1.4.4.2 建筑单体节能设计

在建筑单体设计中，体形复杂、凹凸面过多的外表面对全年空调采暖的建筑节能不利，原则上应尽量减少建筑物外表面积，适当控制建筑体形系数，即降低建筑物外表面积与其所包围的体积之比；减少建筑面宽，加大进深或增加组合体，建筑外形选用长条形，尽量采用多单元的"一"字形；采暖建筑应更加注意增加层数，避免建造单元数量少的点式平面低层住宅。寒冷地区的多层住宅不应采用开敞式楼梯间。入口处需设置门斗或采取其他避风措施以减少散热。炎热地区要重视屋檐、挑檐、遮阳板、窗帘、百叶窗等构造措施的利用，这对于调节日照、节约能源非常有效，尤其对玻璃幕墙建筑必须考虑采取有效的遮阳措施。

建筑物的能耗主要是由其外围护结构的热传导和冷风渗透两方面造成的。按照能量路径优化策略，建筑外围护结构的节能措施集中体现在对通过建筑外围护结构的热流控制上。

在建筑实体墙部分采用围护结构的内、外绝热技术，在冬季采暖期间可减少通过外围护结构流向室外的热量，降低热损失；在夏季空调期间可减少通过外围护结构流向室内的热量，降低冷损失；在非采暖空调的过渡季节则充分利用自然通风，调节室内热环境的舒适度。在建筑物透明结构部分即建筑采光口部位，主要控制太阳能辐射的热流方向。在夏季空调期间，采用遮阳技术和镀膜技术，选择合适的窗户构造，能有效阻止热辐射通过透明结构进入室内；在冬季采暖期间，控制热流过程恰好与夏季相反，目的是增加太阳能对室内的热辐射。

以投资合理的角度来看，由于建筑物各朝向所吸收到的太阳辐射量差别很大，例如冬季南向墙得热较多而北向墙得热较少，因此增加北向墙保温措施所得的效益比南向墙明显，而东西向墙的保温效益则介于南北向墙之间，因而将增加的保温材料集中设置于北墙或东西墙，这可以减少围护结构保温材料的投资，并能获得同样的节能效果。

围护结构的保温技术分单一材料保温和复合墙体保温。如今复合墙体因其节能性佳而日益成为围护结构节能墙体的主流。通常用砖或钢筋混凝土作承重墙，同时选择岩棉、矿棉、玻璃棉、聚苯乙烯、膨胀珍珠岩等绝热材料做保温隔热，其保温隔热效果比较明显。而单一材料的保温墙体也有其优势，如加气混凝土外墙与传统的黏土砖墙体相比，其计算导热系数只有黏土砖砌体的29%，是一种保温性能好、节能显著的墙体材料；空心砖和空心砌块外墙既节省了黏土用量，减轻了自重，又有高于实心黏土砖热阻值的优势。

除此之外，建筑遮阳技术的应用在日照辐射强烈的夏季具有很好的节能效果。但遮阳措施有很强的地域性，并与当地的太阳辐射状态有直接的联系。有研究表明，遮阳系数的减小可以有效地降低建筑全年的空调能耗，但却会增加全年的采暖能耗；对于同一建筑，在不同气候条件下，同样的遮阳措施导致的采暖能耗增加量及全年空调能耗降低量差异很大，这说明在不同气候条件下相同遮阳措施的节能潜力和经济价值是完全不同的。设计选用时，应该给予充分的考虑。

可再生能源利用技术是实现绿色建筑、节能建筑的必要保障之一。可再生能源是指从自然界获取的、可以再生的非化石能源，包括太阳能、风能、地热能、空气能、水源能及生物质能等。可再生能源在建筑中的应用主要是指通过对其的合理利用，改善建筑用能结构，使之不完全依赖于煤炭、石油等传统的化石能源，以缓解目前用能紧张的局面。通常单一可再生能源由于其本身固有的特性，在建筑中应用时有一定的局限性。因此，按照能量梯级利用策略，在建筑中应组合利用可再生能源技术，并整合其他相关技术措施，形成高效的节能技术体系。如太阳能光热技术与自然通风、地源热泵技术与太阳能光热光伏系统、自然通风与蒸发冷却技术的组合利用等；或者使用太阳能采集器，在夏季供冷以降低室内温度、冬季供暖并补偿热量等。建筑能量梯级利用也可根据建筑空间对热环境需求成梯级的特点，从规划、设计、构造、园林绿化等方面充分合理地利用当地的太阳能、空气能、地热能等可再生能源和可回收的环境能源等，例如以建筑布局本身形成一个良好的能量循环系统。内部设高大中庭，其他空间围绕中庭布置，或设共享的室内外过渡空间，实现建筑用能的自循环。

1.4.4.3 建筑耗能设备节能

用于调节建筑物室内物理环境舒适的耗能设备系统中，空调系统和照明系统在大多数民用非居住建筑能耗中所占比例较大。其中仅空调系统的能耗就占建筑总能耗的50%左右，是主要的节能控制对象；而照明系统能耗占30%以上，也不容忽视。

建筑设备系统的节能措施主要应用在以下两个方面：

1）建筑能源的梯级应用。根据建筑不同用能设备和系统等级的划分优先满足用能品位高的设备和系统，利用这些设备和系统释放的能量满足用能品位低的下游设备和系统。例如能源回收技术，即通过能源回收设备将排出建筑物的部分能量进行回收再利用，实现梯级利用，降低建筑能耗的一个重要措施。

2）采用高能效的设备。使用能效高的建筑设备，是降低建筑能耗的基本保证，同时应该根据建筑功能和需求，制定合理的建筑耗能设备的运行方式和控制管理模式，提高系统整体的运行效率。当必须使用空调设备才能满足室内热舒适要求时，要采用高效节能的空调设备或系统。

（1）空调系统节能技术

空调系统的节能是从减少冷热源能耗、输送系统能耗、空调机组及末端设备能耗、系统的节能运行等多个环节进行考虑的。首先在降低系统的设计负荷时，应合理选择冷热源系统，因为空调系统消耗的大部分能量是在冷热源系统中消耗的。在减少输送系统的动力能耗时，应提高供回水温差、选用低流速流体、提高输配系统的效率、采用变流量水系统和变风量系统等；在减少空调机组及末端设备能耗时，考虑选用机组风机风量与风压匹配合理、漏风最少、空气输送系数大的机组，同时提高送风温差并合理调节新风比等。除此之外，还有利用冷却塔供冷技术、蓄冷技术、采用热回收与热交换装置以及充分利用自然冷源等。在实际运行中，空调系统形式和建筑体量都相似的建筑物，由于运行管理方式的不同，其运行能耗也有较大的差异。因此，应加强运行管理，合理降低设备的运行能耗，从而节约电能，带来显著的经济效益。如制定合理的用能计费制度、及时调节新风量、在过渡季节利用室外空气的自然冷量、合理设定设备的启停时间等，这些运行管理的节能措施都需要在实践中不断总结和完善。

（2）照明系统节能技术

照明系统节能除了选用节能灯具外，也可根据建筑空间对光环境的照度及亮度的不同需求，各有侧重地设置相应的照明系统来达到节约能源的目的。人们生活所需的空间有工作、起居、娱乐和运动四个方面，各空间对照明的照度和亮度要求不同，如工作空间的办公室和工场、车间，着重要求能见度；起居空间的住宅、医院和幼儿园等，着重要求舒适性；娱乐空间的商店、剧场和旅游景点等，着重要求信号效果；移动空间的公路、大街、铁路和航空港等，着重要求安全性。因此，各空间的照明系统能耗是不同的，应做到因地制宜、合理配光。如使用高效率光源、选择合适的照明灯具及定期清灰和更换灯具等。这些措施将带来明显的节能效益。

以办公室照明为例，该场所注重效率和舒适，力图创造舒适而安全的视环境以提高工作效率。在一个办公室内，应根据工作种类对照明要求的不同来分区、分段自动调节照度，并采用时间控制、自然光利用控制等方式，在适合各个工作者的需求条件下满足节能。通过光质、配光及抑制眩光，做到以少量能耗实现舒适、容易看见物品的视环境。同时，采用高效光源、使用照明效率高和眩光少的照明灯具、采用符合需要的照明方式、采取容易开关的控制方式、按计划进行维修和管理等，实现照明节能。

（3）运行控制与调节系统

对用于调节建筑室内物理环境舒适的耗能设备系统的设计，往往是按满负荷工况设计的，而这些设备系统的正常运行都是在非满负荷工况下，因此要求这些设备系统配备有较好的能量控制与调节系统，同时要求物业管理人员有敬业精神和专业技能，能够根据不同负荷的特点对有关设备和系统进行自动或人工调节。避免"大马拉小车"现象的出现。能量控制与调节技术对于既有建筑的节能具有特殊意义。

上海建科大厦的节能改造设计是多项节能自控和计量技术运用的成功实践。改造过程的第一步是细分了大楼需监测的各耗能单元，然后分别在大楼内部安装了能耗分项计量系统，实现了用能实时监测、历史查询、统计分析、统计报表和综合管理等功能。此系统可以对大楼内部的整个用能情况同步做出整体测评，为整幢大楼的综合性节能检测、计量、统计和分析提供必要的技术基础。

第2章 建筑方案设计与节能

2.1 概　述

从建筑的整个生命周期过程来讲，规划阶段、建筑设计阶段、工程设计阶段、施工阶段、运行阶段、拆除阶段，每一个环节对建筑节能都有影响，其中规划和建筑设计阶段对建筑的节能更是起到了决定性的作用，是实现建筑节能的前提和根本保证，因此建筑节能必须从规划和设计阶段就给予足够的重视。

本书所研究的建筑节能主要指降低建筑运行阶段的使用能耗，包括采暖空调能耗、照明能耗、电器设备能耗、炊事能耗、热水能耗等，正常情况下占整个生命周期能耗总量的75%~85%。其中与建筑方案设计直接相关的包括采暖、照明、空调等用能。

通常影响建筑能耗的首要因素是其所处地区的气候特征。根据我国《民用建筑热工设计规范》的要求：严寒地区的建筑，必须充分满足冬季保温要求，一般可不考虑夏季防热；寒冷地区的建筑，应满足冬季保温要求，部分地区需兼顾防热；夏热冬冷地区的建筑，必须满足夏季防热的要求，适当兼顾冬季保温；夏热冬暖地区的建筑，必须充分满足夏季防热要求，一般可不考虑冬季保温；温和地区的建筑，部分地区应考虑冬季保温，一般可不考虑夏季防热。

其次，建筑的功能以及使用状况也是影响建筑能耗的关键因素。根据热负荷的不同，建筑可分为两大类：外部得热型和内部得热型。前者主要包括居住建筑等小空间的民用建筑，内热源少，自然通风容易组织，其采暖和空调负荷主要取决于当地的气候特征。后者主要是大空间的公共建筑，人员、设备相对集中，内部发热量大，太阳辐射的作用弱化。一般来说，内部得热型建筑比外部得热型建筑有更大的降温需求。而且，由于内部得热型建筑与室外空气连通性较差，即使在春秋季节往往也需要利用空调设备进行空气置换，使得空调系统几乎全年运行。除空调系统外，照明系统及办公设备系统能耗也是内部得热型的大型公共建筑能源消费的主体。

在建筑方案阶段考虑节能问题，应确定该建筑的能耗构成。例如严寒地区、寒冷地区或夏热冬冷地区为降低围护结构的传热量通常要求建筑体形紧凑，然而除非建筑体量非常小，通常紧凑的体形不利于室内自然采光，会增加照明能耗。因此需要对建筑的能耗构成做出评估，如果几方面的节能要求相矛盾时，需针对主要能耗采取相应的措施。

2.2　建筑规划设计

2.2.1　选址

建筑所处位置的地形地貌，如是否位于平地或坡地、山谷或山顶、江河或湖泊水系旁边，将直接影响建筑室内外的热环境和采暖制冷能耗的大小。

2.2.1.1　基于日照的考虑

在建筑规划和设计的初期阶段，必须优先考虑太阳辐射的问题。寒冷和温和气候地区的建筑都应选择冬季能获得充分日照的场地，避免被地形、建筑物等遮挡。而炎热地区则可利用地形或建筑物在夏季遮挡西向低角度的阳光，并且不影响冬季日照（图 2-1）。

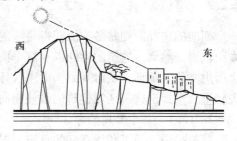

图 2-1　利用地形遮挡西向阳光

2.2.1.2　基于通风的考虑

自然通风的建筑很难从空气中过滤掉污染物，因此建筑应位于污染源的上风向处。如果无法避免，则尽可能远离上风向的污染源，以便污染物在到达建筑前有足够的距离扩散到空气中。

要最大限度地利用通风，应避免围合的谷地和封闭的场地。山脊上更易通风，据估计，风速比平地上大约快 20%。建筑和遮挡物应有一定的间隔距离，一般来说，和上风向的建筑至少应隔开 5H 的高度（即上风向建筑高度的 5 倍）。如果间距不够，下风向建筑就会位于上风向建筑风影区内，导致局部气流速度降低，甚至可能产生涡流。这些涡流在建筑间距小于 1.5H 时比较稳定，下风向建筑的通风可能十分微弱。间距在 1.5H 和 5H 之间时，下风向建筑的通风是偶发零星的，比起有恰当间距的建筑来说效果较差。

如果需要持续通风，推荐选择位于或靠近坡地顶部、朝南至东南的场地（东南向可以减少下午阳光照射）。如果需要夜间通风，坡地底部附近的场地较为有利（可以捕获夜间下沉的冷空气）。在温和气候区，推荐选用坡地中上部的场地，既可以获得日照，又可以获得通风。对于多风地区，山脊上的通风可能令人不适，并带来结构上的问题。

2.2.1.3　基于日照和通风的综合考虑

一般来说，不同气候地区坡地建筑的理想选址位置如图 2-2 所示：

1. 寒冷地区：南向山坡的下部，接受最多的太阳辐射，冬季有防风保护，并且不受谷

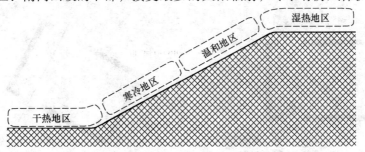

图 2-2　不同气候地区在坡地上的建筑最佳选址位置

底聚集的寒冷空气的影响。

2. 温和地区：山坡的中上部，日照和通风条件理想，并不受山脊风的影响。

3. 干热地区：山坡底部，夜间下沉冷空气制冷，朝向东面以减少下午的太阳辐射影响。附近如果有大面积水体，并且夏季风经过水面冷却后可以导入建筑，这样的场地无疑更为有利。

4. 湿热地区：山坡顶部，通风条件良好，朝向东面以减少下午的太阳辐射影响。

2.2.2 建筑朝向

朝向的选择原则是冬季能获得足够的日照并避开主导风向，夏季能利用自然通风并防止太阳辐射。然而，建筑的朝向以及总平面设计应考虑多方面的因素，尤其是公共建筑受到社会历史文化、地形、城市规划、道路、环境等条件的制约。因此只能衡量各个因素之间的得失轻重，选择出这一区域建筑的最佳朝向或适宜朝向。

2.2.2.1 基于日照的考虑

一般来说，为了获得良好的日照，温带和寒带地区的建筑多采取坐北朝南的布局，这是由建筑各个朝向表面的太阳辐射强度随季节的变化规律所决定的，坐北朝南的建筑在炎热的夏季得热相对较少，室内温度不至于过高，而在寒冷的冬季则能够吸收大量的辐射热，保持相对温暖的室内温度。中国北方传统民居，如北京四合院、东北大院、山西合院式民居都严格遵守坐北朝南的布局原则。

在具体设计中，往往由于周围环境、场地形状、建筑形体等原因，使得建筑朝向不能严格遵循坐北朝南的原则，这时可以使朝向偏离正南方向15°至20°，对中小型建筑的热环境影响很小。当然，如果建筑场地已经被周围物体遮挡，那么朝向对节能就不再是重要的影响因素了。

2.2.2.2 基于通风的考虑

当建筑垂直于主导风向时，风压最大（风压是引起穿堂风的原因）。然而，这样的朝向并不一定产生最佳的室内平均风速及气流分布。对于人体降温而言，目的是获得最大的房间平均风速，在房间内所有使用区域都有气流运动。

当相对的墙壁上有窗户时，如果建筑垂直于主导风向，则气流由进风口笔直流向出风口，除在出风口引起局部紊流外，对室内其他区域影响甚小（图2-3）。风向入射角偏斜45°，产生的平均室内风速最大，室内气流分布也更好。平行于墙面的风产生的效果完全依赖于风的波动，因此很难确定。

图2-3 相对墙面上有窗户

如果相邻墙面上有窗户，建筑长轴垂直于风向可以带来理想的通风，但是从垂直方向偏离 20°～30° 也不会严重影响建筑室内通风（图 2-4），以 45° 入射角进入建筑的风比垂直于墙面进入建筑的风在室内速度降低 15% 到 20%。因此，这就允许建筑的朝向处在一个范围中，可以解决日照最佳朝向与通风最佳朝向可能存在的矛盾。

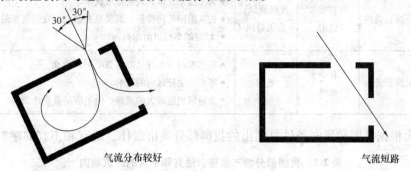

气流分布较好　　　　　　　　　　　　　　　气流短路

图 2-4　相邻墙面上有窗户

2.2.2.3　综合考虑

当利用太阳能的理想朝向与风朝向矛盾时，应根据建筑功能和气候条件决定哪一方面处于优先的地位。通常利用太阳能优先，因为一般来说，自然通风的进风口设计比太阳能利用更容易适应不太理想的朝向。

不同气候区中，内部得热型和外部得热型的建筑物应采取的气候应对方法如表 2-1 所示。

表 2-1　气候类型与建筑应对策略

建筑类型		策略优先性		备　注
内部得热型	外部得热型	首选	次选	
	寒冷	避风	向阳	• 为了获取日照，严格采用正南朝向 • 街道在冬季风向上不连续 • 东西向的街道间距应满足春秋季节的日照
寒冷	凉爽	向阳	避风	• 为了获取日照，采用正南朝向 • 街道在冬季风向上不连续 • 东西向街道建筑满足冬至日的日照需要
凉爽	温和	冬季阳光； 夏季通风	冬季避风； 夏季遮阳	• 朝向在南偏东、南偏西 30° 以内 • 调整朝向与夏季风向呈 20°～30° 夹角 • 东西向街道间距考虑日照。街区沿东西向伸长
温和、干燥	干热	夏季遮阳	夏季通风； 冬季阳光	• 为了遮阳，南北向街道应狭窄 • 朝向从正南向旋转以增加街道的阴影 • 若需要，东西向街道间距考虑日照。街区沿东西向伸长
温和、湿润	湿热	夏季通风	夏季遮阳； 冬季阳光	• 街道朝向与夏季风向呈 20°～30° 夹角 • 从正南向旋转调整朝向以增加街道阴影 • 若需要，东西向街道间距考虑日照。街区沿东西向伸长 • 街道较宽，以便通风

建筑类型		策略优先性		备　注
内部得热型	外部得热型	首选	次选	
干热	干燥、炎热	所有季节遮阳	夜间通风；白天避风	• 为了遮阳，南北向街道应狭窄 • 街区沿南北向伸长，如果呈东西向，立面需遮阳 • 较宽的车行道沿东西向
湿热	湿润、炎热	所有季节通风	遮阳	• 街道朝向与主导风向呈 20°~30°夹角 • 考虑次主导风向的影响 • 为通风创造最大的通路，但不应是硬质地面

表 2-2 为根据日照和风向条件总结出的我国部分城市最佳、适宜和不宜的建筑朝向。

表 2-2　我国部分城市最佳、适宜和不宜的建筑朝向

严寒地区部分城市建筑朝向

地　区	最佳朝向	适宜朝向	不宜朝向
哈尔滨	南偏东 15°~20°	南~南偏东 15° 南~南偏西 15°	西、西北、北
长春	南偏西 10°~南偏东 15°	南偏东 15°~45° 南偏西 10°~45°	东北、西北、北
沈阳	南~南偏东 20°	南偏东 20°~东 南~南偏西 45°	东北东~西北西
乌鲁木齐	南偏东 40°~南偏西 30°	南偏东 40°~东 南偏西 30°~西	西北、北
呼和浩特	南偏东 30°~南偏西 30°	南偏东 30°~东 南偏西 30°~西	北、西北
大连	南偏西 15°~南偏东 10°	南偏西 15°~45° 南偏东 10°~45°	北、东北、西北
银川	南偏西 10°~南偏东 25°	南偏西 10°~30° 南偏东 25°~45°	西、西北

寒冷地区部分城市建筑朝向

地　区	最佳朝向	适宜朝向	不宜朝向
北京	南偏西 30°~南偏东 30°	南偏西 30°~45° 南偏东 30°~45°	北、西北
石家庄	南偏西 10°~南偏东 20°	南偏东 20°~45°	西、北
太原	南偏西 10°~南偏东 20°	南偏东 20°~45°	西、北
济南	南~南偏东 20°	南偏东 20°~45°	西、西北
郑州	南~南偏东 10°	南偏东 10°~30°	西、北
西安	南~南偏东 10°	南~南偏西 30°	西、西北
拉萨	南偏西 15°~南偏东 15°	南偏西 15°~30° 南偏东 15°~30°	西、北

夏热冬冷地区部分城市建筑朝向

地　区	最佳朝向	适宜朝向	不宜朝向
上海	南～南偏东 15°	南偏东 15°～30° 南～南偏西 30°	北、西北
南京	南～南偏东 15°	南偏东 15°～30° 南～南偏西 15°	西、北
杭州	南～南偏东 15°	南偏东 15°～30°	西、北
合肥	南偏东 5°～15°	南偏东 15°～35° 南～南偏西 15°	西
武汉	南～南偏东 10°	南偏东 10°～35° 南偏西 10°～35°	西、西北
长沙	南偏东 10°～南偏西 10°	南～南偏西 10°	西、西北
南昌	南～南偏东 15°	南偏东 15°～25° 南～南偏西 10°	西、西北
重庆	南偏东 10°～南偏西 10°	南偏东 10°～30° 南偏西 10°～20°	西、东
成都	南偏东 10°～南偏西 20°	南偏东 10°～30° 南偏西 20°～45°	西、东、北

夏热冬暖地区部分城市建筑朝向

地　区	最佳朝向	适宜朝向	不宜朝向
厦门	南～南偏东 15°	南～南偏西 10° 南偏东 15°～30°	西南、西、西北
福州	南～南偏东 10°	南偏东 10°～30°	西
广州	南偏西 5°～南偏东 15°	南偏西 5°～30° 南偏东 15°～30°	西
南宁	南～南偏东 15°	南偏东 15°～25° 南～南偏西 10°	东、西

2.2.3　群体布局

基于节能考虑的建筑群体布局应从以下几个方面加以考虑：

2.2.3.1　基于日照的考虑

城镇的居住区中，往往由于建筑布置不当，四周的建筑物相互遮挡，虽然朝向选择的较好，但房间内仍得不到需要的阳光辐射。因此在设计时，必须在建筑物之间留出一定距离，以保证阳光不受遮挡，直接照射到房间内，这个间距就是建筑物的日照间距。

在《民用建筑设计通则》（GB 50352—2005）中，对日照的规定是：1. 每套住宅至少有一个空间获得日照，该日照标准应符合现行国家标准《城市居住区规划设计规范》（GB 50180—93）2002 年版的规定（表 2-3）；2. 宿舍半数以上的居室，应能获得同住宅居住空间相等的日照标准；3. 托儿所、幼儿园的主要生活用房，应能获得冬至日不小于 3h 的日照标准；4. 老年人住宅，残疾人住宅的卧室、起居室，医院、疗养院半数以上的病房和疗养室，中小学半数以上的教室应能获得冬至日不小于 2h 的日照标准。

表 2-3　住宅建筑日照标准

建筑气候区划	Ⅰ、Ⅱ、Ⅲ、Ⅶ气候区		Ⅳ气候区		Ⅴ、Ⅵ气候区
	大城市	中小城市	大城市	中小城市	
日照标准日	大寒日				冬至日
日照时数（h）	≥2		≥3		≥1
有效日照时间带	8~16				9~15
日照时间计算起点	底层窗台面				

为了满足以上日照时数的要求，在建筑总平面设计时要考虑建筑物之间的相互遮挡是否会对室内日照时间的长短造成影响。因此，在总平面布置时要注意基地的方位、建筑物的朝向等，确保建筑物之间要有一定的日照间距。但是对于不同地区，由于太阳高度角以及建筑朝向的不同，前排建筑物对后排建筑物的遮挡情况都是不一样的。一般对于正南向的建筑来说，通常以当地大寒日或冬至日正午十二时的太阳高度角 α 作为确定日照间距的依据。如图 2-5 所示，建筑物的日照间距的计算公式为：

$$L = H \times \text{ctg}\alpha \tag{2-1}$$

式中　L——房屋水平间距；

　　　H——南向前排房屋檐口至后排房屋底层窗台的垂直高度；

　　　$α$——当房屋正南向时冬至日正午的太阳高度角。

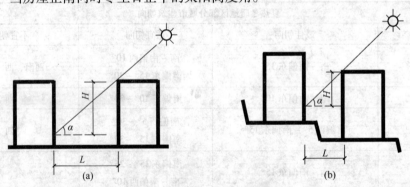

图 2-5　建筑物的日照间距

（a）平地；（b）向阳坡

对于非南向的无其他日照遮挡的平行布置条式住宅，其日照间距可采用表 2-4 所示的折减系数。

表 2-4　不同方位间距折减换算表

方位	0°~15°（含）	15°~30°（含）	30°~45°（含）	45°~60°（含）	>60°（含）
折减值	1.0L	0.9L	0.8L	0.9L	0.95L

注：1. 表中方位为正南向（0°）偏东、偏西的方位角。

　　2. L 为当地正南向住宅的标准日照间距（m）。

　　3. 本表指标仅适用于无其他日照遮挡的平行布置条式住宅之间。

总平面设计除了受地理气候影响外，与人为的因素也有关，城市与郊区、农村存在很大的差别。城市中心，人口越密集，使建筑密度和容积率也相应上升。南北日照间距不够，北边的房屋南侧的底层往往没有足够的日照，不利节能，也不利维持正常的生态环境。只能尽量从其他的技术途径进行合理的建筑布局。在建筑规划时，常用一年中太阳高度角最小的冬至日作为南北房间距控制，即这一天若满足北房底层获得日照，则全年都能满足要求。若选用全年最冷的大寒日作为日照间距的控制，则可以提高一些建筑密度和容积率。此外利用住宅楼群的合理布局，可以增加日照（图 2-6）。条形住宅采用错位布局，条点组合布置（图2-7）。将点式错位后布于南向，这样都能利用山墙空隙争取日照。当南北向与东西向住宅围合时，只要组合得当，也有利于争取日照。

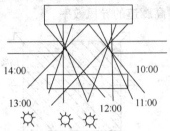

图 2-6　条式的错落布置，利用
山墙提高日照水平间隙

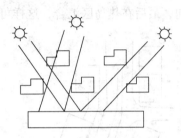

图 2-7　条式和点式住宅结合
布置改善日照效果

2.2.3.2　基于通风的考虑

建筑总体环境布局应组织好自然通风，特别是炎热地区，尽量避免房屋相互阻挡自然风的流动，建筑布置应迎向当地夏季主导风向。根据不同的通风角度，留出足够的通风距离。若成群体布置，宜使建筑群与主导风向成 30° ~ 60° 的角度，避免产生涡流区，并采用前后错列、前低后高等方式以提高其通风效益。如图 2-8 所示，一般建筑群的平面布局有行列式、错列式、斜列式、周边式等。从通风的角度来讲，以错列、斜列较行列式、周边式为好。在坡地、盆地、水体岸边、林地周围，应充分利用当地山阴风、顺坡风、山谷风、水陆风、林源风等小气候风向与气流。

建筑高度对自然通风也有很大的影响。高低建筑物交错地排列有利于自然通风（图 2-9）。

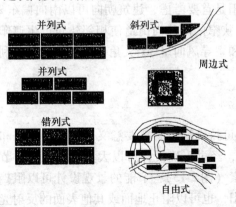

图 2-8　建筑群的布置

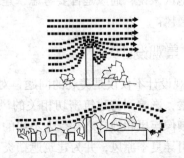

图 2-9　高层建筑自然风的流动状况

在建筑群体组织和道路网布置时，为了加强建筑间的通风效应，特别是随着夏季空调用户的增多，排放到室外的余热也越来越多，为了将这部分热量很快地被带走，可以将街道或室外空间顺风安排成通风廊道（图 2-10）。

要有效形成通风廊道，在建筑群体设计时应注意以下问题：

1. 廊道的连续性：通风廊道必须连续、流畅；

2. 廊道的平壁性：沿通风廊道两侧的建筑设计尽量避免有突兀的立面不平，并两侧建筑立面（单体之间）有良好的整体相连；

3. 廊道的方向应与夏季主导风向一致，以使尽量多的风沿巷道向前流动；

4. 廊道的汇合性：为了适应室外气流方向的不确定性，按图 2-11 的方法，将廊道设计成两个主导向，最后在热岛区汇合，这样可以提高廊道的导风效率。

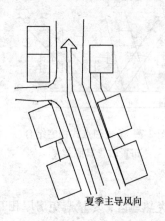

图 2-10　通风廊道示意图

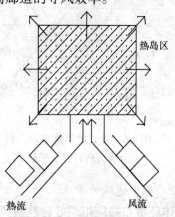

图 2-11　廊道的汇合性

2.2.3.3　基于日照和通风的综合考虑

在具体的方案设计中，考虑不同气候区最佳的建筑群体布局时需要综合日照和通风两方面的因素（图 2-12）。如寒冷地区首要考虑太阳能利用以及保温避风，建筑应保持坐北朝南的朝向，前后栋之间保证足够的日照间距，避免在冬季主导风向上形成风道；温和地区的朝向较灵活，可以在南偏东偏西 30°范围内，并和夏季主导风向呈 30°夹角，同时群体布局应满足日照间距的要求；对于干热地区来说，遮阳是首要考虑，建筑朝向可以南向偏东 20°～30°，以避免下午烈日炙烤，群体布局应紧凑，狭窄的南北向街道使相邻建筑产生遮阳；对于湿热地区来说，通风是首要考虑，建筑朝向和主导风向呈 30°夹角，较宽的街道有利于建筑间的通风。

2.2.4　景观设计

景观设计不仅仅是美观的问题，对环境的可持续性也有重要意义。树木、篱笆和其他景观元素，影响到与建筑密切相关的风和阳光，经过正确设计可以大大减少耗能，节约用水，控制像疾风和烈日之类令人不快的气候因素（图 2-13）：节能的景观设计可以阻挡冬季寒风，引导夏季凉风，并为建筑遮挡炎夏的骄阳，也可以阻止地面或其他表面的反射光将热量带入建筑；铺地可以反射或吸收热量，这取决于颜色是深是浅；水体可以缓和温度，增加湿度；此外，树木的阴影和草地灌木的影响可以降低临近建筑的气温，并起到蒸发制冷的

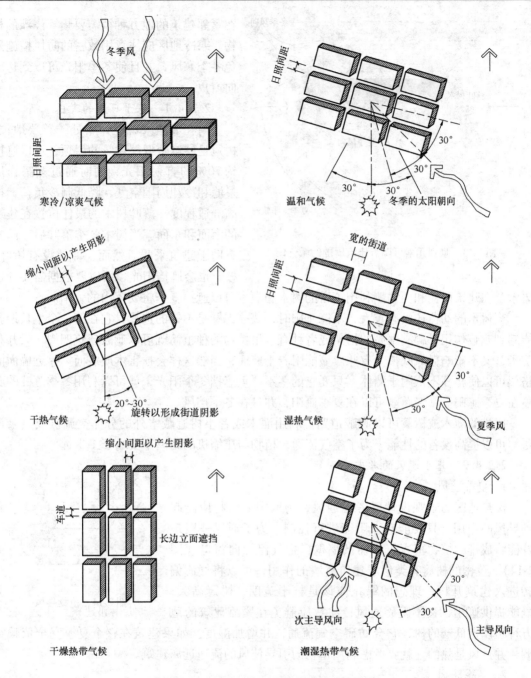

图 2-12　不同气候区的最佳建筑群体布局

作用。

　　使用什么样的节能景观设计手法由建筑场地所在的气候区域决定。温和地区应注意在冬季最大程度地利用太阳能采暖；在夏季尽量提供遮阳；引导冬季寒风远离建筑；在夏季形成通向建筑的风道。干热地区应注意给屋顶、墙壁和窗户提供遮阳，利用植物蒸腾作用使建筑周围制冷。湿热地区应注意在夏季形成通向建筑的风道，还应遮蔽照在南向和西向的窗户和墙上的夏季直射阳光，种植夏季遮阴树木的同时也要能使冬季低角度的阳光穿过，同时避免

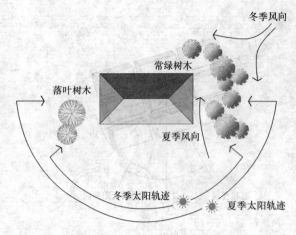

图 2-13　景观元素可调节建筑周围的微气候

在紧邻建筑的地方种植需要频繁浇灌的植物。寒冷地区应注意用致密的防风措施避免冬季寒风，并且使冬季阳光可以到达南向窗户。

2.2.4.1　基于日照的考虑

树在节能景观设计中处于首要地位。树冠足够遮蔽低层建筑的屋顶，可以遮挡约 70% 的直射阳光，同时通过蒸腾作用过滤和冷却周围空气，降低制冷负荷，提高舒适程度。落叶树木的最佳位置在建筑的南面和东面。当树木冬季落叶后，阳光有助于建筑采暖。然而，即使没有树叶，枝干也会遮挡阳光，所以要根据需要种植树木。在建筑西侧和西北侧利用茂密的树木和灌木可以遮挡夏季将要落山的太阳。

当树木的幼苗还没有长大，不能遮阳时，藤蔓无疑是不错的选择，它在第一个生长期就能起到遮蔽作用。爬满藤蔓的格架或者种有垂吊植物的种植筒既可以遮蔽建筑四周、天井和院子，又不影响微风吹拂。有些藤蔓能附着于墙面，当然这样会损害木质表面。靠近墙面的格架可以使藤蔓不依附于墙体。只要它的茎不严重遮挡冬季阳光，就可以利用冬季落叶的藤蔓在夏季遮阳。常绿藤蔓可以在夏季遮阳，并且在冬季挡风。

成排的灌木或树篱可以遮蔽道路。利用灌木或者小树遮蔽室外的分体空调机或热泵设备，可以提高设备的性能。为了空气流通，植物与压缩机的距离不要小于 1 米远。

2.2.4.2　基于通风的考虑

1. 夏季通风

湿热地区的景观设计要考虑通风，场地中的植物应能起到导风的作用。只要能对太阳能进行控制，为了通风一般最好能将成排的植物垂直于开窗的墙壁，把气流导向窗口（图 2-14）。茂密的树篱有类似于建筑翼墙的作用，可以将气流偏转进入建筑开口。理想的绿化应该是枝干疏朗、树冠高大，既能提供遮阳，又不阻碍通风；注意应避免在紧靠建筑的地

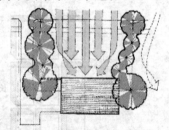

图 2-14　植物导风

方种植茂密低矮的树，它会妨碍空气流通，并增加湿度。如果建筑在整个夏季完全依赖空调，并且风是热的，就要考虑利用植物的引导使风的流通远离建筑。

2. 冬季防风

寒冷地区应注意场地的冬季防风设计。种植在北面和西北面茂密的常绿树木和灌木是最常见的防风措施，如图 2-15（a）所示。树木、灌木通常组合种植，这样从地面到树顶都可以挡风。阻挡靠近地面的风最好选用有低矮树冠的树木和灌木。或者，用常绿树木搭配墙壁、树篱或土崖，也起到使风向偏转向上、越过建筑的作用，如图 2-15（b）所示。如果建筑要指望冬季阳光采暖，注意不用在建筑南面太近的地方种植常绿植物。

除了远处的防风植物，在临近建筑的地方种植灌木和藤蔓可以创造出冬夏季都能隔绝建筑的闭塞空间。在生长成熟的植物和建筑墙壁之间应留出至少 30cm 的空间。种植成坚固墙

壁的常绿灌木和小树作为防风林，离北立面应至少有 1.2 至 1.5 米。然而为了夏季有空气流通，茂密的植物最好再远一些。

寒冷地区如果有较大的降雪量，在防风植物的上风向应种植低矮灌木，可以在雪被吹到建筑之前把它挡下来。

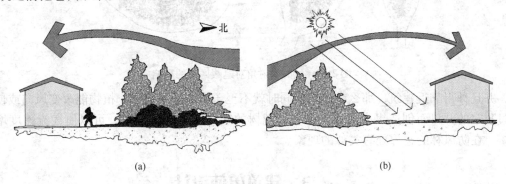

图 2-15　植物防风

防风林的长度、高度和宽度影响到下风向被遮蔽区域的面积。随着防风林高度和场地的增加，被遮蔽区域的深度也增加。被遮蔽区域还随着防风林的宽度增加，一直到防风林高度的 2 倍。如果防风林宽度超过高度的 2 倍，那么气流会再次"粘着"防风林的顶部，因此被遮蔽区域的面积会缩小（图 2-16）。在防风林前方 10 倍高度的区域内，风速会稍微减弱。

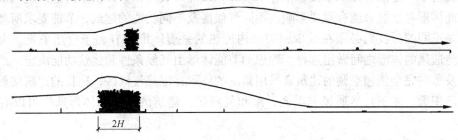

图 2-16　防风林宽度对遮蔽区域的影响

防风林应延伸至地面，两到三排常绿树木交错排列；如果采用落叶树木，应该用 5 到 6 排；防风林的长度应是成年树木直径的约 11.5 倍；树木的高度应有变化。防风林保护的有效区域大约是树高的 30 倍。然而，当被保护建筑位于防风林高度的 1.5 到 5 倍距离内时，效果最好。

被遮蔽区域的范围也随着防风林孔隙率而变。防风林越密实，到最低风速点的距离越短，该点风速降低越多。然而，在风速最低点之后，风速增加越快，反而不如孔隙多的防风林所遮蔽的区域大。

风的入射角也会影响被遮蔽区域的长度。当风与防风林正交时，树木和树篱是最有效的。如果风以斜角与防风林相交，被遮蔽区域的面积就会缩小（图 2-17）。

树篱的遮蔽效果比树木更为明显，因为它们的叶子接近地面。在树的逆风方向，树干周围枝叶下的气流实际上被加速。如果某个建筑分区或季节性调整的建筑需要一个被遮蔽的区域，那么推荐将绿化设计成降低风速但不产生大紊流的形式。要达到这一目的，防风林应该至少有 35% 的孔隙。如果不需要遮蔽，就要将树木种得远一点儿。如果树木高大、树干裸

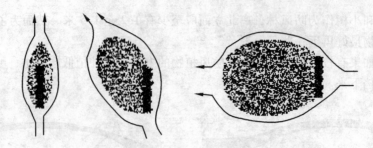

图 2-17　风的入射角对遮蔽区域的影响

露，并且种得靠近建筑，那么在遮阳的同时就不至于影响通风效果。植物能改变风向或使风通过狭窄的开口而创造出高风速的区域。把树的间距缩小形成风道，可以使气流速度增加25%。在防风林的边界处有类似的现象。

2.3　建筑单体设计

2.3.1　建筑体形

建筑师在设计中往往追求建筑形态的丰富变化，而很少从节能的角度考虑这一问题。建筑体形决定了一定围合体积下接触室外空气和光线的外表面积，以及室内通风气流的路线长度，因此体形对建筑节能有重要影响。不同气候区及不同功能的建筑，节能要求所塑造的建筑体形是不同的。我们必须在减少围护结构传热的紧凑体形和有利于自然采光、太阳能得热、自然通风的体形之间做出选择。理想的节能体形由气候条件和建筑功能决定。严寒地区的建筑及那些完全依赖空调的建筑宜采用紧凑的体形；湿热气候区，狭长的建筑接触风和自然光的面积大，便于自然通风和采光；温和气候区，建筑的朝向和体形选择可以有更多的自由。

2.3.1.1　基于日照的考虑

我国的太阳能资源丰富，大部分采暖区日照辐射较强，并位于长日照区域内，这为我国发展太阳能建筑提供了有利的条件。建筑南立面在向外散失热量的同时也接受太阳辐射，如果吸收的太阳辐射热量大于向外散失的热量，则这部分"盈余"热量能够补偿其他外界面的热损失。受热界面的面积越大，补偿给建筑的热量就越多。因此太阳能建筑的体形不能以外表面积越小越好来评价，而是以南墙面足够大，其他外表面尽可能小为标准来评价。

詹姆斯·朗伯斯（James Lambeth）设计的谢尔顿太阳房（Shelton Solar Cabin）南向集热面几乎都是玻璃面，而且在平面和剖面上都被扩大，其他表面则被缩小，几乎没有窗户，并且采取了良好的保温措施（图 2-18）。

如果需要考虑相邻建筑或未建场地利用日照的可能性，就需要引入一个"太阳罩"（solar envelope）的概念。太阳罩指特定场地上不会遮蔽毗邻场地的最大可建体积。它的大小、形状由场地的大小、朝向、纬度、需要日照的时段及毗邻街道或建筑容许的遮阳程度决定。

一旦场地的朝向和形状确定了，太阳罩的形状就由必须获得日照的时段决定。例如，位于北纬40°的某块场地，要求全年早上9点至下午3点之间不能遮挡毗邻场地的日照，就要选择太阳高度角最低的时候（12月）确定体形北边的坡度，选择太阳高度角最高的时候（6

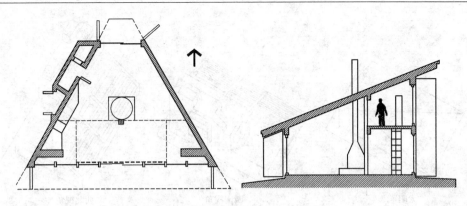

图 2-18　谢尔顿太阳房

月）确定南边的坡度，如图 2-19 所示。由于在早上 9 点前和下午 3 点后可以遮蔽毗邻场地，那么 12 月 21 日、6 月 21 日早上 9 点和下午 3 点的太阳位置就决定了太阳罩的最大体积，图 2-20 表示了在一定太阳罩内假想的建筑。

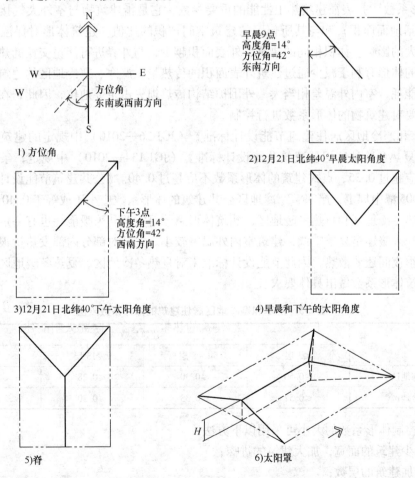

图 2-19　太阳罩的形成过程

确定不被遮蔽的场地或建筑的边界时，可以包括街道和空地的宽度，其高度可以根据不同的周边条件人为地调整，例如它可以是窗台的高度或界墙的高度。这个高度也和毗邻土地

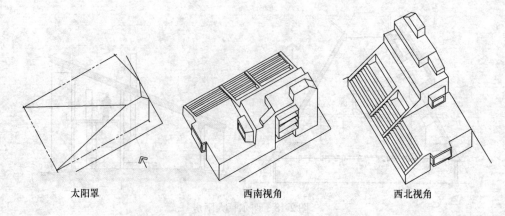

太阳罩　　　　　　　　　西南视角　　　　　　　　　西北视角

图 2-20　假想的具有太阳罩的建筑

的用途有关，住宅的"阴影栅栏"高度就比公共建筑或工业建筑的要低。

2.3.1.2　基于保温的考虑

"体形系数"是表征建筑热工性能的重要参数，它是指建筑物与室外大气接触的外表面积（不包括地面面积）和与其所包围的建筑空间体积的比值。建筑体形对保温质量和采暖能耗有很大的影响。体积相同的建筑，外表面积越少，与外界进行能量交换的热流通道就越少，紧凑的体形有利于减少通过建筑外表面积的传热量。严寒、寒冷地区的建筑能耗主要是冬季采暖能耗，室内外温差相当大，外围护结构传热损失占主导地位，因此，在建筑保温设计中，需要对建筑物的体形系数进行控制。

《严寒和寒冷地区居住建筑节能设计标准》（JGJ 26—2010）中规定的建筑体形系数见表 2-5；《夏热冬冷地区居住建筑节能设计标准》（JGJ 134—2010）中规定，条式建筑的体形系数不应超过 0.35，点式建筑的体形系数不应超过 0.40。《公共建筑节能设计标准》（GB 50189—2005）中规定，严寒、寒冷地区公共建筑的体形系数应小于或等于 0.40。

在夏热冬冷地区和夏热冬暖地区，建筑体形系数对空调和采暖能耗也有一定的影响，但无论是冬季采暖还是夏季空调，建筑室内外温差较小。尤其对部分内部发热量很大的商业建筑，在夏季夜间还要散热，因此节能设计标准未对夏热冬冷地区、夏热冬暖地区和温和地区的公共建筑体形系数做出具体要求。

表 2-5　严寒和寒冷地区居住建筑的体形系数限值

	建筑层数			
	≤3 层	4 ~ 8 层	9 ~ 13 层	≥14 层
严寒地区	≤0.50	≤0.30	≤0.28	≤0.25
寒冷地区	≤0.52	≤0.33	≤0.30	≤0.26

通常控制体形系数的大小可采用以下方法：

1. 减少建筑的面宽，加大建筑的进深；
2. 增加建筑的层数；
3. 建筑体形不宜凹凸太多。

体形系数限值过小，将会约束建筑师的创造性，建筑会显得呆板、单调，甚至可能损害建筑的功能使用。过于紧凑的体型可能会限制新鲜空气、自然光以及向外的视野，损害了人体健康的基本需求。尤其是公共建筑的设计受到多方面因素的影响,造型比较丰富,因此有时难以满足这条规定。如果所设计的建筑体形系数超出了标准规定,则该建筑必须加强围护结构的保温构造。

2.3.1.3　基于采光和通风的考虑

除非建筑体量非常小,通常紧凑的体形使得建筑大部分面积都远离周边可以利用自然采光的区域,并且不利于夏季的自然通风,增加了建筑的照明能耗和空调能耗;而且建筑周边的冬季采暖负荷和中心的夏季制冷负荷之间的矛盾,要求建筑配备复杂的空调系统,这必然增加了成本。

利用自然采光和自然通风的理想建筑体形应当是狭长伸展的,使更多的建筑面积靠近外墙,尤其在湿热气候区。建筑可以设计成一系列伸出的翼,这样就能在满足采光和通风的同时将土地的占用减少(图 2-21)。翼之间的空间不能过于狭小,否则会相互遮挡。

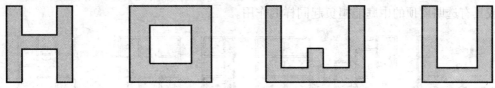

图 2-21　有利于采光的建筑平面

德国的锡根技术中心是一座 $3300m^2$ 的多功能建筑,由办公区、实验研究区和制造区组成。紧凑的实验研究区和制造区在北侧连接了综合体的各部分,而办公部分形成三个向南伸展的三层翼楼,有利于利用自然采光和通风(图 2-22)。由于功能限制而必须设计成大进深的建筑可以通过院落或中庭组织建筑的采光和通风(图 2-23)。虽然上述两例看起来似乎降低了建筑的热工性能,但设计良好的自然采光和通风系统所节约的照明能耗和空调能耗,将会弥补、甚至超过因外表面积增大而增加的冬季热损失。

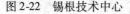

图 2-22　锡根技术中心

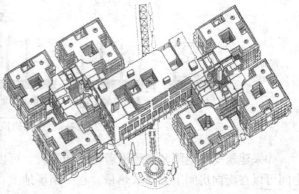

图 2-23　通过院落组织建筑的采光和通风

2.3.2　建筑空间

合理的空间设计应在充分满足建筑功能要求的前提下,对建筑空间进行合理分隔(包括平面分隔和竖向分隔),以改善室内保温、通风、采光等微气候条件。在平面设计中,不同室内分隔会对室内微气候环境产生相当大的影响,例如,在北方寒冷地区的住宅设计中,就经常将使用频率较少的房间如厨房、餐厅、次卧室等房间布置在北侧，形成对北侧寒冷空气的"温度缓冲区"，以保证使用频率较多的房间如起居厅、主卧室等房间的舒适温度。

2.3.2.1 基于日照的考虑

理想的被动式太阳能采暖建筑在南北进深方向不超过两个分区，这种布局使建筑南面收集的太阳热能可以传递到北面。但是公共建筑往往在进深方向有多个分区，这就成为节能设计的挑战。

这种大进深建筑的日照需要有效地组织平面和剖面。图2-24表示了几种在平面和剖面中将阳光引向建筑深处的方法。进深方向两个或多个房间可以交错布置以利于每个房间获取阳光。一个房间或建筑的墙面可以用来把更多的阳光反射进南向窗户。北向无日照的房间可以与有日照的区域通过对流传热。当房间被连接空间或走廊呈东西向地连接在一起，这个连接区域可以用来收集和蓄存热量，当需要热量时，每个房间都可以向连接区域敞开。向南的中庭或具有透明屋顶的中庭能担负起同样的作用。

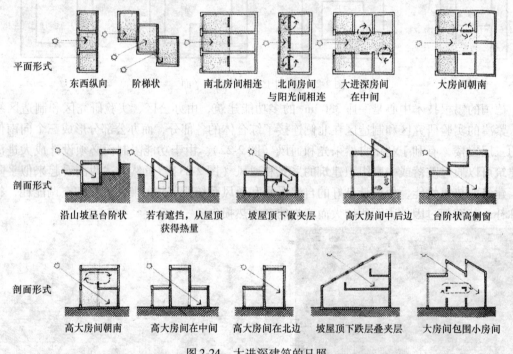

图2-24 大进深建筑的日照

如果建筑受场地限制必须沿着南北向布置，可以在剖面上呈阶梯状布置，使更多的北向房间可以在南向房间上方获取热量。在平坦场地上，北向房间下部的空间难以获取热量。把坡屋顶和夹层相结合，顶部阳光可以被引入北向深处。高的房间常常可以获取南向阳光，并把热量向小房间传递。高房间可以在南边、北边，也可以在小房间之间。另外，一个大房间或巨大的屋顶可以包容小房间或区域。屋顶可以是台阶状的、倾斜的，或者有天窗，将阳光引入建筑中心和北边。要注意倾斜的玻璃容易积尘，更需要做好防水，并且在夏季更难进行外部遮阳。

例如比利时图尔奈小学（图2-25）南向中庭上覆盖着倾斜的玻璃屋顶，室内一系列跌落的半开敞楼层可以让阳光深入照射到建筑深处，每层都与中庭通过窗户相连。

2.3.2.2　基于热利用的考虑

1. 缓冲区（buffer zone）

建筑中一些房间由于自身的使用性质，或使用时间的长短，对温度没有严格的要求，可作为缓冲区，如楼梯间、贮藏室和卫生间等，应适当集中，尽量沿北向布置，以减少北向低温对主要使用房间的影响。实践证明这是一种有效的，又不会增加投资的节能设计方法。

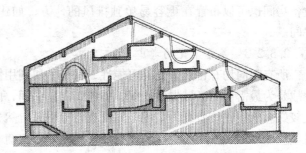

图 2-25　比利时图尔奈小学南北剖面

拉尔夫·厄斯金设计的瑞典葛迪立别墅将车库和储藏室作为缓冲区（图 2-26），抵挡冬季寒冷的北风，南部区域向东西方向延伸，同时增加高度，使起居室空间能够获得良好的阳光。弗兰克·赖特设计了位于气候炎热的美国亚利桑那州凤凰城的鲍森住宅（图 2-27），运用楼梯间和储藏室等辅助空间在其西北向形成缓冲区，抵挡夏日午后灼热的阳光。

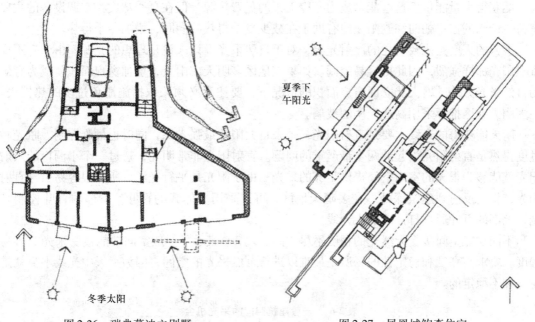

图 2-26　瑞典葛迪立别墅　　　　图 2-27　凤凰城鲍森住宅

2. 产热区

在许多建筑的中心区域由于设备和人员密集，会产生大量的热量。有采暖需求的建筑可以利用这样的热源提供部分需热量，这类热源可以布置到利于向北面供暖的区域。

在温暖气候区，制冷需求占主导地位，产热区应该与其他空间隔离开。例如，商业建筑中应考虑商品自身发热及展示所需照明设备的发热量对周围环境的影响，散热量很大的电器售卖区一般应布置在顶层，以避免影响其他营业空间，并且可以设计单独的通风系统。

另外两个产热区的实例是餐厅厨房和设备房间。因为产热量高，并且需要更多的室外新风，餐厅厨房的采暖、制冷和通风常常独立于就餐区域之外。设备房间，可能容纳了产热源，如果锅炉、炉子和热水箱，可以布置在便于相邻房间分享它们剩余热量的地方。另外，设备房间也可以布置在更容易单独排风的地方，如建筑顶层的边缘，或者位于室外的独立房间。

2.3.2.3 基于采光的考虑

所有朝向均有自然采光的可能性，只是如何利用恰当的手段和技术的问题。采光最大的挑战是为最需要的区域提供光线，如建筑北向房间、内部空间和地面层。低层建筑的自然采光较好。单层建筑所有的室内空间都有可能引入自然光线。多层建筑的采光要困难一些，这时就应该在增加占用土地和利用自然采光之间作权衡。

在高楼鳞次栉比的都市地区中，由于建筑之间相互遮挡，较低建筑或楼层的自然采光比较困难。所以，应将更需要光线的房间布置在上部，而不需要光线的房间布置在靠近地面的楼层。解决这一问题还可以利用中庭或采光井，将光线引入建筑中心，但是要注意保温以减小热损失。对于顶部楼层，天窗能有效地弥补侧窗采光的不足。

在寒冷气候区应恰当地利用保温窗，在引入自然光的同时，不过多地损失舒适性和能量。慎重选择窗户可以在大面积使用玻璃的同时，限制进入室内的太阳得热。垂直于太阳的表面能获得大量能量，这些能量成为寒冷天气的免费热源，但在夏季却成为空调设备的主要负荷。恰当的窗户朝向和遮阳设施有助于在减少夏季得热的同时，增加冬季得热。

多云的天空是比较明亮的漫射光源，对于自然采光设计来说是理想的光源。由于它不像直射阳光那样强烈，因此更容易控制。如果该地区多阴天或雨天，增加窗户面积就成为有效的自然采光方法。增大北立面窗户面积的情况下，要注意必须采取措施避免过多的热损失。在多阴天地区推荐采用高透光率的玻璃。

晴天能获得的光线主要是直射阳光，是来自太阳的最强光源，同时也最难控制。眩光和过度得热是直射阳光引起的两个最严重的问题。直射阳光非常明亮，透过一个小洞口的入射阳光就能够为很大的室内空间提供足够的采光。由于阳光是平行光源，所以很容易引导直射阳光，将它反射到建筑深处。在多晴天地区，可以采用分体式的百叶，下部的百叶控制眩光，上部的百叶通常打开以引入光线。

不同功能空间接受天然光的程度不尽相同。表2-6表示了一般空间功能接受采光的难易程度。要求高亮度和稳定性的场所是最难以进行自然采光的空间，因为一天中光线本身就是易变和不稳定的。

表2-6 一般建筑空间的采光机会

空间功能	光线亮度	可接受的不稳定性	采光的容易程度
医疗	高	低	低
计算机工作场所，办公室	中	中	中
走廊、盥洗室、餐饮区	低	高	高
零售（食品，商店）	高	高	高

根据上面讨论的标准和空间的功能，可以确定最佳的采光场所。最不需要遮阳控制的以及需要高照度的区域，是最适合自然采光的场所，如入口大厅、接待区、走廊、楼梯间、中庭等；低照度要求的区域，最适合无法获得自然采光的区域，常常被布置在建筑中心，如电梯、机械室、储存室和服务区域，这样就减小造价相对较高的围护结构和玻璃窗的面积，降低了建筑的体形系数和照明用电的消耗。西面的光线通常很难控制，常常导致很高的制冷负

荷和因眩光引起的视觉不适。所以，西面最好用作辅助房间，或光线变化无关紧要的空间，应避免设置工作区域。当然，如果采用了有效的外部设施控制直射阳光和眩光，西朝向还是可以利用的。

阿尔瓦·阿尔托设计的美国俄勒冈州芒特安杰尔（Mount Angel）图书馆分成两个主要的区域：需要光线充足的阅读部分，和不需要很充足光线的藏书部分。阅读部分靠近外墙上的开口，位于中心天窗下，而藏书部分位于两个阅读

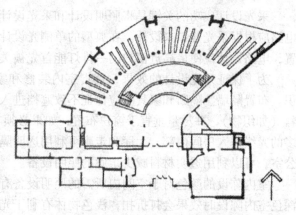

图 2-28　俄勒冈州芒特安杰尔图书馆

区之间，离光源很远（图 2-28）。路易斯·沙里宁设计芝加哥会堂大厦（Auditorium Building）时运用了相似的手法，建筑外围布置了需要采光的办公室，需要灯光控制的观众厅则布置在建筑较黑暗的中心（图 2-29）。

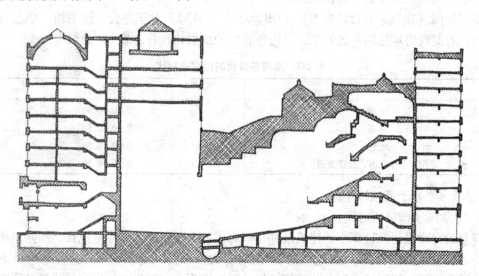

图 2-29　芝加哥会堂大厦

美术馆和博物馆建筑是一类特殊的建筑。在这些建筑的设计中，自然光不仅仅是节能策略，它还能为展品带来微妙的质感和色彩，并且能更好地塑造空间和表达建筑。然而，对自然光线的渴望必须与对艺术品安全的考虑相平衡，应保护展品免受直射阳光的照射，同时要避免眩光对人观看需求的干扰。因此，需要对光线进行柔化或遮光处理。这通常是通过控制采光口设计，采用低透光率的玻璃，以及设置遮阳、反光装置来完成。

根据采光区域设置房间进深。房间进深是窗户上槛高度的 1.5 倍，房间里的阳光就足以提供足够的亮度和均衡的光线分布。当采用了反光板或有能接受直射阳光的南向窗口，这一比例可以提高到 2.5 倍。常规的办公室顶棚高度是 3 米，可以利用自然采光的区域大约在离窗户 4.5 米范围内（如果窗户带有反光板，则在 7 米范围内）。建筑的宽度在 12 米左右，就几乎可以为所有的办公室提供采光。房间进深如果更大，则白天也需要人工照明补充。

　　采光设计成功的关键是将照明设计和采光设计放在同等重要的地位。照明设备的布置和电路应根据采光开口来设计。在典型的单侧光设计中，灯光最好与有窗户的墙壁平行成排布置，电路设计应使最靠近窗户的一排灯能首先被关闭，依此类推，随后的灯可以逐排关掉。

　　为了保证采光设计的效果，负责室内装修和家具选择的人必须了解自然采光的一般常识。布置隔墙、隔断和家具时应保证不致遮挡进入室内空间的光线。隔断应采用浅色漫射材料（如织物），并尽量垂直于窗户布置；如果必须与窗户平行，应尽量降低高度，以便使更多的光线进入房间内部。大厅和走廊可利用透明隔断获得光线。从周边获取光线的建筑如办公室，可以利用透明材料减少走廊的照明设备。

　　室内陈设的颜色对于空间内所需的照明设备有很大的影响。优秀的自然采光设计在运用深色室内陈设时效果会打折扣，浅色物体有利于光线分布。用浅色的窗台和窗框会促进漫射光进入室内，靠近窗户的墙壁也应该是浅色的。房间的后墙颜色对于提高光线分布的均匀性尤为重要，应避免使用深色，除非有收集和蓄积太阳热能的考虑。为了避免过度的眩光，应避免使用反射性的镜面油漆表面，推荐使用粗糙的油漆表面。为了装饰室内空间，可以主体保持白色，局部采用重点色加以点缀。

　　根据我国《建筑采光设计标准》（GB 50033—2013），对于办公、图书馆、学校等建筑的房间，若要获得理想的采光效果，室内各表面的反射比宜符合表2-7的规定：

表2-7　室内各表面的适宜反射比

表 面 名 称	反 射 比
顶 棚	0.60～0.90
墙 壁	0.30～0.80
地 板	0.10～0.50
桌面、工作台面、设备表面	0.20～0.60

2.3.2.4　基于通风的考虑

1. 穿堂风（即风压通风）

　　理想的穿堂风建筑进深小，建筑最好是单廊式的，在长度方向尽量拉长，房间里的隔墙尽量少，以最大限度地获取通风。但实际上对于大多数公共建筑而言，这种布局是不可能的，除了没有场地限制的小型公共建筑之外。对于进深方向超过一间房间的建筑和所有内走廊式建筑，迎风面的房间会阻挡背风面房间的通风。图2-30表示了带给所有房间穿堂风的组织策略。诸如厨房、浴室等产生气味、热量或湿气的空间应有单独的通风路径，或布置在下风向。在主要使用空间的顶棚附近安装风扇，以备室外风速过低时促进空气流动。

　　利用风压进行自然通风的典范之作当属伦佐·皮亚诺设计的特吉巴奥文化中心。新卡里多亚是位于澳大利亚东侧的南太平洋热带岛国，气候炎热潮湿，常年多风，因此最大限度地利用自然通风来降温，成了适应当地气候、注重生态环境的核心节能技术。文化中心从当地传统棚屋中提炼出曲线形木肋条结构，将十个木桁架和木肋条组装成的曲线形构筑一字排开，形成三个村落（图2-31）。其原理是采用双层结构外墙，使空气可以自由地在外部的弓形表面与内部的垂直表面之间流通。气流由百叶窗根据风速大小进行调节（图2-32），当有微风吹来时，百叶窗就会开启让气流通过，当风速变得很大时，它们则按照由下而上的顺序关闭，从而实现完全被动式的自然通风，达到节约能源，减少污染的目的。

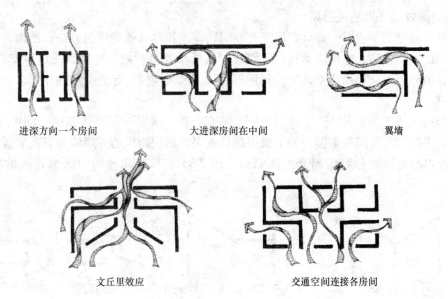

进深方向一个房间　　　　　　大进深房间在中间　　　　　　翼墙

文丘里效应　　　　　　　　　交通空间连接各房间

图 2-30　利于穿堂风的平面布局

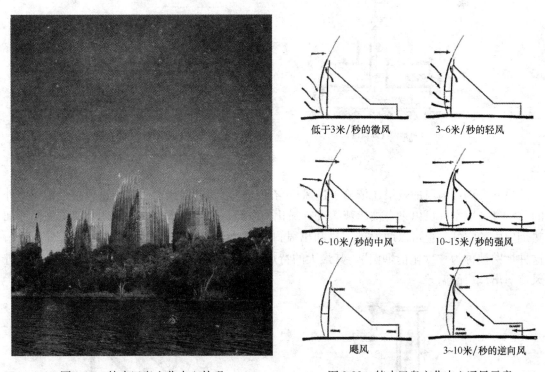

图 2-31　特吉巴奥文化中心外观　　　　　　图 2-32　特吉巴奥文化中心通风示意

　　建筑底部是柱子或侧墙，其通风能力比地面上的建筑高大约30%。风速随着高度增加而增加，将建筑架空使其处于更大的自由风速区域。架空建筑同时也使地板上的进风口能从被遮蔽的阴影中引入冷空气。这种设计方法在湿热气候区很常见，在那里地板被提升以避免结构的腐烂。在地面持续潮湿的地区，或当建筑位于泛滥平原时，架空建筑也是不错的方法。但是，架空的高层建筑下的风速可能令人不适，甚至可能对于行人造成伤害。

2. 烟囱效应（即热压通风）

当室外温度低于室温，并且有风压存在时，穿堂风是有效的降温方法；然而，在炎热地区和温和地区的夜间，空气流动往往很缓慢，或处于拥挤的城市环境，或出于安全、隐私、噪声等其他原因无法利用穿堂风时，利用烟囱效应通风同样能起到降温的作用，并且不受朝向的限制。

烟囱通风依赖于出风口和进风口之间的垂直距离，所以在层高较高的空间中效果最好，如高大的房间、楼梯间和烟囱。为了取得最佳效果，烟囱通风的开口应布置在靠近地板和顶棚处，出风口可以兼作利用侧光的高侧窗。图 2-33 表示了几种利用烟囱通风的房间布置策略。

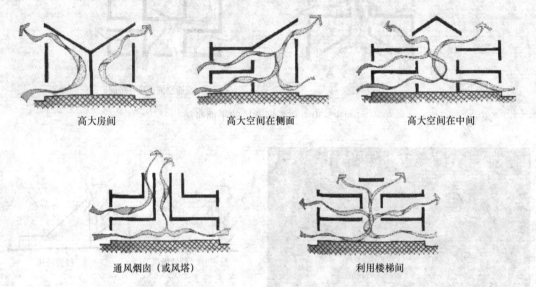

高大房间　　　　　　　高大空间在侧面　　　　　　高大空间在中间

通风烟囱（或风塔）　　　　　　　　利用楼梯间

图 2-33　利于烟囱通风的剖面组织

另外，烟囱通风的效果还依赖于进风口与出风口之间的温差。所以，进风口处需要室外的凉空气，凉空气可以来自被遮蔽的或有绿化的空间，或来自水面上；利用收集的太阳能加热烟囱中的空气，也可以增大进风口和出风口之间的空气温差，增强通风效果（图 2-34），这种烟囱被称为"太阳能烟囱"，其最大的特点是可以在不升高室内气温的情况下，增大进风口与出风口的温差。

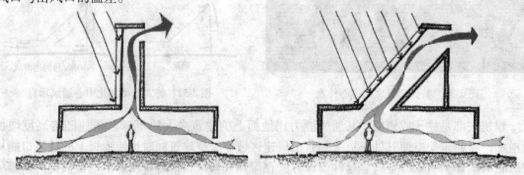

图 2-34　利用太阳能集热促进烟囱通风

与特吉巴奥文化中心不同，迈克尔·霍普金斯事务所设计的英国国内税务中心位于诺丁汉市的传统街区。由于建筑本身呈院落式布局，加上受紧凑的城市布局的影响，建筑周边的风速较小，不能很好满足自然通风的需求，因此，霍普金斯在控制建筑进深，以利于自然采光、通风的基础上，设计了一组顶帽可以升降的圆柱形玻璃通风塔，作为建筑的入口和楼梯间。玻璃通风塔可最大限度地吸收太阳能，提高塔内的空气温度，从而进一步加强烟囱效应，带动各楼层的空气循环。冬季时顶帽下降以封闭排气口，这样通风塔便成为玻璃温室，有利于节约采暖能耗（图 2-35）。

图 2-35　英国国内税务中心

3. 综合通风

在建筑的自然通风设计中，风压通风与热压通风往往互为补充、密不可分。同一座建筑内不同的房间可以采取不同的通风策略，如穿堂风可以用在建筑迎风面、进深较小的部位和不受遮挡的上层房间，而烟囱通风则可以用在背风面、进深较大的部位和受遮挡的下层房间。同一座建筑也可以在不同的天气条件下采取不同的通风策略，如有风的天气用穿堂风来降温，无风的天气可利用热压通风来降温。图 2-36 表示了在建筑中可以利用风压和热压综合通风的布局形式。

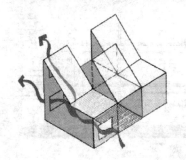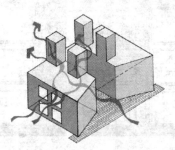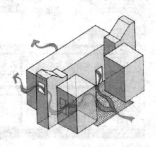

图 2-36　风压和热压的综合通风

位于英国莱彻斯特的德蒙特福德大学女王馆就是综合通风的一个优秀实例。庞大的建筑被分成一系列小体块，既在尺度上与周围古老的街区相协调，又形成了一种有节奏的韵律感，同时使得自然通风成为可能。位于指状分支部分的实验室、办公室进深较小，可以利用风压直接通风；而位于中间部分的报告厅、大厅及其他用房则更多地依靠"烟囱效应"进行自然通风（图 2-37）。

费登·克莱格（Feilden Clegg）事务所设计的位于盖斯顿的英国建筑研究院（Building Research Establishment，简称 BRE）办公楼综合运用了风压和热压通风原理。首先，建筑在场地上的朝向垂直于西南主导风向，其分区使得气流循环从一个开敞的办公平面进入，没有走廊墙壁阻挡。其次，北边独立的办公室沿建筑外墙的排布并不连续，被凹室打断，凹室与南面大面积的开敞办公区域连通（图2-38）。第三，即使独立办公室封闭了起来，或者未来的业主沿着北墙连续布置了独立办公室，中空的混凝土楼板也能通过顶棚上的风扇引入空气，促进穿堂风。运用楼板通风使得办公楼室内布局灵活，不会因变动家具陈设而阻碍风路。中空的楼板不但在自然通风系统中起到了关键的作用，也作为蓄热装置，在夜间通过通风来降温散热。即使在夏季炎热无风的日子，办公楼也能转而利用南立面上的5个烟囱，将空气从底层引入建筑，并将楼板中的热空气吸入烟囱，从建筑上部排出，如图2-39（a）（b）所示。玻璃砖的运用提升了烟囱里的温度，加上机械风扇的辅助，更加强了烟囱效应的功效。

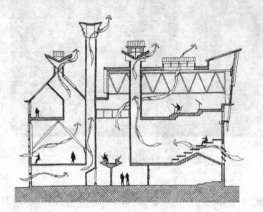

图2-37 蒙特福德大学女王馆

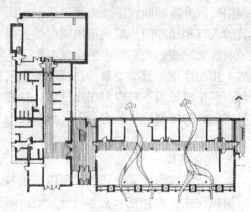

图2-38 英国建筑研究院办公楼

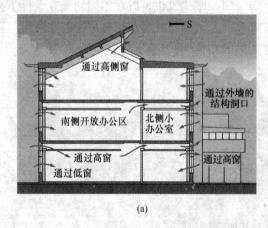

(a)

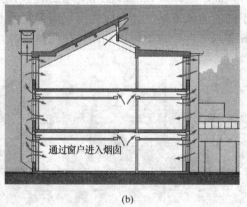

(b)

图2-39 英国建筑研究院办公楼通风示意
（a）穿堂风，夏天有风的日子；（b）烟囱通风，夏天无风的炎热日子

　　一些公共建筑由于通风路径较长，流动阻力较大，单纯依靠自然风压与热压往往不足以实现自然通风。并且，有些城市空气污染和噪声污染较严重，直接的自然通风还会将室外污浊的空气和噪声带入室内，不利于人体健康。在这种情况下，常常采用一种机械辅助式的自然通风系统。该系统有一套完整的空气循环通道，辅以符合生态思想的空气处理手段（如土壤预冷、预热、深井水换热等），并借助一定的机械方式加速室内通风。

　　自然通风不能完全替代空调的情况下，可以混合的方式与机械系统共存。对于某些区域需要空调的建筑，最好将建筑分成独立的区域，分别进行自然通风和机械通风，在关键区域利用机械制冷，自然通风主要用作减少非关键区域的能源和机械设备的消耗。或者利用转换系统，当开启空调时就关闭窗户，打开窗户时应利用转换调节装置自动关闭空调。

2.3.3　窗口及相关构件

不同的气候地区、不同的朝向对窗户的节能性能要求不一样（表2-8）。一般来说，对于北部寒冷地区（或是过渡地区的北窗），住宅的能源消耗主要是冬季采暖，安装的窗户保温性和气密性要求高，并且允许太阳辐射得热较大；对于南方炎热地区（或是过渡地区的南窗与西窗），住宅的能源消耗主要是夏季制冷，安装的窗户要尽量减少太阳辐射得热，而对其保温隔热性的要求相对较低。颜色越深的着色玻璃虽然遮阳越有效，但也降低了窗外的可见度，尤其在晚上。因此为住宅选择遮蔽系数小的窗户时，应注意保证其可见光透过率。

表 2-8　不同气候区推荐的窗户节能性

气候区	保温隔热性	太阳辐射得热	气密性	可见光透过率
寒冷地区	好	适中～高	好	高
过渡地区	好～适中	适中～低	好	高～适中
炎热地区	适中	低	好	适中

2.3.3.1　基于遮阳的考虑

夏热冬暖地区和夏热冬冷地区以及寒冷地区中空调负荷大的建筑，为了节约能源，外窗（包括透明幕墙）宜设置外遮阳，外遮阳比内遮阳更有效。外遮阳对建筑外观有重要影响。如果要求建筑按某种固定风格设计（如新古典主义或玻璃盒子式），外遮阳不能与建筑形式相调和。在这种情况下，应考虑改变建筑的风格。

通常把外遮阳的基本形式分为四种：水平式、垂直式、综合式和挡板式。每种遮阳都可以演化成百叶状的形式，并且有固定式和活动式之分。

1. 水平式遮阳

水平式遮阳能够有效地遮挡高度角较大的、从窗口上方投射下来的阳光。故适用于接近南向的窗口，或北回归线以南低纬度地区的北向附近的窗口。水平式遮阳必须与建筑结构相结合，因此仅限于新建的建筑。

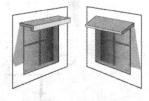

图 2-40　边缘突出或向下倾斜的水平式遮阳

水平遮阳板的缺点是易受风荷载，在北方地区易积雪。如果窗户高度较大，为减小遮阳板出挑长度，可以使其边缘突出或向下倾斜，以减小出挑长度（图2-40）。或沿窗户高度方向分层设置，如美国新墨西哥州的桑迪亚国家实验室中的工艺和环境技术实验室，其南立面上的水平遮阳板起到了遮蔽中庭窗户的作用，并且构成了具有审美意义的醒目的建筑特征（图2-41）。或在出挑方向变形成百叶（图2-42），呈曲线排列的百叶曲率和尺寸应经过严格计算，以保证直射阳光不会照射到窗户上。水平百叶遮阳的另一好处表现在避免了热空气聚集在水平遮阳板下的情况，并且还减小了雪荷载。

2. 垂直式遮阳

垂直式遮阳能够有效地遮挡高度角较大的、从窗侧斜射过来的阳光。但对于高度角较大的、从窗口上方投射下来的阳光，或接近日出、日没时平射来的阳光，不起遮挡作用。故主要适用于东北、北和西北向附近的窗口。

图 2-41　分层设置的水平式遮阳　　　　　　　图 2-42　变形为百叶的水平式遮阳

东西立面上的垂直式遮阳板的间距越小，长度越大，进入室内的阳光越少（图 2-43）。北立面上的垂直遮阳板可遮挡夏季早晨和黄昏从东北和西北方向斜射的阳光（图 2-44）。

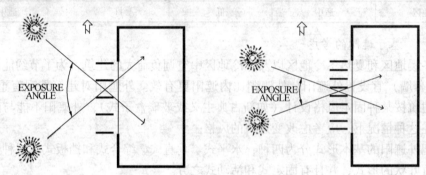

图 2-43　东西向垂直式遮阳

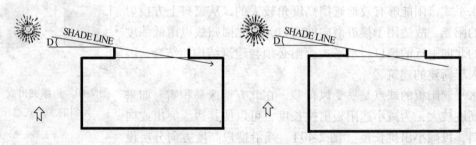

图 2-44　北向垂直式遮阳

3. 综合式遮阳（格栅式遮阳）

综合式遮阳综合了前两者的优点，能够有效地遮挡中等高度角的、从窗前斜射下来的阳光，遮阳效果比较均匀，故主要适用于东南或西南向附近的窗口。

4. 挡板式遮阳

挡板式能够有效地遮挡高度角较小的、正射窗口的阳光，主要适用于东、西向附近的窗口。

5. 活动式遮阳

有效的遮阳会对冬季太阳能采暖产生消极影响，活动式遮阳从某种程度上缓解了这种影响，能根据需要人工调节角度，几乎可以遮挡任何角度的直射阳光，太阳传感器自动控制的活动遮阳装置节能效果更佳，但其初始成本和维护成本都比固定遮阳要高很多。活动式遮阳包括活动式水平遮阳板（图 2-45），活动式垂直遮阳板（图 2-46），活动式挡板遮阳板，即推拉式遮阳（图 2-47）等。

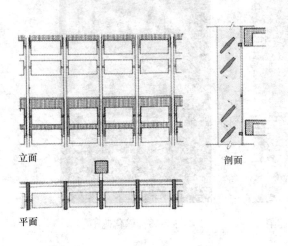

立面　　　　　　　　剖面

平面

图 2-45　活动式水平遮阳板

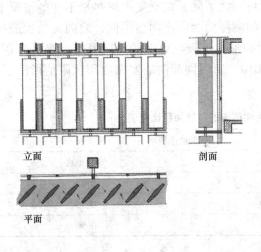

立面　　　　　　　　剖面

平面

图 2-46　活动式垂直遮阳板

6. 绿化遮阳

除了以上遮阳形式，还可以利用绿化遮阳：植物除了在建筑室外环境中能起到调节微气候的作用，在现代建筑中也常常和建筑的立面相结合，这需要在设计方案阶段就将植物的种植和维护问题考虑在内。智利圣地亚哥埃迪菲西奥协会办公楼利用种植架上的藤蔓植物来抵挡强烈的西晒，种植架 2 ~ 4 层高，距离外墙大约 1.5 米，被称为"空中花园"，可阻挡大约 60% 的太阳得热（图 2-48）。

图 2-47　推拉式遮阳（活动式挡板遮阳）　　　　图 2-48　绿化遮阳

2.3.3.2　基于保温的考虑

对于建筑节能来说，窗户往往是围护结构中的薄弱环节。在满足基本采光要求的前提下，尽可能减小窗户面积，这样室内采暖耗能量随之下降，在空气渗透热量不变的情况下，两者呈线性关系。耗能量随窗面积减小而下降的幅度因朝向不同而不同，北向灵敏度最高，东西向次之，南向影响小。这是因为南向窗面积加大可吸收更多的日辐射热。在《严寒和寒冷地区居住建筑节能设计标准》（JGJ 26—2010）对不同朝向的窗墙面积比限值做出了规定（表 2-9）。

表 2-9　严寒和寒冷地区居住建筑的窗墙面积比限值

朝　　　向	窗墙面积比	
	严寒地区	寒冷地区
北	0.25	0.30
东、西	0.30	0.35
南	0.45	0.50

2.3.3.3　基于采光的考虑

1. 侧窗设计

各个朝向的窗户均有采光的可能性。窗户的最佳朝向由用途决定。例如，如果冬天采用被动式太阳能采暖，无疑南向玻璃是有利的；北向玻璃几乎没有直射阳光，但自然采光条件优越。然而为了获得最佳效果，每个朝向应区别对待。北向能获得高质量的均匀光线和最小的得热量，但在采暖期存在着热损失大和随之而来的热舒适性差的问题。只在清晨和黄昏前需要遮阳。南向尽管光线变化大，仍是获得强烈光线的最佳朝向，并且很容易遮阳。东西向遮阳困难。遮阳对于这两个朝向的舒适性至关重要，尤其是西向。

窗户越高，采光区域越深。一般来说，采光区域实际深度是窗户上槛高度的 1.5 倍。如果有反光板，可以延伸到上槛高度的 2.5 倍。对于标准的窗户和顶棚高度，在离窗户约 4.5 米范围内有充足的采光。

条形窗采光更均匀。提供充足均匀采光最简单的方法是采用连续的条形窗。单个窗洞也可以采光，但是窗间墙会造成光影的对比，如果工作区域和窗户位置对应或采用其他防眩光的措施，这种对比也不会引起严重的问题。但是，当主要的视觉焦点是附近的物体或活动时，使用者通常更喜欢宽阔的窗口。

双面采光优于单面采光。只要可能，应尽量在两面墙壁上设置窗户，这样可大大改善光线分布，减少眩光。每面墙壁上的窗户都可以照亮相邻墙壁，因此减弱了窗户和周围墙壁的对比。

窗户越大，越需要控制。使用者应远离大面积的单层玻璃，因为大窗户可能引起不舒适的热感觉。对于大玻璃窗，为了控制眩光和得热，玻璃的选择和有效的遮阳更为重要。可以利用双层玻璃较少冬季热损失，提高热舒适性。

2. 天窗设计

建筑中心采光是通过天窗实现的，一般类型包括平天窗、高侧窗、矩形天窗和锯齿形天窗。天窗最适合大空间单层建筑的采光（如工厂、仓库），而不适合照亮特定的物体，也不适合多层建筑，除非是顶层房间或通过中庭采光。屋顶采光来自没有遮挡的天空，是最有效的自然采光方式，也能用于通风。中小学特别适合利用自然顶光，因为一般都在白天使用，而且很多是单层建筑，可以用天光来照亮内部空间，从而设计成进深相对较大的建筑。

与侧窗相比，天窗的优越性主要体现在：屋顶开口照亮的面积大，一般侧窗只局限在靠近窗口的 3 到 5 米；光线均匀、亮度高（尤其在采用矩形天窗时）；高侧窗和矩形天窗漫射来自顶棚或反光板的光线的机会更大。

与侧窗相比，天窗的缺陷主要体现在：没有合适的遮阳措施，产生直接眩光或光幕反射的可能性增大；工作空间内的高对比度引起视觉疲劳；由于光源高于视线平面，所以没有向外的视野。天窗的类型主要包括平天窗、高侧窗、矩形天窗、锯齿形天窗（图 2-49）。

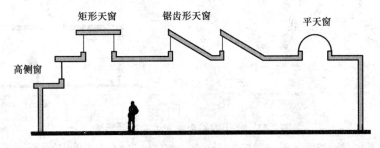

图 2-49　天窗类型

（1）平天窗

文中所述的平天窗，指在平屋面或斜屋面上直接开洞安装的天窗形式，包括水平的、稍微弯曲的、倾斜的或金字塔式的天窗。

平天窗的水平投影面积比同样大小的其他天窗的投影面积要大，因此采光效率高。一般平天窗只适合以全云天为主的光气候区，如重庆，夏季阳光强烈的地区应避免使用。平天窗最佳的窗地比在 5% 至 10% 之间，根据玻璃的透光率、天窗的设计、所需的照度、顶棚高度等因素，及建筑内是否有空调，窗地比可以更高。我国《公共建筑节能设计标准》规定，屋顶透明部分的面积不应大于屋顶总面积的 20%。

通常平天窗的间距大约等于建筑顶棚到地板的距离，还与侧窗的设置有关（图2-50），如果墙上有侧窗，天窗的位置可以更靠中心。

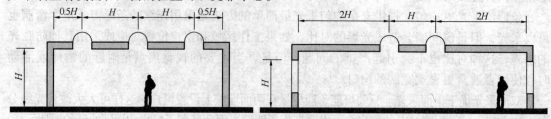

图2-50　平天窗间距与建筑高度的关系

为了避免平天窗可能引起的眩光问题，可采取以下措施（图2-51）：选择低可见光透射比的玻璃；利用墙壁、水池、雕塑、地板、反光百叶等漫射表面扩散光线；将采光口设计成喇叭口状；对天窗进行季节性遮阳。

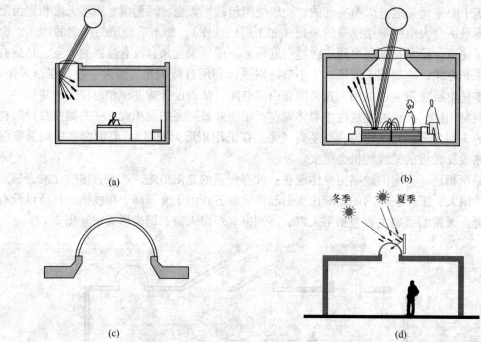

(a)

(b)

(c)

(d)

图2-51　平天窗避免眩光可采用的措施
（a）使平天窗照亮墙壁；（b）水池扩散光线；（c）喇叭口天窗；（d）平天窗的季节性遮阳

采光井是建筑中穿透一层或多层的垂直开口，目的是为相邻区域提供自然采光。平天窗和采光井结合，有利于消除眩光，其优点还在于可将光线从屋顶引入到建筑低层不易采光的区域。然而，采光井壁的多次反射会吸收光线，降低进入室内空间的光线亮度。光线折减的系数和井壁的反射比及采光井的形状有关。狭高的采光井光线衰减较严重。

图2-52表示了不同的光井指数（WI）和采光井效率的关系。WI表示了采光井的深度和形态，由以下公式得来：

$$WI = \frac{H(W + L)}{(2W \times L)} \tag{2-2}$$

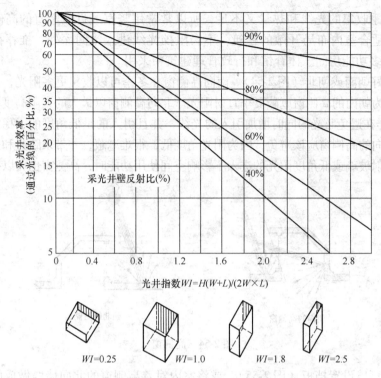

图 2-52　估算井壁挡光折减系数

由横轴上读出的光井指数向上移动，在与采光系数斜线的交点处水平移动，在竖轴上读出采光井的井壁挡光折减系数。根据天窗大小确定的采光系数和所得到的分数相乘，得出的才是实际的采光系数。如果采光系数是 4%，而井壁挡光折减系数是0.60，那么修正后的采光系数就应该是 2.4%。因此，采光井的效率越低，要提供相同的照度，需要的天窗面积越大。

采光井做成倾斜的，可以增加采光量，并且眩光也更少，光线更均匀。随着屋顶结构厚度（即屋面板到顶棚距离）的增加，采光井壁的角度提高采光效率的作用越明显。

摩西·萨夫迪（Moshe Safdie）设计的加拿大国家美术馆中，采光井从拱顶一直延伸下来，将天光引入到建筑底层。由于该采光井非常狭高（图2-53），光井指数高达约 3.0，因此井壁采用了高反射比的镜面材料——镀银的聚酯薄膜，使该美术馆

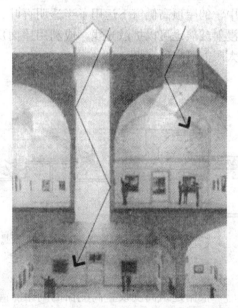

图 2-53　加拿大国家美术馆

在全阴天不启用人工照明的情况下，仍能获得满意的采光效果。

（2）高侧窗

高侧窗是视线以上的竖直玻璃窗，可以增加房间深处的照度。因为平天窗在夏季存在过

热问题，在冬季收集的光线和热量又不足，所以常常用竖直或近似竖直的高侧窗替代平天窗。高侧窗最适合室内布局开敞的建筑，不会阻挡光线进入空间深处，推荐在教室、办公室、图书馆、多功能房间、体育馆和行政管理建筑中采用。

高侧窗最好朝南或朝北（图2-54）。南向高侧窗在冬季可以收集更多阳光，并且水平遮阳板可以有效地为朝南的高侧窗遮蔽夏季直射阳光。北向高侧窗以最大的太阳高度角倾斜，即纬度加23°，这样在避免眩光的同时增加引入的光线，并且引入的是低角度的、稳定的光线，无需遮阳。东西向的高侧窗应该避免，因为阳光角度低，很难遮蔽，并带来眩光和过多的太阳热能。当采用漫射玻璃或低角度阳光的进入不影响空间使用功能时，高侧窗也可以朝向东、西。

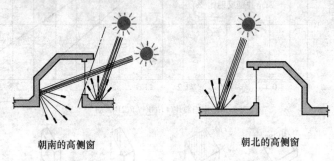

朝南的高侧窗　　　　　　　　朝北的高侧窗

图 2-54　高侧窗

控制眩光可以设置挡板（图2-55），或将室内对着高侧窗的北向墙壁做成倾斜的，使光线向下反射（图2-56）；或在采光口下设置漫射光线的反光板，如美国北卡罗来纳州史密斯中学的屋顶高侧窗下运用了半透明百叶，使教室内充满明亮均匀的光线（图2-57）；另外，漫射玻璃也可以扩散光线，或利用屋面反射光线，如美国国家可再生能源实验室（NREL）太阳能研究所（图2-58）。

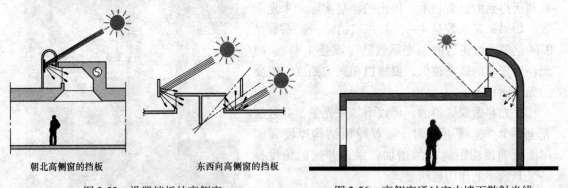

朝北高侧窗的挡板　　　　东西向高侧窗的挡板

图 2-55　设置挡板的高侧窗　　　　　图 2-56　高侧窗通过室内墙面散射光线

根据建筑高度设置高侧窗的间距。高侧窗和矩形天窗的推荐间距如图2-59所示。

（3）矩形天窗

矩形天窗是工业建筑中常见的设计手法，可以认为是高侧窗的一种特殊形式，局部屋面升高。其优点在于光线可以同时从两个或两个以上的方向进入建筑，并可以利用屋面作为反光板，将光线反射进上部的天窗。屋面延伸进天窗玻璃的内部，有时会加强这种作用，减少直射阳光的进入。此外，矩形天窗渗漏的可能性比平天窗要小。

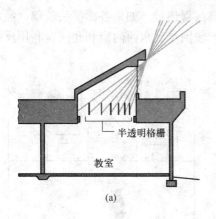

(a)　　　　　　　　　　　　　　(b)

图 2-57　美国北卡罗来纳州史密斯中学
（a）教室剖面；（b）外景

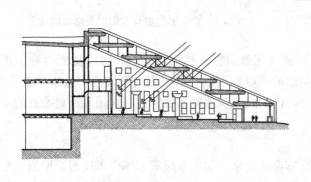

(a)　　　　　　　　　　　　　　(b)

图 2-58　美国国家可再生能源实验室太阳能研究所
（a）剖面；（b）室内

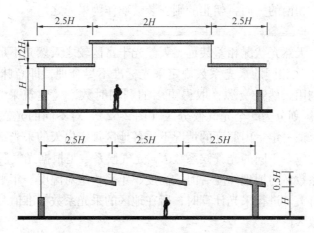

图 2-59　高侧窗间距与建筑高度的关系

没有遮阳的南向、东向和西向玻璃会导致很高的得热量。如果各面都装玻璃，经常会导致比高侧窗更多的热损失和得热量，而且遮阳也比较困难。东西向窗和北向窗利用反光板可以增加引入的光线（图 2-60）。

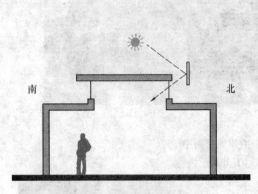

图 2-60　矩形天窗的挡板

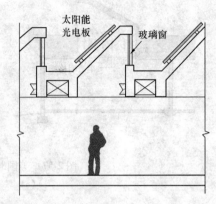

图 2-61　锯齿形天窗与太阳能集热器的结合

朝南的开口利用室内墙面反射光线，或利用遮阳板和扩散反光板，可以使光线均匀扩散。当采用设计得当的漫射反光板时，朝南的高侧窗可以引入明亮的光线而不会带来眩光。扩散反光板的间距应能避免直射阳光和视野内的眩光。顶棚和漫射板应采用高反射系数的不光滑材料。

（4）锯齿形天窗

锯齿形天窗属单面顶部采光，具有高侧窗的效果，加上有倾斜顶棚作为反射面增加反射光，故较高侧窗光线更均匀。北向锯齿形天窗可避免直射阳光，获得均匀的天空扩散光；南向锯齿形天窗适合于寒冷气候区利用太阳能采暖的建筑，可以降低采暖负荷，但需要采取措施控制阳光，以避免眩光、高对比度和光幕反射。遮阳板、漫射玻璃、室内或室外的反光板、百叶都是控制阳光的有效方法。

设计时最好太阳能采暖、制冷、采光统一考虑（图 2-61），在建筑屋顶上，把太阳能集热器或光电板设置在朝南的一面，朝北的则安装玻璃作为采光之用。

3. 窗户的尺寸

我国地域广大，天然光状况相差甚远，天然光丰富区较之天然光不足区全年室外平均总照度相差约 50%。若以相同的采光系数规定采光标准不尽合理，即意味着室外取相同的临界照度。为了充分利用天然光资源，取得更多的利用时数，《建筑采光设计标准》（GB 50033—2013）将我国划分为 5 个光气候分区（图 2-62），对不同的光气候区应取不同的室外临界照度，即在保证一定室内照度的情况下，各地区规定白天的采光系数。

不同光气候区对应有不同的光气候系数 K，光气候系数是根据光气候特点，按年平均总照度值确定的分区系数，与地理纬度、海拔高度、年平均绝对湿度、年平均日照时数以及年平均总云量等因素有关。进行采光计算时，所在地区的采光系数标准值[①]应乘以表 2-10 中相应地区的光气候系数 K。

① 采光系数标准值——在规定的室外天然光设计照度下，满足视觉功能要求时的采光系数值。

由于建筑内进行的活动的视觉任务不同，因此也就决定了所要求的照度不同。《建筑采光设计标准》将建筑采光分为 5 个等级，各采光等级参考平面上的采光标准值应符合表 2-11 的规定。具体各类场所的采光系数和室内天然光照度应符合表 2-12～表 2-22 的规定。

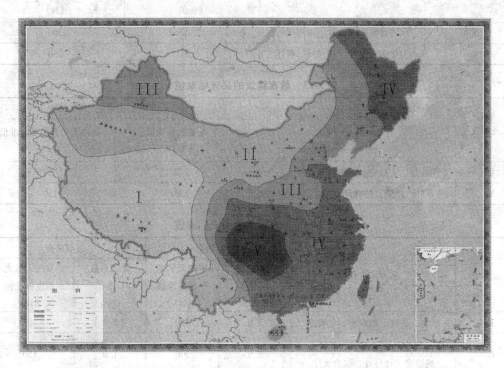

图 2-62　中国光气候分区图［GS（2008）1349 号］

表 2-10　光气候系数 K 值

光气候区	I	II	III	IV	V
K 值	0.85	0.90	1.00	1.10	1.20
室外天然光设计照度值 E_s（lx）	18000	16500	15000	13500	12000

表 2-11　各采光等级参考平面上的采光标准值

采光等级	侧面采光		顶部采光	
	采光系数标准值（%）	室内天然光照度标准值（lx）	采光系数标准值（%）	室内天然光照度标准值（lx）
I	5	750	5	750
II	4	600	3	450
III	3	450	2	300
IV	2	300	1	150
V	1	150	0.5	75

注：1. 工业建筑参考平面取距地面 1m，民用建筑取距地面 0.75m，公共场所取地面。

　　2. 表中所列采光系数标准值适用于我国 III 类光气候区，采光系数标准值是按照室外设计照度值 15000lx 制定的。

　　3. 采光标准的上限值不宜高于上一采光等级的级差，采光系数值不宜高于 7%。

表 2-12　住宅建筑的采光标准值

采光等级	房间名称	侧面采光	
		采光系数标准值 （%）	室内天然光照度标准值 （lx）
Ⅳ	卧室、起居室、厨房	2.0	300
Ⅴ	卫生间、过厅、楼梯间、餐厅	1.0	150

表 2-13　教育建筑的采光标准值

采光等级	房间名称	侧面采光	
		采光系数标准值 （%）	室内天然光照度标准值 （lx）
Ⅲ	专用教室、实验室、阶梯教室、教师办公室	3.0	450
Ⅴ	走道、楼梯间、卫生间	1.0	150

表 2-14　医疗建筑的采光标准值

采光等级	房间名称	侧面采光		顶部采光	
		采光系数标准值 （%）	室内天然光照度标准值 （lx）	采光系数标准值 （%）	室内天然光照度标准值 （lx）
Ⅲ	诊室、药房、治疗室、化验室	3.0	450	2.0	300
Ⅳ	医生办公室（护士室） 候诊室、挂号处、综合大厅	2.0	300	1.0	150
Ⅴ	走道、楼梯间、卫生间	1.0	150	0.5	75

表 2-15　办公建筑的采光标准值

采光等级	房间名称	侧面采光	
		采光系数标准值 （%）	室内天然光照度标准值 （lx）
Ⅱ	设计室、绘图室	4.0	600
Ⅲ	办公室、会议室	3.0	450
Ⅳ	复印室、档案室	2.0	300
Ⅴ	走道、楼梯间、卫生间	1.0	150

表 2-16　图书馆建筑的采光标准值

采光等级	房间名称	侧面采光		顶部采光	
		采光系数标准值 （%）	室内天然光照度标准值 （lx）	采光系数标准值 （%）	室内天然光照度标准值 （lx）
Ⅲ	阅览室、开架书库	3.0	450	2.0	300
Ⅳ	目录室	2.0	300	1.0	150
Ⅴ	书库、走道、楼梯间、卫生间	1.0	150	0.5	75

表 2-17　旅馆建筑的采光标准值

采光等级	房间名称	侧面采光		顶部采光	
		采光系数标准值（%）	室内天然光照度标准值（lx）	采光系数标准值（%）	室内天然光照度标准值（lx）
Ⅲ	会议厅	3.0	450	2.0	300
Ⅳ	大堂、客房、餐厅、健身房	2.0	300	1.0	150
Ⅴ	走道、楼梯间、卫生间	1.0	150	0.5	75

表 2-18　博物馆建筑的采光标准值

采光等级	房间名称	侧面采光		顶部采光	
		采光系数标准值（%）	室内天然光照度标准值（lx）	采光系数标准值（%）	室内天然光照度标准值（lx）
Ⅲ	文物修复室*、标本制作室*、书画装裱室	3.0	450	2.0	300
Ⅳ	陈列室、展厅、门厅	2.0	300	1.0	150
Ⅴ	库房、走道、楼梯间、卫生间	1.0	150	0.5	75

注：1. *表示采光不足部分应补充人工照明，照度标准值为750lx。

2. 表中的陈列室、展厅是指对光不敏感的陈列室、展厅，如无特殊要求应根据展品的特征和使用要求优先采用天然采光。

3. 书画装裱室设置在建筑北侧，工作时一般仅用天然光照明。

表 2-19　展览建筑的采光标准值

采光等级	房间名称	侧面采光		顶部采光	
		采光系数标准值（%）	室内天然光照度标准值（lx）	采光系数标准值（%）	室内天然光照度标准值（lx）
Ⅲ	展厅（单层及顶层）	3.0	450	2.0	300
Ⅳ	登录厅、连接通道	2.0	300	1.0	150
Ⅴ	库房、楼梯间、卫生间	1.0	150	0.5	75

表 2-20　交通建筑的采光标准值

采光等级	房间名称	侧面采光		顶部采光	
		采光系数标准值（%）	室内天然光照度标准值（lx）	采光系数标准值（%）	室内天然光照度标准值（lx）
Ⅲ	进站厅、候机（车）厅	3.0	450	2.0	300
Ⅳ	出站厅、连接通道、自动扶梯	2.0	300	1.0	150
Ⅴ	站台、楼梯间、卫生间	1.0	150	0.5	75

表 2-21　体育建筑的采光标准值

采光等级	房间名称	侧面采光		顶部采光	
		采光系数标准值（%）	室内天然光照度标准值（lx）	采光系数标准值（%）	室内天然光照度标准值（lx）
IV	体育馆场地、观众入口大厅、休息厅、运动员休息室、治疗室、贵宾室、裁判用房	2.0	300	1.0	150
V	浴室、楼梯间、卫生间	1.0	150	0.5	75

表 2-22　工业建筑的采光标准值

采光等级	车间名称	侧面采光		顶部采光	
		采光系数标准值（%）	室内天然光照度标准值（lx）	采光系数标准值（%）	室内天然光照度标准值（lx）
I	特精密机电产品加工、装配、检验工艺品雕刻、刺绣、绘画	5.0	750	5.0	750
II	精密机电产品加工、装配、检验、通信、网络、视听设备、电子元器件、电子零部件加工、抛光、复材加工、纺织品精纺、织造、印染、服装裁剪、缝纫及检验、精密理化实验室、计量室、测量室、主控制室、印刷品的排版、印刷、药品制剂	4.0	600	3.0	450
III	机电产品加工、装配、检修、一般控制室、木工、电镀、油漆、铸工、理化实验室、造纸、石化产品后处理、冶金产品冷轧、热轧、拉丝、粗炼	3.0	450	2.0	300
IV	焊接、钣金、冲压剪切、锻工、热处理、食品、烟酒加工和包装、日用化工产品、炼铁、炼钢、金属冶炼、水泥加工与包装、配、变电所、橡胶加工、皮革加工、精细库房（及库房作业区）	2.0	300	1.0	150
V	发电厂主厂房、压缩机房、风机房、锅炉房、泵房、动力站房、（电石库、乙炔库、氧气瓶库、汽车库、大中件贮存库）一般库房、煤的加工、运输、选煤配料间、原料间、玻璃退火、熔制	1.0	150	0.5	75

在建筑方案设计时，对于Ⅲ类光气候区，窗地面积比和采光有效进深可按表 2-23 进行粗略估算。非Ⅲ类光气候区的窗地面积比应乘以表 2-10 的光气候系数 K。更精确的采光计算方法请参见《建筑采光设计标准》（GB 50033—2013）。

表 2-23　窗地面积比和采光有效进深

采光等级	侧面采光		顶部采光
	窗地面积比 (A_c/A_d)	采光有效进深 (b/h_s)	窗地面积比 (A_c/A_d)
Ⅰ	1/3	1.8	1/6
Ⅱ	1/4	2.0	1/8
Ⅲ	1/5	2.5	1/10
Ⅳ	1/6	3.0	1/13
Ⅴ	1/10	4.0	1/23

A_c——窗洞口面积；

A_d——地面面积；

b——房间的进深或跨度；

h_s——参考平面至窗上沿高度。

4. 反光板设计

（1）与侧窗结合的反光板

大面积玻璃并不能保证良好的采光。有几种装置和建筑设计技巧可以获得满意的光线质量和数量，这些装置的大体功能有三：漫射或反射阳光使其重新分布；消除室内表面过多的亮光；消除眩光和直接阳光辐射。如反光板，可以改善光线分布，如果是浅色的，采光会更加均匀。

反光板是设置在视线之上、高窗之下的水平板，将光线反射进房间深处，同时降低了窗户附近的照度，从而使整个房间的光线分布更均匀（图 2-63），并且能起到遮阳的作用。反光板将视线窗口和采光窗口分开，上下窗口分别单独控制，这是一个获得良好采光和减少眩光的好办法。上部采光窗口用高透射比的透明玻璃引入更多光线，下部视线窗口用低透射比的染色玻璃以减少眩光。南向的反光板对于改善光线分布、遮蔽窗边区域和减少眩光是最有效的。北立面上一般不必设置反光板。东西朝向的反光板可以与竖直挡板相结合（图2-64）。

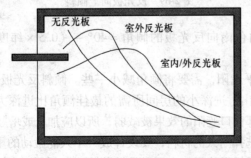
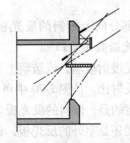

图 2-63　反光板对室内照度的影响　　图 2-64　东西向反光板与挡板相结合

反光板分为内置式和外置式。内置反光板能让更多的阳光进入室内，主要起到分配光线的作用，适合寒冷气候区（图 2-65）。与内置反光板相比，外置反光板是更有效的遮阳设施，适合炎热地区（图2-66）。在温和气候区，为了全年取得更均匀的采光效果，最好同时使用内置和外置反光板（图2-67）。

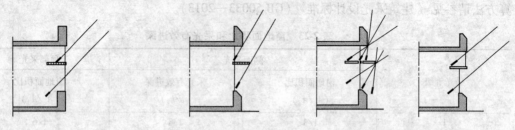

图 2-65　适用于寒冷气候区　　　图 2-66　适用于炎热气候区　　　图 2-67　适用于温和气候区

在晴天条件下，用弯曲镜面反射光线可以将采光区域从约 4.5~6m 增加到 9~11m，如果采用太阳追踪镜面，甚至可以达到 14m。但任何反射光束的设计都应对可能增加的太阳得热和眩光做出评估。

在不影响视线的前提下，反光板的位置应尽可能低，这样它的顶面才能把尽可能多的光线反射进室内，但应注意防止人在上面随手放置物品。如果减少夏季的太阳得热是必须考虑的重要因素，反光板应起到遮阳板的作用，伸出建筑的长度在制冷期内应能遮蔽视线窗口，在室内的长度应能遮挡明亮的天空。

室外反光板的长度和建筑朝向有关。南偏东、偏西 20°以内，反光板长度应是上部窗户高度的 1.25~1.5 倍；南偏东、偏西 20°以外，长度应是上部窗户高度的 1.5~2.0 倍。

反光板向下倾斜，可以提供更有效的遮阳，但是却将光线拒之窗外（图2-68）。而将反光板室外部分向上倾斜，可增加向顶棚反射的光线，但遮阳效果不如前者好（图2-69）。

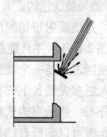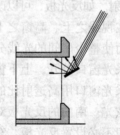

图 2-68　反光板向下倾斜　　　　　　图 2-69　反光板向上倾斜

对于室外部分向上倾斜的反光板，白色南向反光板的倾角 =40° − （0.5×纬度）；东、西、北向的反光板倾角 =15°。

若采用的是漫射玻璃，或玻璃上有水平遮阳，需要将倾角减小一些。倾斜反光板的同时，应增加后墙的反射比。从图2-70中可以看出，进深小的房间所需的最佳倾角比进深大的房间要小。需要注意的是，倾斜的反光板为下部窗口遮阳的效果被减弱，所以应加长或增厚。

无论室内的还是室外的反光板，都要选择耐久的材料，要设计成一个人能搬动的重量。反光板的顶面应是不光滑的白色，当不考虑过量得热时，也可以是扩散镜面。顶面不应被使用者看见，因为会引起眩光。铝制的室外反光板具有反射比好、造价低、维护少等优点，综合看来，是不错的选择。在寒冷气候区，室外反光板最好和建筑结构脱离开，以避免形成热桥。

劳克海德（Lockhead）大厦位于美国加州桑尼维尔，建筑南北两面安装玻璃，并且都

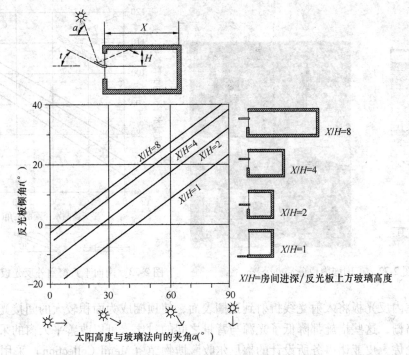

图 2-70　晴天条件下反光板的最佳倾角

采用了反光板，服务区布置在没有窗户的东西端。南面反光板突出立面，并且有一定的倾斜角度，可以将夏天高度角大的阳光透过透明玻璃向空间深处反射，冬天高度角小的阳光直接透光玻璃被室内反光板反射。上部的透明玻璃可以用外部的半透明卷帘遮阳，下部窗口由反光板遮阳，并且安装的是有反射膜的染色玻璃。北面不需要室外反光板遮挡阳光，下部窗口也不需要反射膜（图 2-71）。

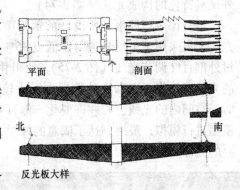

图 2-71　劳克海德大厦

迈克尔·霍普金斯事务所设计的英国国内税务局办公楼在下三层运用了反光板，由于顶层有中心脊状天窗提供明亮的室内照度，光线也更均匀，因此不需要反光板。经反光板反射的光线照在拱形的混凝土顶棚上，有助于光线均匀分布。玻璃反光板顶面是部分反射的，底面是烧结玻璃，可以透过 20% 的光线，防止了因底面过暗引起的眩光。反光板上部玻璃层之间的遮阳百叶在剖面中以 45°倾角固定，而下部视线窗口的百叶是可调节的。由于上部的百叶遮挡了天空，所以就不需要室内反光板减少眩光（图 2-72）。

（2）与平天窗结合的反光板

平天窗冬季接受的太阳辐射很少，而夏季温度高峰时却接受大量的太阳辐射带来的严重能耗问题。季节性调解的室外反光板/遮阳板可以解决这一问题，它在夏季可以遮挡直射阳光，并将屋面反射的漫射光线折射进室内，而在冬季可以增加进入室内的太阳光线，利于采暖，图 2-73 表示了南向平天窗上方反光板的推荐角度。

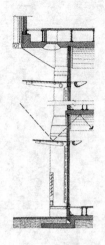

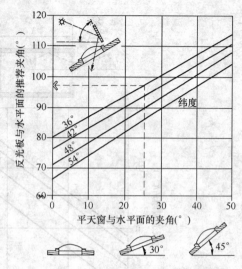

图 2-72 英国国内税务局办公楼　　　　图 2-73 南向平天窗室外反光板的推荐角度

利用室内反光板将入射光线折射到顶棚表面，使顶棚成为面积较大的间接光源，或在天窗下设置格栅，这些措施都降低了光源与背景之间的对比，可以改善平天窗的采光效果，避免眩光。伦佐·皮亚诺事务所设计的梅尼尔收藏博物馆（Menil Collection）采用了室内反光板，不但柔化了上方平天窗投射下的光线，并且形成了轻巧起伏的顶棚表面，成为建筑室内外最具特色的构成元素（图 2-74）。

理查德·迈耶事务所设计的盖蒂美术馆采用了大面积天窗获得自然光线。为了避免眩光，天窗采用了可见光透射比低至 35% 的无色玻璃，其上还设计了一个太阳控制系统，通过外部百叶调节光线（图 2-75）。百叶由一个定时器控制，根据季节和时间调整位置。室外的光传感器将天空和统计数据进行比较，然后将百叶转动到预设的位置，并保持 1 至 2 小时，空间内的光线会有些许变化，但百叶的角度绝不会让直射阳光进入展室。设计阶段利用模型进行模拟，最终到达了满意的效果，在一年中大多数时间里都可以利用自然光线作为主要的光源。

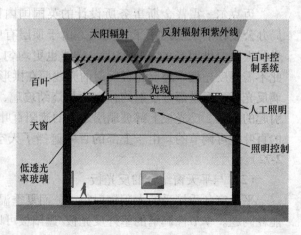

图 2-74 梅尼尔收藏博物馆内景　　　　图 2-75 盖蒂美术馆剖面

第3章 建筑围护结构设计与节能

建筑围护结构是指围合在建筑空间四周构成建筑空间和抵御环境不利影响的构配件，如墙体、门窗、屋顶、地面等。根据在建筑物中的位置，围护结构分为外围护结构和内围护结构。直接与外界空气环境接触的围护结构称为外围护结构，如外墙、外窗、屋顶等。外围护结构用以抵御风雨、温度变化、太阳辐射等，应具有保温、隔热、隔声、防水、防潮、耐火、耐久等性能。不与室外空气直接接触的围护结构称为内围护结构，如隔墙、楼板、内门和内窗等。内围护结构起分隔室内空间作用，应具有隔声、隔视线以及某些特殊要求的性能。建筑围护结构通常是指外墙、屋顶和外窗等外围护结构。建筑围护结构节能是建筑节能的重要组成部分。围护结构节能就是通过改善建筑物围护结构的热工性能，达到夏季隔绝室外热量进入室内（即隔热），冬季防止室内热量泻出室外（即保温），使建筑物室内温度尽可能接近舒适温度，以减少通过采暖或制冷等辅助设备来达到合理舒适室温的负荷，最终达到节约能源的目的。

3.1 围护结构与节能

建筑外围护结构的基本功能是从室外空间分割出适合居住者生存活动的室内空间；它的基本功能是在室内空间与室外空间之间建立屏障，以保证在室外空间环境恶劣时，室内空间仍能为居住者提供庇护。外门窗是穿越室内外空间屏障联系两空间的通道；在室外环境良好时建立室内外联系，在室外环境恶劣时隔断室内外联系，来改善室内环境。墙体、屋面保温隔热的目的是为了加强外围护结构基本功能，削弱室内外的热联系，提高建筑抵御室外恶劣环境（气候）的能力，减少围护结构的冷热耗量。

3.1.1 建筑中的热平衡

建筑的得热和失热主要包括 10 个方面，如图 3-1 所示。其中得热部分有：（1）通过墙和屋顶的太阳辐射得热：构件的外表面吸收了太阳辐射并将其转换成热能，通过热传导到构件的内表面，再经表面辐射及空气对流换热将热量传入室内；（2）通过窗的太阳辐射得热：主要是直接透过玻璃的辐射；（3）居住者的人体散热；（4）电灯和其他设备散热；（5）采暖设备散热。建筑的失热部分有：（6）通过外围护结构的传导和对流辐射向室外散热；（7）空气渗透和通风带走热量；（8）地面传热；（9）室内水分蒸发，这部分水蒸气排出室外所带走的热量（潜热）；（10）制冷设备吸热。为取得建筑中的热平衡，让室内处于稳定的适宜温度中，在室内达到热舒适环境后应使以上各项得热的总和等于失热的总和，即：①+②+③+④+⑤＝⑥+⑦+⑧+⑨+⑩。建筑中得热和失热的多少不仅与建筑的朝向、体型、窗墙比等因素密切相关，外围护结构设计对建筑室内热环境和节能也有很大影响。

61

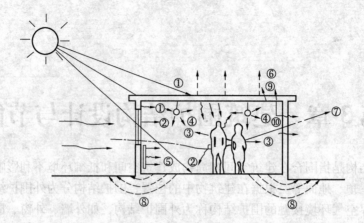

图 3-1　建筑的热平衡

3.1.2　建筑围护结构热过程

建筑热过程主要包括以下方面：内、外扰通过外围护结构热传递过程及围护结构内、外表面的热平衡和室内空气的热平衡。其中，室内空气的热平衡过程决定室内空气温度，而围护结构内、外表面的热平衡过程决定内、外表面温度和传热过程的边界条件。

建筑的外围护结构分为透明围护结构和非透明围护结构。非透明围护结构主要由热惰性较大的混凝土、砌块砌体构成，传热过程包括围护结构表面的吸热、放热和结构本身的导热三个过程，这些过程又涉及导热、对流和辐射三个基本传热方式，并且内外扰量均是动态的。对于围护结构的外表面，受到太阳辐射的加热作用、与周围空气的对流换热作用、与地面及天空进行长波辐射的散热作用。这些得失热量之和若为正，则表明围护结构表面吸热，若为负，则表明围护结构表面放热。围护结构的内表面同样也存在着表面之间的辐射换热、表面与室内空气的对流换热和直接进入室内的太阳辐射得热。内外表面的吸、放热状态决定围护结构的导热状态，进入围护结构的热量一部分储存于围护结构之中，另一部分穿过围护结构到达另一表面。正是由于非透明围护结构具有蓄存热量的能力，所以当作用于围护结构表面的温度波动时，并不会立即引起另一表面温度的同样变化，而是在时间上发生延迟、振幅上发生衰减。建筑透明围护结构与非透明围护结构的热过程有很大不同。透明围护结构主要是指外窗的玻璃，这类材料的蓄热能力很小且透光率高。由于蓄热能力弱，所以透明围护结构的传热过程按稳态考虑，而透光率高使得太阳辐射可以直接进入室内，被围护结构的各内表面吸收，引起各内表面温度发生变化，然后再通过对流换热方式传递给室内空气。

建筑围护结构的热过程有夏季隔热、冬季保温及过渡季节通风等多种状态，是室外综合温度波作用下的非稳态传热过程。如图 3-2 所示，夏季白天室外综合温度高于室内，外围护结构受到太阳辐射被加热升温，向室内传递热量；夜间室外综合温度下降，围护结构向室外散热，即夏季存在建筑围护结构内外表面日夜交替变化方向的传热，以及在自然通风条件下对围护结构双向温度波作用；冬季除通过窗户进入室内的太阳辐射外，基本上是以通过外围护结构向室外传递热量为主的热过程。因此，在进行围护结构保温隔热设计时，不能只考虑热过程的单向传递而把围护结构的保温性能作为唯一的控制指标，应当根据当地的气候特点，同时考虑冬夏两季不同方向的热量传递以及在自然通风条件下建筑热湿过程的双向传递。

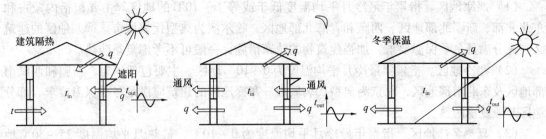

图 3-2　建筑围护结构热量传递图

3.1.3　围护结构与建筑能耗

建筑能耗指建筑物内各种用能系统和设备的运行能耗，主要包括采暖、空调、照明、家用电器、办公设备、热水供应、炊事、电梯、通风等能耗。通常所说的建筑能耗仅指非生产性建筑的能耗，即民用建筑能耗。建筑围护结构的保温隔热性能和门窗的气密性是影响建筑能耗的主要内在因素。北京地区的典型多层住宅，通过围护结构的传热热损失约占全部热损失的 77%，门窗缝隙的空气渗透热损失约占 23%；在传热损失中，外墙约占 25%，窗户约占 24%，楼梯间隔墙约占 11%，屋面约占 9%，外门约占 6%，地面约占 2%；窗户的传热热损失与空气渗透热的损失相加，约占全部热损失的 47%。降低采暖和空调能耗的前提是满足居民的居住舒适度的要求，主要措施就是尽量保持室内的温度、减少室内热量或冷量通过围护结构散失，所以提高建筑围护结构保温隔热性能是建筑节能的重要措施。建筑围护结构具有良好的保温、隔热性能，可减少冬季室内传出室外的热量和夏季室外传入室内的热量，从而也减少保持室内舒适热环境所需提供的采暖和制冷能量。因此，围护结构热工性能的改善与提高，对保持室内热环境具有节能的效益，即使对不使用辅助能量的室内热环境的改善，也具有重要的经济意义和社会效益。

3.2　围护结构节能设计要求

3.2.1　建筑节能设计分区

建筑节能与气候关系密切，任何建筑节能设计都受制于它所在地的气候。只有充分地了解当地气候特点，才能有目的地利用有利的气象条件，避免不利的气象条件，采取相应的措施来实现建筑节能。我国幅员辽阔，地形复杂；由于地理纬度、地势和地理条件的不同，各地气候差异悬殊。为了创造适宜的建筑热环境，不同的气候条件对建筑设计提出不同的要求。在建筑设计中，必须考虑其所在地的气候区域，使所设计建筑很好地适应当地的气候。炎热地区的建筑需要遮阳、隔热和通风，以防室内过热；寒冷地区的建筑则要防寒和保温。为了明确建筑和气候两者的科学联系，使各类建筑能够充分地利用和适应气候条件，做到因地制宜，我国《民用建筑热工设计规范》（GB 50176—93）2002 年版，从建筑热工设计的角度出发，用累年最冷月（1 月）和最热月（7 月）平均温度作为分区主要指标，累年日平均温度 ≤5℃ 和 ≥25℃ 的天数作为辅助指标将全国划分为严寒、寒冷、夏热冬冷、夏热冬暖和温和五个气候区。气候区的分区主要指标及相应设计要求如下：

（1）严寒地区。指累年最冷月平均温度低于或等于 −10℃ 的地区。主要包括内蒙古和东北北部、新疆北部地区、西藏和青海北部地区，哈尔滨为典型代表城市。严寒地区的建筑必须充分满足冬季保温要求，加强建筑物的防寒措施，一般可不考虑夏季防热。

（2）寒冷地区。指累年最冷月平均温度为 0 ~ 10℃ 地区。主要包括华北、新疆和西藏南部地区及东北南部地区，北京为典型代表城市。寒冷地区的建筑应满足冬季保温要求，部分地区兼顾夏季防热。

（3）夏热冬冷地区。指累年最冷月平均温度为 0 ~ 10℃，最热月平均温度 25 ~ 30℃ 地区。主要包括长江中下游地区，即南岭以北、黄河以南的地区，上海为典型代表城市。夏热冬冷地区的建筑必须满足夏季防热要求，适当兼顾冬季保温。

（4）夏热冬暖地区。指累年最冷月平均温度高于 10℃，最热月平均温度 25 ~ 30℃ 的地区。包括南岭以南及南方沿海地区，广州为典型代表城市。夏热冬暖地区的建筑必须充分满足夏季防热要求，一般可不考虑冬季保暖。

（5）温和地区。指累年最冷月平均温度为 0 ~ 13℃，最热月平均温度 18 ~ 25℃ 的地区。主要包括云南、贵州西部及四川南部地区，昆明为典型代表城市。温和地区中，部分地区的建筑应考虑冬季保温，一般可不考虑夏季防热。

3.2.2 建筑节能设计标准

我国首部建筑节能设计标准颁布于 1986 年，以后以节能百分比作为目标陆续出台或更新了针对不同的气候区、不同建筑类型的建筑节能设计标准（表 3-1）。我国建筑节能标准的总体编制思路呈现如下特点：第一，先北方（严寒、寒冷地区）后南方。我国北方地区的采暖能耗占全国建筑能耗的 40% 左右，是建筑节能工作的重点；此外，北方地区采暖能耗的重要影响因素是建筑围护结构的性能，而这正是建筑节能设计标准能够有效控制的内容。第二，先住宅建筑后公共建筑。在建筑节能工作开展初期，住宅建筑占城镇建筑面积的比例超过 70% 以上，量多面广；近年来，公共建筑大量建设，单位面积能耗是居住建筑的数倍，逐渐受到越来越多的关注。

表 3-1　中国城镇建筑节能设计标准汇总表

年份	标准号	标准名称	气候区	建筑类型	节能目标
1986	JGJ 26—1986	民用建筑节能设计标准（采暖居住建筑部分）	严寒/寒冷	住宅	30%
1993	GB 50189—93	旅游旅馆建筑热工与空气调节节能设计标准	全部	公建	无
1995	JGJ 26—1995	民用建筑节能设计标准（采暖居住建筑部分）	严寒/寒冷	住宅	50%
2001	JGJ 134—2001	夏热冬冷地区居住建筑节能设计标准	夏热冬冷	住宅	50%
2003	JGJ 75—2003	夏热冬暖地区居住建筑节能设计标准	夏热冬暖	住宅	50%
2005	GB 50189—2005	公共建筑节能设计标准	全部	公建	50%
2010	JGJ 26—2010	严寒和寒冷地区居住建筑节能设计标准	严寒/寒冷	住宅	65%
2010	JGJ 134—2010	夏热冬冷地区居住建筑节能设计标准	夏热冬冷	住宅	50%

（1）严寒、寒冷地区居住建筑节能设计标准。在颁布首部居住建筑节能设计标准之前，原建设部调查了北方地区的典型建筑在 1980/1981 年采暖期的实测采暖能耗，以该实测采暖能耗值为"100%"；并将此居住建筑的耗能量定为基准值，在此基础上节约的能量称为节能率。1986 年建设部颁发《民用建筑节能设计标准（采暖居住建筑部分）》（JGJ 26—1986），指标水平是在 1980 和 1981 年通用采暖建筑能耗的基础上节能 30%；1995 年，颁布修订的《民用建筑节能设计标准（采暖居住建筑部分）》（JGJ 26—1995），在 JGJ 26—86 的基础上再节能 30%，总的目标节能率为 50%；2010 年发布《严寒和寒冷地区居住建筑节能设计标准》（JGJ 26—2010），在 JGJ 26—1995 的基础上再降低 30%，总的目标节能率达到65%。JGJ 26—1986 的节能百分比依靠围护结构的改善实现，而在 JGJ 26—1995 以及 JGJ 26—2010 中规定的节能百分比的目标中，围护结构与设备系统承担的比例分别为 60% 与40% 左右。在 JGJ 26—1995 中提出节能 50% 的目标，其中围护结构与设备系统分别承担30% 与 20% 左右。因此，严寒和寒冷地区的居住建筑节能设计标准中，"100%"基准能耗值指的是 1980/1981 年的典型居住建筑的集中采暖能耗，是实际调查的数值。三版标准分别提出的 30%、50%、65% 的节能百分比目标，是通过围护结构热工性能的改善与采暖系统设备能效的提高，共同实现采暖能耗相应的节能率。

（2）夏热冬冷地区居住建筑节能设计标准。2001 年 10 月实施的建设部颁发的《夏热冬冷地区居住建筑节能设计标准》（JGJ 134—2001），要求居住建筑通过采用增强建筑围护结构保温隔热性能和提高采暖、空调设备能效比的节能措施，在保证相同的室内热环境指标的前提下，与未采取节能措施前相比，采暖、空调能耗应节约 50%。2010 年实施的《夏热冬冷地区居住建筑节能设计标准》（JGJ 134—2010）虽没有在总则中明确提出节能的目标，但在具体规定的细则中仍然提到 50% 的节能率作为节能依据；在建筑体形系数超过规定限值，采取提高建筑围护结构热工性能的方法，减少通过墙、屋顶、窗户的传热损失，使建筑整体仍然达到节能 50% 的目标。

（3）夏热冬暖地区居住建筑节能设计标准。2003 年 10 月实施的《夏热冬暖地区居住建筑节能设计标准》（JGJ 75—2003），要求通过采用合理节能建筑设计，增强建筑围护结构隔热、保温性能和提高空调、采暖设备能效比的节能措施，在保证相同的室内热环境的前提下，与未采取节能措施前相比，全年空调和采暖总能耗应减少 50%。

（4）公共建筑节能设计标准。2005 年 7 月 1 日起实施《公共建筑节能设计标准》（GB 50189—2005）的节能对象和目标是，通过改善建筑围护结构保温、隔热性能，提高供暖、通风和空气调节设备、系统的能效比（性能系数），以及采取增进照明设备效率等措施，与20 世纪 80 年代初设计建成的公共建筑相比，在保证相同的室内热环境舒适健康参数条件下，全年供暖、通风、空气调节和照明的总能耗应减少 50%。总体而言，改善围护结构保温性能而降低北方的供暖能耗，从技术上要比南方改善隔热性能降低空调能耗效果明显。对于 50% 节能率来说，从北方至南方，围护结构分担节能率约 25% ～13%；空调供暖系统分担节能率约 20% ～16%；照明设备分担节能率约 7% ～18%；全国总体节能率达到了 50%。

3.2.3　建筑节能设计方法

建筑节能标准应用两种方法来对围护结构进行节能设计。一种为规定性方法（查表法），如果建筑设计符合建筑节能标准中对窗墙比、体形系数等参数的规定，可以方便地按所设计建筑的所在城市（或靠近城市）查取标准中的相关表格得到的围护结构节能设计参数值；另一种为性能化方法（计算法），如果建筑设计不能满足上述对窗墙比等参数的规定，必须使用权衡判断法来判定围护结构的总体热工性能是否符合节能要求，权衡判断法需要进行全年供暖和空调能耗计算。规定性方法操作容易、简便；性能化方法则给设计者更多、更灵活的余地。

（1）规定性方法（查表法）。应用规定性方法的前提是建筑设计满足规定的要求，这些要求用强制性条文来表述，包括：a. 建筑体形系数（只对严寒、寒冷地区有规定）；b. 围护结构热工性能（包括外墙、屋面、外窗、屋顶透明部分等的传热系数、遮阳系数，以及地面和地下室外墙的热阻）；c. 每个朝向窗（包括透明幕墙）的窗墙比、可见光透射比；d. 屋顶透明部分面积。对寒冷、严寒地区来说，由于供暖是建筑的主要负荷，所以加强围护结构的保温是主要措施。建筑体形系数越大，对保温的要求越严（即要求传热系数越小）；窗墙比越大，对窗户保温的要求越严。但是对南方，特别是夏热冬暖地区，空调是建筑的主要负荷，因此，窗户的隔热性能优劣成了主要矛盾。窗户的遮阳系数是关键参数，随着窗墙比的增大，对窗户遮阳系数的要求越来越严，但对建筑体形系数不设限制，对窗户的传热系数也要求较低。中部夏热冬冷地区，供暖空调都十分需要，因此建筑节能设计标准权衡各种因素，提出保温和隔热的规定。建筑节能设计标准在窗墙比的范围上列出从 20% 到 70% 时对窗户热工参数的规定，因窗墙比一般不会超过 0.7，所以可以覆盖到玻璃幕墙，大部分建筑可以应用规定性（查表）方法。建筑节能设计标准还列出各气候区围护结构传热系数和遮阳系数限值表和地面、地下室外墙热阻限值表；温和地区可以根据所在地的气候情况选用与其接壤的其他气候区限值表。

（2）性能化方法（计算法）。如果所设计建筑的体形系数、窗墙比、屋顶透明部分面积比超出标准规定的范围，那么必须使用权衡判断法来判定围护结构的总体热工性能是否符合节能要求。具体的做法是：首先计算"参照建筑"在规定条件下的全年供暖和空调能耗，然后计算所设计建筑在相同条件下的全年供暖和空调能耗，直到所设计建筑的供暖和空调能耗小于或等于"参照建筑"，则判定围护结构的总体热工性能符合节能要求。"参照建筑"的形状、大小、朝向以及内部的空间划分、使用功能与所设计建筑完全一致。当所设计建筑的体形系数、窗墙面积比大于标准规定时，"参照建筑"的每面外墙都按某一比例缩小，使体形系数符合标准规定；同时"参照建筑"的每个窗户（或每个玻璃幕墙单元）都按某一比例缩小，使窗墙面积比符合标准的规定。在计算"参照建筑"和所设计建筑的全年供暖和空调能耗时，"参照建筑"的围护结构传热系数和玻璃遮阳系数限值从"围护结构限值和遮阳系数限值"表查取"参照建筑"和所设计建筑的建筑内部运行时间表，供暖、空气调节系统类别，室内设定温度，照明功率密度，人员密度，电气设备功率等计算参数按照标准中约定的数据取用（设计者也可自行设定运行时间表、室内参数等，但在计算"参照建筑"和所设计建筑的能耗时，必须一致）。设计者应调整所设计建筑的围护结构热工参数（要比"围护结构限值"和"遮阳系数限值"表中规定更严），直至计算到所设计建筑的全年供暖和空调能耗值小于或等于"参照建筑"的全年供暖和空调能耗值为止。

3.2.4　围护结构热工性能权衡判断

在寒冷和严寒地区，采暖建筑物耗热量指标是建筑围护结构热工性能权衡判断的依据。

建筑物耗热量指标是指在采暖期室外平均温度条件下，采暖建筑为保持室内计算温度，单位建筑面积在单位时间内消耗的、需由室内采暖设备供给的热量，单位 W/m²。建筑物耗热量指标由通过建筑围护结构的传热耗热量和通过门窗缝隙的空气渗透、空气调节耗热量两部分组成，其中不包括建筑物内部得热（包括炊事、照明、家电和人体散热）。

建筑物耗热量指标应按下式计算：

$$q_{\mathrm{H}} = q_{\mathrm{HT}} + q_{\mathrm{INF}} - q_{\mathrm{IH}}$$

式中　q_{H}——建筑物耗热量指标（W/m²）；

　　　q_{HT}——单位建筑面积上单位时间内通过建筑围护结构的传热量（W/m²）；

　　　q_{INF}——单位建筑面积上单位时间内建筑物空气渗透耗热量（W/m²）；

　　　q_{IH}——单位建筑面积上单位时间内建筑物内部得热量，取 3.8W/m²。

单位建筑面积上单位时间内通过建筑围护结构的传热量应按下式计算：

$$q_{\mathrm{HT}} = q_{\mathrm{Hq}} + q_{\mathrm{Hw}} + q_{\mathrm{Hd}} + q_{\mathrm{Hmc}} + q_{\mathrm{Hy}}$$

式中　q_{Hq}——单位建筑面积上单位时间内通过墙的传热量（W/m²）；

　　　q_{Hw}——单位建筑面积上单位时间内通过屋面的传热量（W/m²）；

　　　q_{Hd}——单位建筑面积上单位时间内通过地面的传热量（W/m²）；

　　　q_{Hmc}——单位建筑面积上单位时间内通过门、窗的传热量（W/m²）；

　　　q_{Hy}——单位建筑面积上单位时间内非采暖封闭阳台的传热量（W/m²）。

单位建筑面积上单位时间内建筑物空气渗透耗热量应按下式计算：

$$q_{\mathrm{INF}} = \frac{(t_{\mathrm{n}} - t_{\mathrm{e}})(c_{p}\rho NV)}{A_{0}}$$

式中　q_{INF}——单位建筑面积上单位时间内建筑物空气渗透耗热量（W/m²）；

　　　c_{p}——空气的比热容，取 0.28W·h/（kg·K）；

　　　ρ——空气的密度（kg/m³），取采暖期室外平均温度下的值；

　　　N——换气次数，取 0.51/h；

　　　V——换气体积（m³）；

　　　A_{0}——建筑面积（m²）。

3.3　建筑外墙节能设计

外墙是建筑围护结构中传热面积最大的部分，对整个建筑能耗有决定性影响。据统计外墙的传热面积约占整个建筑外围护结构总面积的 66%，通过外墙的热损失占外围护总能耗的 48%，由此可见外墙在外围护传热中所占的地位。因此在围护结构的节能设计中，外墙节能设计占有重要位置。外墙节能设计主要是提高墙体的保温隔热性能，以减少其冬季的热量损失以及降低夏季的外墙内表面温度。

按组成材料的不同，外墙保温主要有单一材料墙体（外墙自保温）和复合材料墙体两种类型。近年来，随着我国国民经济水平的提高和人民居住条件的改善，对外墙的保温设计也提出了越来越高的要求。单一墙体已不能满足节能建筑体系和建筑可持续发展的要求，复合墙体成为建筑行业发展的主流和方向。复合墙体根据保温层位置的不同，可以分为外墙外保温、外墙内保温和外墙夹芯保温三种形式。

3.3.1 外墙外保温设计

外墙外保温设计起源于 20 世纪 40～50 年代的瑞典和德国，至今已有 60 多年的历史，经过多年的实际应用和全球不同气候条件下长时间的考验，如今外墙外保温已经成为欧美等发达国家市场占有率最高的建筑节能技术。国内从 20 世纪 80 年代中期开始外墙外保温技术的试点，并将该技术广泛应用于建筑领域；近年来在自主研发的基础上，通过引进和使用国外先进的外墙外保温技术，使中国的外墙外保温技术水平得到了迅速提高，现在已形成多种技术并存、相互促进、彼此竞争、共同提高的局面。

随着我国节能工作的不断深入和节能标准的提高，用于外墙外保温的材料和技术不断改进，外墙外保温技术相比其他外墙保温技术具有以下优点：①外保温复合墙体的内侧为钢筋混凝土或砌体等重质结构层，其热容量大、蓄热性能好，当供热不均匀时，围护结构内表面与室内气温不致急剧下降，房间热稳定性较好，感觉较为舒适；同时也使太阳辐射得热、人体散热、家用电器及炊事散热等因素产生的"自由热"得到较好的利用，有利于节能。②外保温层完整的包裹建筑物外墙面，可基本消除热桥，从而有效降低热桥造成的附加热损失；此外对防止或减少保温层内部产生凝结水和防止围护结构的热桥部位内表面局部凝结都有利。③保温层处于结构层外侧，室外气候变化引起的墙体内部温度变化发生在外保温层内，使内部的主体墙冬季温度提高，湿度降低，温度变化较平缓，热应力减少，因而主体墙体产生裂缝、变形、破损的危险大为减轻，有效地保护了主体结构，尤其是降低了主体结构内部温度应力的起伏，提高了结构的耐久性。④外保温的保温层不占室内使用面积，且不影响室内装修和设施安装，便于既有建筑的节能改造，综合经济效益高。

外墙外保温的优越性已被越来越多的建筑师和房产开发商所认识和接受。但是，外保温系统位于建筑物外表面，直接面向室外大气环境，除系统的性能应能承受各种不利因素的作用和满足保温隔热要求外，其安全性和可靠性尤为重要；另外对外保温系统的性能、构造方法和施工技术的要求也很高。外墙外保温主要包括膨胀聚苯板薄抹灰外保温、挤塑聚苯板薄抹灰外保温、胶粉聚苯颗粒外保温、现场喷涂硬泡聚氨酯外保温、胶粉聚苯颗粒贴砌聚苯板外保温、EPS 板现浇混凝土外保温、EPS 钢丝网架板现浇混凝土外保温、保温装饰板外保温和岩棉板薄抹灰外保温等构造做法。

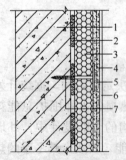

图 3-3　膨胀聚苯板外墙外保温系统

1—基层；2—胶粘剂；
3—膨胀聚苯板；4—玻纤网；
5—抹面层；6—涂料饰面；
7—锚栓

（1）膨胀聚苯板（EPS）薄抹灰外保温。膨胀聚苯板薄抹灰外保温系统由导热系数低、容重小和自重轻的模塑聚苯乙烯泡沫板和增强型耐碱玻璃纤维网格布，以及粘贴和抹面用聚合物胶浆组成；其做法是在建筑物墙体外部采用聚合物胶浆直接粘贴聚苯板，在聚苯板的表面粘贴玻璃纤维网格布和锚栓辅助固定，然后在面层抹聚合物水泥胶浆饰面层（图 3-3）。膨胀聚苯板薄抹灰外保温在欧美地区应用于实际工程已有近 50 年的发展历史，拥有完备的产品质量标准、检测方法及完善的施工技术规程和技术保障措施；大量工程实践证实，膨胀聚苯板薄抹灰外保温技术成熟可靠，使用年限可超过 25 年。该体系由于具有保温效果可靠、结构体系安全、耐久性良好、重量轻、施工简单易行和价格适中等特点，近年来在我国得到了广泛而深入的发展，目前已成为应用最广泛、应用量最大的保温体系。

（2）挤塑聚苯板（XPS）薄抹灰外保温。挤塑聚苯板薄抹灰外保温是指置于建筑物外墙外侧的保温及饰面，是由挤塑聚苯板、胶粘剂和必要时使用的锚栓、抹面胶浆和耐碱玻纤网布及涂料等组成的系统。XPS 内部具有密实的闭孔蜂窝结构，与 EPS 相比压缩强度和抗拉强度高、导热系数和吸水率低。因此，XPS 较 EPS 具有更好的保温隔热性能，对同样的建筑物外墙使用厚度小。但 EPS 的柔韧性比 XPS 好，且强度较低，材料本身可以消除由于温度变化、吸水性所造成的变形及挤压所产生的应力，因而不会影响系统表面抹灰及涂料。XPS 由于强度大，温度变化产生的加压应力无法得到很好释放，会造成 XPS 表面抹灰及涂料产生挤压开裂或脱落，影响建筑外保温的使用寿命。针对挤塑聚苯板的特性及其在外墙保温应用中的不利因素，通常采用下列技术措施：提高胶粘剂、抹面胶浆与挤塑聚苯板的粘接强度；对挤塑聚苯板表面涂刷界面剂或将表面打毛；使用不带表皮或高密度的挤塑聚苯板。在对挤塑聚苯板粘贴固定方式采取措施处理后，目前工程上使用 XPS 板作为保温层的应用技术日趋成熟。

（3）胶粉聚苯颗粒外保温系统。胶粉聚苯颗粒外保温由界面层、保温层、抹面层和饰面层构成；界面层材料为界面砂浆；保温层材料为胶粉聚苯颗粒保温浆料，经现场拌合后抹在基层上；抹面层材料为抹面胶浆，抹面胶浆中满铺玻纤网；饰面层为涂料。胶粉聚苯颗粒外保温系统是应用较早、应用量很大、综合价格合理、性价比优越的节能体系，早期在寒冷地区曾得到大量应用。胶粉聚苯颗粒保温根据《外墙外保温工程技术规程》规定不能满足寒冷地区及严寒地区 65% 节能标准，因此胶粉 EPS 颗粒浆料外保温更适合夏热冬冷地区及夏热冬暖地区的外墙外保温建筑节能设计。此外，胶粉聚苯颗粒保温浆料能够与聚苯板、硬泡聚氨酯、岩棉等复合使用，具有可复合性，能够满足不同的保温、防火和隔声要求，其使用灵活。

（4）现场喷涂硬泡聚氨酯外保温。现场喷涂硬泡聚氨酯外保温由界面层、现场喷涂硬泡聚氨酯保温层、界面砂浆层、找平层、抹面层和涂料饰面层组成，抹面层中满铺玻纤网。硬泡聚氨酯建筑保温在国外已有 30 多年的应用历史，应用于各类气候区域的公共建筑和居住建筑，特别适用于高层建筑、高节能标准建筑和低能耗建筑保温。现场喷涂硬泡聚氨酯保温具有保温性能好、抗裂性能强、防水性能优良、稳定性高、耐老化性长和施工维修方便等优点。硬泡聚氨酯导热系数极低，采用现场喷涂施工形成连续的保温层，整体性强，不会有热桥产生，也不会发生因保温层自身内应力的作用而产生裂纹。聚氨酯具有优良的防水、隔汽功能，良好的热稳定性，综合使用寿命可达 25 年以上，更适合用于建筑保温。

（5）胶粉聚苯颗粒贴砌聚苯板外保温。胶粉聚苯颗粒浆料贴砌聚苯板外保温由界面砂浆层、胶粉聚苯颗粒贴砌浆料层、EPS 板、胶粉聚苯颗粒贴砌浆料层、抹面层和涂料饰面层构成，抹面层中满铺玻纤网（图 3-4）。胶粉聚苯

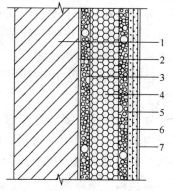

图 3-4　胶粉聚苯颗粒贴砌 EPS 板
外墙外保温系统

1—基层；2—界面砂浆；3—胶粉聚苯颗粒贴砌浆料；4—EPS 板；5—胶粉聚苯颗粒贴砌浆料；6—抹面胶浆复合玻纤网；7—涂料饰面

颗粒夹芯聚苯板外墙保温由于聚苯板夹在两层聚苯颗粒粘结保温浆料之间，故又称"三明治"保温。胶粉聚苯颗粒夹芯聚苯板外墙保温体系具有以下特点：①"三明治"保温隔热性能良好，适用于全国气候差异较大的广大地区，不仅满足节能50%的要求，还满足节能65%外墙保温的要求。②"三明治"保温构造设计上采用"逐层渐变、柔性释放应力"的抗裂技术路线，温度应力变形逐层吸收、消纳，解决了相邻层材料导热系数相差过大、温差较大时易产生裂缝的通病，从而消除有害裂缝并保证外墙装饰效果。③防火性能，聚苯颗粒粘结保温浆料为难燃 B1 级，无次生烟尘，复合为 A 级不燃体，利用其不燃性作为垂直方向的耐火分隔材料来阻挡和延缓火灾蔓延，杜绝引火通道，提高外保温层的安全性。

3.3.2 外墙内保温设计

外墙内保温是将保温材料置于墙体内侧，其特点是保温材料不受室外气候的影响和无须特殊的防护，但该种保温墙体也可能因温度突然降低而产生凝结水。在我国建筑节能起步阶段，外墙内保温有着广泛的应用。当时条件还不能充分支持外墙外保温技术的应用，而内保温具有造价低，安装方便等优点，在国内迅速地发展起来。近年来由于外墙外保温的飞速发展和国家的政策导向，外墙内保温技术在国内发展较为缓慢。由于冬季结露和建筑节能标准的提高，外墙内保温在我国的寒冷和严寒地区已很少采用，但在夏热冬冷和夏热冬暖地区还是有很大的应用空间和潜力。

外墙内保温结构是将保温材料复合在基层墙体内侧，简便易行；相对于将保温材料置于墙体外侧的外保温技术具有以下优点：①内保温结构一般为干作业运作，能够充分发挥材料保温作用；对保温材料和饰面的防水、耐候性等技术指标的要求不高，取材方便、造价较低。②保温材料位于室内，耐久性好，使用也较为安全，在高层建筑和室外环境较为恶劣地区较为适用，可较好地解决外墙保温在安全上的问题。③由于保温材料热容量小，室内温度调节较快，适用于电影院、体育馆等间歇性使用的建筑。④保温材料被楼板所分隔，仅在室内单层高范围内施工，施工不受气候的影响，施工便利。外墙内保温相对于与外墙外保温具有以上优点的同时，实际应用中还存在"热桥"保温和结露等技术问题。内保温不能隔断梁、横墙与柱子在墙体中形成的热桥，因而不可能杜绝由于热桥存在而带来的热损失，保温隔热性能差；外墙内保温结构可能出现冷凝、结露现象，导致墙体变形，影响结构耐久性和室内舒适度；外墙内保温占用室内空间，减少了住户的使用面积，而且不利于室内装修等。

外墙内保温主要包括复合板内保温、保温板内保温、保温砂浆内保温、喷涂硬泡聚氨酯内保温和玻璃棉、岩棉、喷涂硬泡聚氨酯龙骨内保温五种外墙内保温系统。复合板内保温系统是将保温层与界面层、石膏层等预制复合成整体的内保温板，使用时直接将成品板粘贴于墙内侧，再涂面层（表3-2）；此种结构施工简单，便于使用者自主装修改造使用。保温板内保温是将保温层用胶粘剂固定在基层上，必要时可使用锚栓辅助固定，保温层厚度按不同的气候设计，保温板在基层墙体上的粘贴可采用条粘法、点粘法或满粘法。保温砂浆内保温由无机轻集料保温砂浆保温层、抗裂防护层及饰面层组成的内保温系统（表3-3），保温层与基层之间及各层之间粘结必须牢固，不应脱层、空鼓和开裂。

表 3-2　复合板内保温系统基本构造

基层墙体①	保温系统构造				构造示意
	粘结层②	复合板③		饰面层④	
		保温层	面板		
混凝土墙体，砌体墙体	胶粘剂或粘结石膏＋锚栓	EPS 板、XPS 板、PU 板、纸蜂窝填充憎水型膨胀珍珠岩保温板	纸面石膏板、无石棉纤维水泥平板、无石棉硅酸钙板	腻子层＋涂料或墙纸（布）或面砖	①②③④

表 3-3　保温砂浆系统内保温基本构造

基层墙体①	保温系统构造				构造示意
	界面层②	保温层③	防护层		
			抹面层④	饰面层⑤	
混凝土墙体、砌体墙体	界面砂浆	保温砂浆	抹面胶浆＋耐碱纤维网布	腻子层＋涂料或墙纸（布）或面砖	①②③④

3.3.3　外墙夹芯保温设计

夹芯保温复合墙体由结构层（内叶墙）、保温层、空气层和保护层（外叶墙）组成；内外两层墙的间距为 50～70mm，并用适当数量的经过局部防腐处理的拉结钢筋网片或拉结钢筋穿过保温层，钢筋的两端（有弯钩）砌筑在内、外叶墙里，以实现内、外叶墙的连接，使三层牢固结合；外侧墙体与保温层之间要预留 25～50mm 的密闭空气层，从而将外界的湿气隔绝在主体结构之外。外墙夹芯保温根据夹芯方式的不同可分为填充式夹芯保温和发泡式夹芯保温；填充式外墙夹芯保温即在外墙体内、外叶墙之间放置保温板材；发泡式夹芯保温即在内、外叶墙中采用现场发泡，使泡沫塑料充填于夹芯墙中。根据不同地区节能 50%、65% 标准，对外墙传热系数限值的要求，夹芯墙保温层的厚度不同；目前保温材料多采用聚苯板、岩棉板、玻璃棉板和现场发泡保温板等。

目前，我国常用的有多孔砖夹芯墙体和混凝土砌块夹芯墙体两种夹芯保温复合墙体。多孔砖夹芯墙结构层一般采用承重普通多孔砖，以装饰多孔砖作外叶清水装饰饰面，两叶墙之间按照保温层厚度要求留出空腔，填充保温材料，两叶墙之间以专用拉结件或拉结钢筋拉结（图3-5）。混凝土砌块夹芯墙结构层一般采用混凝土砌块，保温层采用聚苯板，保护层采用装饰性劈离砌块砌体；结构层、保温层、保护层随砌随放置拉结钢筋网片或拉结钢筋，使之三层牢固结合（图3-6）。夹芯外保温复合墙体，不仅具有外保温墙体的共性特点，也具有其自身优点：①夹芯保温墙体是把保温层夹在内外叶墙体中间，可以有效保护保温材料不被破坏，保温材料利用率提高，使用周期延长。②夹芯保温墙体适用范围广，既适用于采暖建筑又适用于空调建筑，既适用于新建建筑又适用于旧建筑节能改造，既适用于寒冷和严寒地区又适用于夏热冬冷地区和夏热冬暖地区。③夹芯保温墙体设置空气层，可以充分利用空气的隔声、隔热、保温等优势，使建筑的热工性能更佳，减少材料使用和节约资源。

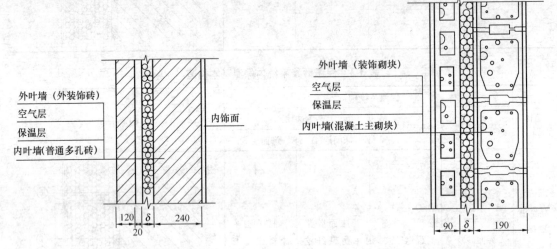

图3-5　多孔砖夹芯保温构造图　　　　图3-6　混凝土砌块夹芯保温构造图

3.3.4　外墙自保温设计

　　自保温墙体主要是指采用保温砌块、加气混凝土砌块等具有较大热阻的单一墙体材料及相关的砌筑砂浆、连接件等配套材料砌筑、安装，配套合理的"冷桥"及"接缝"处理措施构成的外墙保温系统。外墙自保温体系构成建筑物"主体"结构，基本实现与建筑物同寿命的耐久性目标；自保温体系性能稳定、耐久，保温隔热效果不会随时间的延长而劣化，效果可靠；自保温体系的材料多数为不燃材料，防火性能良好，在高温下也不会产生有毒气体和物质；自保温体系的多数材料为无机硅酸盐制品，其中有些产品能够大量利用工业废渣和废料，有利于资源利用和环保，属国家产业政策推荐或提倡使用的产品和材料。因此，自保温体系很适合节能市场的需求，且符合我国发展新型节能墙体材料的政策。我国应用较多的自保温墙体材料有加气混凝土砌块、轻集料混凝土砌块、多孔砖和复合墙板等。

　　蒸压加气混凝土是以硅、钙为原材料，以铝粉（膏）为发气剂，经蒸压养护而制造成的制品，作为轻质多孔的自保温墙体材料，用其做外墙可以有效地增大围护结构的热阻值和热惰性指标，减少建筑物与环境的热交换，有效实施建筑节能。蒸压加气混凝土保温隔热性能优良，在夏热冬冷地区的墙体可满足节能50%的目标；与其他措施相结合，可实现建筑节能 65% 的设计目标。轻集料混凝土空心砌块密度小、强度适中、保温性能好、隔热、隔声、抗冻性能好及与抹灰材料相容性好，不易空鼓脱落，有利于结构设计，且施工方便，降低工程造价。砌块在生产过程中能够使用粉煤灰、炉渣等工业废料，有利于环境保护，因而是国家产业政策提倡使用的新型墙体材料。轻质混凝土空心砌块具有适当的保温隔热性能，配合以具有适当保温隔热性能的砌筑砂浆和辅助适当的保温隔热性能的保温砂浆保温等，可以使所砌筑的砌体围护结构传热系数能够满足夏热冬冷地区 50% 节能标准要求。

3.4　屋面设计与节能

屋面是建筑围护结构的重要部位，屋面节能在建筑围护结构节能中具有相当重要的作用。目前，在多层住宅建筑中，屋面的能耗约占建筑总能耗的 5%~10%，占建筑顶层能耗的 40% 以上。因此，屋面保温隔热性能是影响建筑顶层居住环境质量和降低空调采暖能耗的重要因素。从节能角度而言，屋面主要有保温与隔热两种节能设计。屋面保温是为了降低严寒和寒冷地区的建筑顶层房屋的采暖耗热量和改善顶层房屋冬季的热环境质量；屋面隔热是为了降低夏热冬暖和夏热冬冷的地区建筑顶层房屋的室内温度从而减少其空调能耗。

3.4.1　屋面保温节能设计

屋面保温设计旨在降低建筑顶层耗热量和改善顶层房屋冬季的热环境质量。屋面在稳定传热条件下防止室内热损失的主要措施是提高屋面热阻，提高屋面热阻的办法同样是设置保温层。为减少屋面的热量损耗，屋面保温层设计时优先选用导热系数小、重量轻、吸水率低和抗压强度高的保温材料。我国屋面保温大约经历了三个发展阶段：20 世纪 50~60 年代屋面保温设计主要是干铺炉渣或焦渣，少量采用泡沫混凝土预制块；70~80 年代屋面保温设计出现现浇水泥膨胀珍珠岩、现浇水泥膨胀蛭石保温层以及沥青或水泥作为胶结与膨胀珍珠岩、膨胀蛭石制成的预制块；90 年代以后，随着我国化学工业的蓬勃发展，开发出了重量轻、导热系数小的聚苯乙烯泡沫塑料板、泡沫玻璃块材等屋面保温材料；近年来又推广使用重量轻、抗压强度高、整体性能好、施工方便的现喷硬质聚氨酯泡沫塑料保温层，为屋面工程的节能设计提供物质基础。屋面保温按照结构层、防水层和保温层所处的位置不同可分为正置式保温屋面和倒置式保温屋面。

（1）正置式保温屋面。将屋面保温层设在防水层的下面，在结构层和防水层之间形成封闭的保温层，这种方式叫做正置式保温。正置式保温屋面与非保温屋面的不同是增加了保温层和保温层上下的找平层及隔汽层。因为传统保温屋面常用非憎水性保温材料，吸湿后导热系数大大增加导致保温性能下降，无法满足保温要求；所以要将防水层做在其上面防止水分渗入，保证材料的干燥起到保温隔热的作用。另外为防止室内空气中的水蒸气随热气流上升，透过结构层进入保温层降低保温效果，需在保温层下面设置隔汽层。为了提高材料层的热绝缘性，最好选用导热性小、蓄热性大的材料，保温层厚度根据建筑热工和节能设计计算确定；同时保温材料不宜选用吸水率较大的材料，以防止屋面湿作业时保温层大量吸水降低材料保温性能。正置式保温屋面适用于严寒、寒冷地区和夏热冬冷地区的新建和改造住宅的屋顶保温。但正置式保温屋面构造复杂，增加工程造价；防水材料置于最上层，在紫外线的照射下加速老化和分解，缩短使用寿命；保温层在施工中含水率增大使防水层出现起泡现象，若采用排汽屋面会破坏防水层整体性。

（2）倒置式保温屋面。倒置式保温屋面20世纪60年代开始在德国和美国被采用，其特点是保温层做在防水层之上，对防水层起到屏蔽和保护作用，使之不受阳光和气候变化的影响而温度变性较小，也不易受到来自外界的机械损伤。据国外有关资料介绍，倒置式保温可延长防水层使用寿命2~4倍。倒置式保温屋面对保温材料有特殊的要求，应使用吸湿性低、耐候性强的憎水材料作为保温层，并在保温层上加设钢筋混凝土、卵石、砖等较重的覆盖层。聚苯乙烯泡沫塑料板和聚氨酯泡沫塑料板等新型高效节能材料的发展应用，使憎水性保温材料技术难关得以克服，为倒置式保温屋面的设计应用提供了材料基础。倒置式屋面与普通保温屋面相比较主要有如下优点：防水层受到保护，避免热应力、紫外线以及其他因素对防水层的破坏；不必设置屋面排汽系统，构造简化，防水层完整高效；保温层的抗湿性能使其具有长期稳定的保温隔热性能与抗压强度等。倒置式保温屋面适用于严寒、寒冷地区和夏热冬冷地区的新建和改造住宅的屋顶保温。

倒置式保温屋面的坡度不宜大于3%，其保温材料应采用如聚苯乙烯泡沫塑料板、聚氨酯泡沫塑料板等吸湿性较小的憎水材料，不宜采用如加气混凝土或泡沫混凝土等吸湿性强的保温材料。保温层上应铺设防护层，以防止保温层表面破损和延缓其老化过程。倒置式保温屋面主要采用挤塑聚苯板直接铺设于防水层上，上做配筋细石混凝土和粘贴缸砖或广场砖等；这种设计适用于上人屋面且经久耐用，但是不便维修。倒置式保温屋面也可采用保温板直接铺设于防水层，再敷设纤维织物一层，上铺卵石或天然石块或预制混凝土块的做法，这种设计施工简便、经久耐用且方便维修。

3.4.2 屋面隔热节能设计

屋面隔热可采用架空、蓄水、种植和热反射膜的隔热层。但当屋面防水等级为Ⅰ级、Ⅱ级或在寒冷地区、地震地区和振动较大的建筑物上，不宜采用蓄水屋面；架空屋面宜在通风较好的建筑物上采用，不宜在严寒和部分寒冷地区采用；种植屋面根据地域、气候、建筑环境等条件，选择适宜的屋面构造形式。

（1）通风隔热屋面。通风隔热屋面是由实体结构变为带有通风空气间层的双层屋面结构形式，其隔热原理是：一方面利用架空的面层遮挡直射阳光，另一方面利用风压和热压作用将间层中的热空气不断带走，使通过屋面板传入室内的热量大为减少，从而达到隔热降温的目的。通风隔热屋面适用于夏热冬冷和夏热冬暖地区的新建和改造住宅的屋顶隔热。平屋顶一般采用预制板块架空搁在防水层上，它对结构层和防水层有保护作用。预制板有平面和曲面形状两种。平面的为大阶砖或预制混凝土平板，用垫块支架。架空间层的高度宜为180~300mm，架空板与女儿墙的距离不宜小于250mm。通常垫块支在板的四角，架空层内空气纵横方向都可流通时，容易形成紊流，影响通风风速。如果把垫块铺成条状，使气流进出正负关系明显，气流可更为通畅。一般尽可能将进风口布置在正压区，正对夏季白天主导风向，出口最好在负压区。房屋进深大于10m时，中部须设通风口，以加强通风效果。曲面形状通风层，可以用1/4砖在平屋顶上砌拱作通风隔热层；也可以用水泥砂浆做成槽形、弧形或三角形等预制板，盖在平屋顶上作为通风屋顶，施工较为方便，用料亦省。

（2）种植屋面。种植屋面是利用屋面上种植的植物阻隔太阳能防止房间过热的隔热措施，其隔热原理有以下三个方面：一是植被茎叶的遮阳作用，可以有效地降低屋面的室外综合温度，减少屋面的温差传热量；二是植物的光合作用消耗太阳能用于自身的蒸腾；三是植被基层的土壤或水体的蒸发消耗太阳能。因此，种植屋面是十分有效的隔热节能屋面，用于夏热冬冷和夏热冬暖地区的屋面隔热。种植屋面可用于平屋面或坡屋面，一般由结构层、防水层、找平层、蓄水层、滤水层和种植层等构造组成。种植屋面坡度不宜大于 3%，屋面坡度较大时排水层和种植介质应采取防滑措施。种植屋面相对较为复杂，结构层采用整体浇筑或预制装配的钢筋混凝土屋面板；防水层应选用设置涂膜防水层和刚性防水层两道防线以确保防水质量；种植屋面栽培的植物宜选择浅根植物，不宜种植根深的植物。

（3）蓄水隔热屋面。蓄水屋面是在屋面上蓄水用来提高屋顶的隔热能力，其隔热原理是水在蒸发时吸收大量的汽化热，而这些热量大部分从屋面所吸收的太阳辐射中摄取，所以大大减少了经屋顶传入室内的热量，相应地降低了屋面的内表面温度。水的蓄热容量大，加上水面蒸发降温作用，可取得良好的夏季隔热效果。但蓄水屋面蓄水后夜间外表面温度始终高于无水屋面，很难利用屋顶散热；且屋顶蓄水也增加屋顶静荷重。蓄水屋面坡度不宜大于0.5%，蓄水深度宜为 150~200mm；屋面应划分为若干蓄水区，每区边长不宜大于 10m；在变形缝两侧应分成两个互不连通的蓄水区；屋面应设排水管、溢水口和给水管，排水管与水落管或其他排水出口连通。

（4）反射隔热屋面。利用表面材料的颜色和光滑度对热辐射的反射作用，对屋顶的隔热降温也有一定的效果。例如屋面采用淡色砾石铺面或用石灰水刷白对反射降温都有一定效果，适用于炎热地区。如在通风屋面中的基层加一层铝箔，则可利用其第二次反射作用，对屋顶的隔热效果将有进一步的改善。用浅色的屋面材料也可以将更多的光线通过高侧窗或矩形天窗反射进室内。如果白色屋面被直接放置在朝南的矩形天窗前，将会有更多的光线反射进天窗，因此矩形天窗的玻璃面积可以减少大约 20%。

3.5　门窗设计与节能

在建筑的整个外围护结构中，门窗是建筑与外界热交换最敏感的部位，是保温隔热的最薄弱环节。资料表明，我国采暖居住建筑门窗面积通常占围护结构的 20%~30%，但经窗户损失的热量约占外围护结构热损失的 50%，如果采取节能措施，那么门窗的节能约占整个建筑节能的 40%。在建筑中门窗既要具有采光、通风、装饰等功能，又要具有较好的保温隔热、隔声和防火等性能。从建筑节能的角度看，建筑外门窗既是热量流失大的构件，同时也是建筑的得热构件，也就是太阳热能通过门窗传入室内。因此，根据不同地区的建筑气候条件、功能要求以及其他环境、经济等因素来选择适当的外门窗材料、窗型和相应的节能技术，因地制宜地选择节能措施，发挥节能的效果。

3.5.1　门窗节能影响因素

影响门窗热量损耗的因素很多，主要有通过窗框材料及玻璃传导的热损失、窗框材料与玻璃的辐射热损失和窗户缝隙造成的空气对流热损失三个方面。窗户的传导热损失占整个窗户热损失的 23.7%，主要指通过窗框材料和玻璃的传导热损失，玻璃的传导热损失在全部传导热损失中所占比例很小。窗户的辐射热损失中玻璃的面积较大所产生的辐射热损失占绝大部分，窗框材料与室内外空气接触的面积较小辐射热损失很少。窗户缝隙造成的空气对流热损失中窗框搭接缝隙产生的渗透热损失占主要部分，窗户气密性等级越高，则热量损失就越少。在我国通常用门窗的传热系数 K 值来表示门窗的保温隔热性能，而欧洲采用的是 U 值，U 值包含玻璃和窗框的传热系数以及门窗的气密性，比 K 值更能综合地反映窗的保温隔热性能。影响门窗节能效果的因素有窗型、玻璃、窗框和遮阳等。

（1）窗型是指窗的开启方式，目前常见的窗型有：固定窗、平开窗、推拉窗、上悬窗、中悬窗和下悬窗等，不同窗型的节能效果有所不同。固定窗窗框嵌在墙内，玻璃直接固顶在窗框上，玻璃和窗框之间用密封胶封堵，窗体气密性好，节能效果佳；平开窗窗框和窗扇之间通常采用密封材料封堵，窗扇之间有启口，窗户关上后密封效果好，节能效果较好；推拉窗窗框下设有滑轨，窗框与窗扇之间有较大空隙，气密性最差，节能效果差。

（2）玻璃在门窗中占有的面积最大，对窗的节能性能影响也最大。常用的门窗玻璃有普通玻璃、Low-E 玻璃、普通中空玻璃、充惰性气体的中空玻璃和真空玻璃等，传热系数见表 3-4。低辐射镀膜（Low-E）玻璃可以有效控制入射到室内的太阳光，并阻挡来自室外的红外辐射，同时强烈地反射室内长波辐射，其保温隔热性能良好；Low-E 玻璃对阳光中的红外热辐射部分有较高的反射率，红外发射率可达到 0.03，能反射 80% 以上的红外能量，对可见光部分则有较高的透过率。中空玻璃是以两片或多片玻璃与空气层结合而成，中间为真空或者充惰性气体，其保温隔热性能较普通玻璃有很大提高，导热系数比单片玻璃低 50% 左右。真空玻璃由于夹层空气极其稀薄，热传导和声音传导的能力变得很弱，因而比中空玻璃有更好的隔热保温性能和防结露、隔声等性能。随着玻璃加工技术的发展，中空玻璃、Low-E 玻璃和真空玻璃的开发使用给建筑节能带来新的突破。

表 3-4　门窗常用玻璃的传热系数

玻璃种类	5mm 普通玻璃	4mm Low-E 玻璃	普通中空玻璃 5 + 12A + 5	充氩气中空玻璃 5 + 12A + 5	真空玻璃
传热系数 W/（m² · K）	6.1	3.9	3.0	2.2	2.66

（3）窗户是由玻璃和窗框等结构组成，当玻璃保温隔热性能提高后，窗框材料的保温隔热性能也应相应提高，以降低整窗的综合传热系数。窗框材料通常用木材、铝合金型材、塑钢型材和塑料型材（PVC、UPVC 型材）等，其传热系数见表 3-5。木窗框热工性能好，热导率低，隔热保温性能优异；但由于其耗用木材较多，易变形，引起气密性不良和容易引起火灾，现在很少作为节能门窗的材料。铝合金窗框轻质耐用，抗风压性和耐久性良好，解决导热的方法是设置"热隔断"，将窗框组件用不导热材料分割为内、外两部分，可大幅度降低铝合金窗框的传热系数。塑钢窗（PVC 窗）用具有良好隔热性能的塑料做窗框内加钢衬，保温隔热性能优良，节能效果突出，是具有绿色节能环保性能的新型节能窗框材料。

表 3-5　门窗常用型材的传热系数

型　材	60 系列木窗型材	普通铝窗型材	断热铝窗型材	塑料窗型材（1 腔）	塑料窗型材（3 腔）
传热系数 W/（m² · K）	1.5	5.5	3.4	2.4	1.7

（4）外窗遮阳。外窗遮阳可以限制直射太阳辐射进入室内，还能够限制散射辐射和反

射辐射进入室内，有效改善室内的热环境和光环境。窗口遮阳形式按其安装位置可分为内遮阳和外遮阳。窗户内遮阳是建筑最常使用的遮阳方式，一般有布窗帘、百叶窗帘、卷帘等形式。内遮阳的优点是经济易行、灵活，可根据阳光的照射变化和遮阳要求而调节，有利于房间的通风、采光；其缺点是虽然可以避免太阳直接照射室内物体，但并不能大幅度减少进入室内的辐射得热，不能作为有效的遮阳手段。窗户外遮阳在降低建筑室内得热，调节室内光、热环境最为有效；太阳辐射被外遮阳设施阻隔之后，没有直接到达建筑表面。外遮阳首先是通过反射作用将来自太阳的直接辐射热量传递给天空或周围环境，减少了建筑的太阳辐射得热；其次，外遮阳吸收了太阳辐射得热之后，温度升高，可以通过红外长波辐射的方式向周围环境放热，只有其中很小部分辐射到建筑表面上。外遮阳有水平式遮阳、垂直式遮阳、挡板式遮阳和综合式遮阳等形式。

3.5.2 严寒和寒冷地区外窗节能设计

严寒和寒冷地区冬季寒冷多风，窗户部分热量流失最大，建筑围护结构中窗户的耗热量包括两个方面：一是窗框和玻璃的传热耗热量，二是窗户缝隙的空气渗透耗热量。为此严寒和寒冷地区窗户节能就从这两方面着手，一方面减少窗框和玻璃的导热系数，增强保温性能；另一方面改善窗户制作安装精度，加装密封条，减少空气渗透即冷风渗透量。

（1）降低窗的传热系数，减少窗的传热耗热量。严寒和寒冷地区在窗框材料的选择上以塑料为佳；采用塑钢门窗，其传热性能满足节能要求；也可选用断桥式铝合金窗框，其传热系数降低且产品质量稳定。型材的阻热性能优劣还取决于型腔断面的设计，通常 PVC 型材的型腔可分为单腔、双腔、三腔和四腔，严寒和寒冷地区建筑中适合选用双腔和三腔结构。严寒和寒冷地区将窗户做成双层窗、单框双玻窗或中空玻璃窗，可提高玻璃的热阻值，降低传热系数，有利于节能。双层窗是传统的窗户保温节能做法，双层窗之间常有 50～150mm 厚的空间，但外窗使用双层窗所耗窗框材料多。单框双玻窗双玻形成的空气间层并非绝对密封，窗户在冬季使用时很难保证外层玻璃的内侧表面在任何阶段都不形成冷凝，使用中有可能达不到预期的节能效果。单框塑钢中空玻璃窗已在严寒和寒冷地区广泛采用，中空玻璃的双层玻璃密封空间内装有一定量的干燥剂，在寒冷的季节玻璃内表面温度不低于干燥空气的露点温度，可避免玻璃表面结露，整个窗玻的保温性能良好。

（2）提高窗的气密性，减少窗户空气渗透耗热量。严寒和寒冷地区的外窗气密性等级应符合国家标准，并注意密封材料和方法的互相配合，以提高外窗气密水平。平开窗开启扇在关闭状态密封胶条的压紧力大、节能性能好，在建筑中应采用平开窗。在保证换气次数的情况下，外窗应以固定扇为主，开启扇为辅。塑料窗的窗框与窗边墙之间应填挤保温性能良好的材料，表面采用抗老化性好的弹性密封膏，保证窗户与墙体的结合部位在不同气温条件下均能严密无缝。

（3）增加夜间保温措施。严寒和寒冷地区冬季昼夜温差非常大，夜间通过窗户的传热耗热量和空气渗透耗热量都远远大于白天。南向窗户从白天充分利用太阳辐射热的角度，希望加大窗户面积，这使增加夜间保温措施非常必要。具有保温特性的窗帘作为阻挡辐射热的屏障非常有效，紧密的织物窗帘如安装得当，能使窗帘与窗户之间形成静止的空气层，有助于冬季夜晚室内保温。

3.5.3 夏热冬冷地区外窗节能设计

夏热冬冷地区的建筑气候具有夏季时间长、太阳辐射强度大、冬季湿冷的气候特点，不同于北方寒冷地区，因此不能照搬严寒和寒冷地区的节能经验。夏热冬冷地区的门窗节能应侧重在夏季防热上，同时兼顾窗户的冬季保温。

（1）加强窗户的隔热性能。窗户的隔热性能主要是指外窗在夏季阻挡太阳辐射热射入室内的能力。采用各种特殊的热反射玻璃或贴热反射薄膜有很好的效果，如果选用对太阳光中红外线反射能力强的热反射材料如低辐射玻璃则更理想。但在选用材料时要考虑到窗的采光问题，不能以损失窗的透光性来提高隔热性能，否则节能效果会适得其反。

（2）加强窗户遮阳。在满足建筑立面设计要求的前提下，增设外遮阳板、遮阳篷及适当增加南向阳台的挑出长度都能起到一定的遮阳效果。在窗户内侧，设置如窗帘、百叶、热反射帘或自动卷帘等可调节的活动遮阳，以便夏季减少太阳辐射得热，冬季又得到日照。如设置镀有金属膜的热反射织物窗帘，在玻璃和窗帘之间构成约50mm厚的流动性较差的空气间层能取得很好的热反射隔热效果。

（3）改善窗户的保温性能。改善外窗的保温性能主要是指提高窗的热阻，同时也能提高隔热性能。由于单层玻璃窗热阻小、保温性能差，采用双层玻璃窗或中空玻璃，利用空气间层热阻大的特点，能显著提高窗的保温性能。另外选用导热系数小的窗框材料如塑料、断热型材等均可改善外窗的保温性能。

3.5.4 夏热冬暖地区外窗节能设计

我国夏热冬暖地区夏季长、冬季短或无冬，隔热是围护结构节能的主要问题。建筑能耗与围护结构的表面颜色和透过太阳辐射的性能有极大的关系，太阳的辐射能是建筑能耗的主要负荷，而外门窗是太阳辐射透入室内的主要途径，足见外门窗在节能中的重要性。建筑门窗节能设计须满足夏季防热、通风、防雨水、抗风的要求，冬季不必考虑保温。

（1）降低玻璃遮阳系数。外窗遮阳系数越小，表明进入室内的太阳辐射热就越小，有利于降低空调负荷。夏热冬暖地区采用遮阳系数指标来保证外窗节能效果，通常以遮阳系数小于0.5为基本要求，但是普通玻璃在这种情况下可见光透过率都小于60%。外窗玻璃60%以上的可见光透过率是保证室内明亮的基本要求，这需要将照明和节能两者统筹考虑，在满足室内明亮的基本要求下，尽量降低遮阳系数。

（2）遮阳。夏热冬暖地区的建筑应尽量采取遮阳措施，以最大限度减少阳光的直接照射。在南方湿热地区，气温日较差很小，围护结构的蓄热能力对自然通风降温的意义不太大。采取遮阳措施可以使建筑的室内长期处于阴凉的地方，从而实现最大限度的降温。同时，对于空调建筑遮阳也可以减少太阳辐射进入室内，从而减少空调负荷。建筑中实际遮阳的方法有很多，常见的窗户遮阳，也可在设计外窗时在玻璃内部加百叶窗帘。另外普遍使用的门窗遮阳措施是采用外卷帘或内卷帘，一般外卷帘遮阳比内卷帘的效果好。

（3）减少窗户传热。单层玻璃的绝热性能较差，不宜单独使用作为夏热冬暖地区的外窗材料。利用空气间隔层的作用可使玻璃传热系数降低到3W/（m²·K）左右，可将外窗设计成双层中空玻璃窗，从而提高玻璃系统的热阻值，降低传热系数以利节能。夏热冬暖地区适宜采用中空节能玻璃外窗，相对于其他节能措施性价比最高；此外，还可在中空玻璃空气间层中充入惰性气体。对于夏热冬暖地区外窗框材加强阻热性能而言，断桥隔热铝合金型材是当前的首选，也是今后外窗型材应用发展的趋势。

3.5.5　外门设计与节能

外门是指建筑的户门和阳台门，户门和阳台门下部门芯板部位都应采取保温隔热措施，以满足节能标准要求。户门应具有防盗、保温、隔热等多功能要求，构造一般采用金属门板，可采用双层板间填充岩棉板、聚苯板来提高门的保温隔热性能。阳台门有两种类型：落地玻璃阳台可按外窗作节能处理；有门心板的及部分玻扇的阳台门玻璃扇部分按外窗处理，阳台门下门心板采用菱镁、聚苯板加芯型代替钢质门心板。在严寒地区，公共建筑的外门应设门斗（或旋转门），寒冷地区宜设门斗或采取其他减少冷风渗透的措施。夏热冬冷和夏热冬暖地区，公共建筑的外门也应采取保温隔热节能措施，如设置双层门、采用低辐射中空玻璃门、设置风幕等。

第4章 被动式太阳能采暖设计

被动式设计的概念起初来源于建筑的太阳能利用。1920年前后美国最先出现了太阳能建筑一词，主要是指通过某种设备向太阳索取能源达到节能的目的。在第一次能源危机后，太阳能住宅得到了大众的关注，同时人们将通过机械等设备利用太阳能的住宅称之为主动式住宅。而不需要外界能源支持的通过建筑本身的设计利用太阳能的住宅称之为被动式住宅，这种设计方法即可称之为被动式设计（Passive Design）。

具体到操作层面说来，被动式设计是指在建筑方案设计过程中，根据建设地所在区域的气候特征，遵循建筑环境控制技术基本原理，综合建筑功能、形态等需要，合理组织和处理各建筑元素，使建筑物具有较强的气候适应和气候调节能力。其目的是通过控制阳光和空气在恰当的时间进入建筑并合理储存和分配热空气和冷空气，从而使能源得到有效的利用，并且提高使用者的舒适度。从能源利用的角度说，其设计策略可以分为被动式采暖（保温）和被动式降温（隔热）。

4.1 被动式太阳能采暖概述

4.1.1 被动式太阳能采暖原理

被动式太阳房是最早利用太阳能提供冬季采暖的一种应用方式。它是通过建筑朝向和周围环境的合理布置，内部空间和外部形体的巧妙处理，以及结构构造和建筑材料的恰当选择，使建筑物以自然的方式（经由对流、传导和自然对流），冬季能集取、保持、分布太阳能，从而解决采暖问题；同时夏季能遮蔽太阳辐射，散逸室内热量，从而使建筑物降温。这种让建筑物本身成为一个利用太阳能的系统的建筑即是被动式太阳房。

被动式太阳房是一个集热、蓄热和耗热的综合体。它是根据温室效应来加热房间的。由于玻璃具有透过"短波"（即太阳辐射热）而不透过"长波"红外线的特殊性能，一旦阳光能通过玻璃并被某一空间里的材料所吸收，由这些材料再次辐射而产生的热能，就不会通过玻璃再返回到外面去。这种获取热量的过程，称之温室效应。这就是太阳房的最基本的工作原理。

4.1.2 被动式太阳能采暖设计原则

被动式太阳能建筑系统的设计目的是最大限度地利用当地的自然环境的潜能。每个地方的自然环境各有特点，利用自然潜能的方法也各不相同。技术方法之间有矛盾和对立，所以必须对其进行调节。

被动式太阳能采暖的基本设计原则有如下几点：

（1）最大限度地获取热量：有效的太阳能集热，生成热的回收和再利用；

（2）将热损失降到最低程度：将辐射、传导、对流以及换气产生的热损失降到最低程度；

（3）适当地蓄热：蓄热构件，蓄热池。

不管是直接得热式还是间接得热式，被动式太阳能采暖建筑设计均需遵循以下四个原则：（1）建筑外围护结构需要很好的保温；（2）南向设有足够大的集热表面；（3）室内布置尽可能多的储热体；（4）主要采暖房间紧靠集热表面和储热体布置，而将次要的、非采暖房间包围在它们的北面和东西两侧。

4.1.3　我国太阳能资源的分布

我国太阳能资源分布的主要特点有：太阳能的高值中心和低值中心都处在北纬 22°~35°这一带，青藏高原是高值中心，四川盆地是低值中心；太阳年辐射总量，西部地区高于东部地区，而且除西藏和新疆两个自治区外，基本上是南部低于北部；由于南方多数地区云、雾、雨多，在北纬 30°~40°地区，太阳能的分布情况与一般的太阳能随纬度而变化的规律相反，太阳能不是随着纬度的增加而减少，而是随着纬度的增加而增长（图 4-1）。

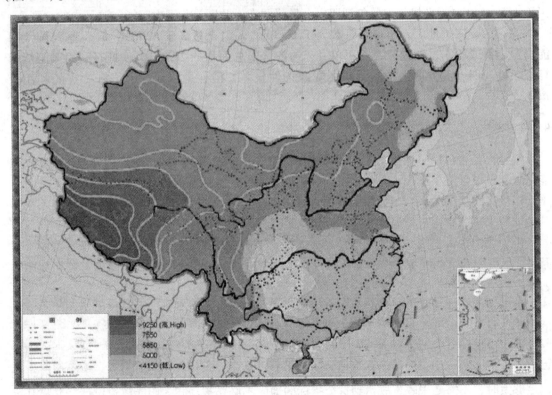

图 4-1　我国太阳能资源分布［GS（2008）1349 号］

根据中国科学院自然资源综合考察组的资料，按接受太阳能辐射量的大小，全国大致上可分为五类地区：

一类地区：全年日照时数为 3200~3300h，辐射量在 670~837×10⁴kJ/（cm²·a），相当于 225~285kg 标准煤。主要包括青藏高原、甘肃北部、宁夏北部和新疆南部等地。这是我国太阳能资源最丰富的地区，与印度和巴基斯坦北部的太阳能资源相当。特别是西藏，地势高，天空的透明度也好，太阳辐射总量最高值达 921×10⁴kJ/（cm²·a），仅次于撒哈拉大沙漠，居世界第二位，其中拉萨是世界著名的阳光城。

二类地区：全年日照时数为 3000~3200h，辐射量在 586~670×10⁴kJ/（cm²·a），相当于 200~225kg 标准煤。主要包括河北西北部、山西北部、内蒙古南部、宁夏南部、甘肃中部、青海东部、西藏东南部和新疆南部等地。此区为我国太阳能资源较丰富区。

三类地区：全年日照时数为 2200~3000h，辐射量在 502~586×10⁴kJ/（cm²·a），相当于 170~200kg 标准煤。主要包括山东、河南、河北东南部、山西南部、新疆北部、吉林、辽宁、云南、陕西北部、甘肃东南部、广东南部、福建南部、江苏北部和安徽北部等地。

四类地区：全年日照时数为 1400~2200h，辐射量在 419~502×10⁴kJ/（cm²·a），相当于 140~170kg 标准煤。主要是长江中下游、福建、浙江和广东的一部分地区，春夏多阴雨，秋冬季太阳能资源较为丰富。

五类地区：全年日照时数约 1000~1400h，辐射量在 335~419×10⁴kJ/（cm²·a），相当于 115~140kg 标准煤。主要包括四川、贵州两省。此区是我国太阳能资源最少的地区。

一、二、三类地区，年日照时数大于 2200h，辐射总量高于 4200MJ/m²，是我国太阳能资源丰富或较丰富的地区，面积较大，约占全国总面积的 2/3 以上，具有利用太阳能的良好条件。四、五类地区虽然太阳能资源条件较差，但如果因地制宜仍有一定的利用价值。

4.1.4 被动式太阳能采暖的地区适应性

某地方是否可以采用被动太阳能采暖建筑设计，应该用不同的指标进行分类。被动太阳能采暖建筑设计除了考虑一月份水平面和南向垂直墙面太阳辐射以外，还与一年中最冷月的平均温度有直接的关系，当太阳辐射很强时，即使一年中最冷月的平均温度较低，在不采用其他能源采暖，室内最低温度也能达到 10℃以上。

由于我国幅员辽阔，各地气候差异很大，为了使被动式太阳能建筑适应各地不同的气候条件，尽可能地节约能源，按照累年一月份平均气温、一月份水平面和南向垂直墙面太阳辐射照度划分出不同的太阳能建筑设计气候区。

被动式太阳能建筑设计气候分区可以为建筑方案设计提供帮助，在分区时采用综合分析的原则，重点考虑气候参数中太阳辐射、温度的直接影响。

首先以最冷月室外平均温度和最热月室外平均温度作为第一级分区指标，结合综合辐射百分比作第一步分区，即最冷月平均温度 >10℃，最热月平均温度 25~29℃，综合辐射百分比足够大时，不需要采暖，故达到这个指标的地区不必作被动式太阳能建筑设计，并将其定义为Ⅵ区。其次，太阳辐射对于没有辅助热源的太阳能建筑而言是唯一的热源，因此太阳房南向集热面上的（即垂直南向面上）太阳辐射量直接影响室内热环境，因此选用上述分析的综合辐射百分比作为第二级分区指标。最后，以冬季最冷月温度为第三级分区指标，将二级分区后的结果作细化。具体分区指标见表 4-1。

表 4-1 被动式太阳能建筑设计气候分区原则

区 名		分 区 指 标		
		一级指标	二级指标	三级指标
		最冷月平均温度 最热月平均温度	综合辐射百分比	最冷月平均温度
设计 I 区	I a I b I c		（90%，100%）	$t \leqslant -10℃$ $-10℃ < t \leqslant 0℃$ $0℃ < t \leqslant 10℃$
设计 II 区	II a II b II c		（65%，90%）	$t \leqslant -10℃$ $-10℃ < t \leqslant 0℃$ $0℃ < t \leqslant 10℃$
设计 III 区	III a III b III c	最冷月平均温度 $t \leqslant 10℃$	（40%，65%）	$t \leqslant -10℃$ $-10℃ < t \leqslant 0℃$ $0℃ < t \leqslant 10℃$
设计 IV 区	IV a IV b IV c		（15%，45%）	$t \leqslant -10℃$ $-10℃ < t \leqslant 0℃$ $0℃ < t \leqslant 10℃$
设计 V 区	V a V b V c		<15%	$t \leqslant -10℃$ $-10℃ < t \leqslant 0℃$ $0℃ < t \leqslant 10℃$
设计 VI 区	VI	最冷月平均温度 >10℃， 最热月平均温度 25~29℃	100%	$t > 10℃$

以我国典型城市气候的科学分析为基础，根据以节能舒适为目的的被动式太阳能建筑设计区划方法和依据，确定最冷月平均温度、最热月平均温度和综合辐射百分比，并以此作为划分适合建造被动式太阳能建筑的区划指标，从被动式气候调控方法的角度，将我国划分为六个被动式太阳能建筑气候设计区，具体分析结果归纳如图 4-2 所示。

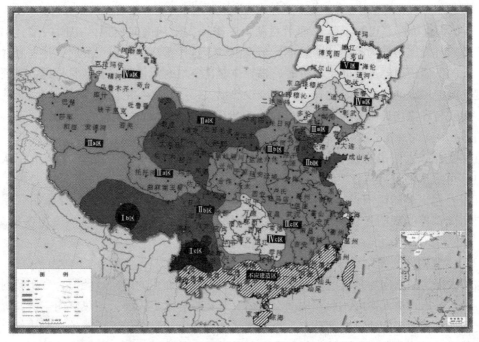

图 4-2 被动式太阳能采暖设计气候分区 ［GS （2008） 1349 号］

4.2　被动式太阳能采暖的基本方式

4.2.1　直接受益式

此被动式太阳能采暖方式指阳光直接透过窗户加热房间，而房间本身就是一个能量收集、储存和分配系统。无论从设计和构造来讲，直接受益式都是最简单的被动式太阳能设计，其最大的缺点是会引起室内温度波动和眩光，适宜建造在冬季气候比较温和的地区。

（1）设计要点

直接受益式是被动式太阳能采暖系统中最简单的形式，它升温快、构造简单，不需增设特殊的集热装置，与一般建筑的外形无多大差异，建筑的艺术处理也比较灵活。同时，这种太阳能采暖设施的投资较小，管理也比较方便。因此这种方式是一种最易推广使用的太阳能采暖设施（图4-3）。

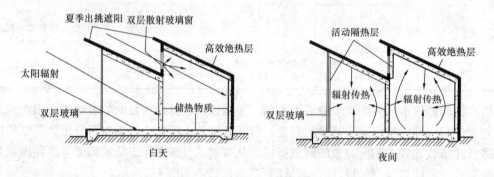

图4-3　直接受益式太阳房工作状况

图4-3为直接受益式的工作原理示意图。冬季让太阳从南向窗射入房间内部，用楼板层、墙及家具设施等作为吸热和蓄热体，当室温低于这些蓄热体表面温度时，这些物体就会像一个大的低温辐射器那样向室内供暖，辐射供暖比空气对流供暖更有效且舒适。其所需舒适温度比对流供暖的要求低。此外，为了减少热损失，夜间必须用保温窗帘或窗盖板将窗户覆盖。实践与理论均证明，保温窗帘盖在窗户冷侧（外侧）可消除或大大减轻窗玻璃内侧面的结露。

直接受益式太阳房的设计关键是使阳光直接照射在尽可能多的房屋面积上，从而均匀加热。可采用的设计方法为：沿东西向建造长而进深小的房屋；将进深小的房屋垂直加高，以获得更多的南墙；在北向房间设置南向天窗；沿南向山坡建造阶梯状房屋，使每一层房间都能受到阳光直射；在屋顶设置天窗，使阳光能够直接加热内墙。参见图4-4所示。

（2）主要构件的设计

这种太阳房的南向窗是它的设计重点。一般具有较大面积的南向玻璃窗，太阳辐射通过直射、漫射等方式进入室内，照在地面、墙体、天花板和家具表面，加热室内空气，提高室温。直接受益式太阳能建筑窗除具有采光和通风功能外，还是获得太阳能的主要构件，处理好窗的配置、尺寸、构造、隔热、保温和遮阳是设计中的关键问题。在一定条件下，增大南

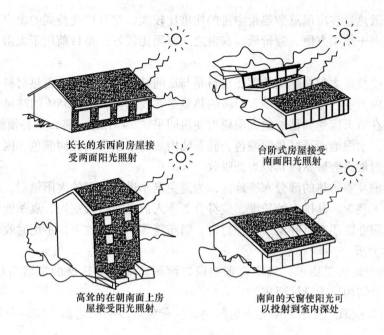

长长的东西向房屋接
受两面阳光照射

台阶式房屋接受
南面阳光照射

高耸的在朝南面上房
屋接受阳光照射

南向的天窗使阳光可
以投射到室内深处

图 4-4　直接受益式太阳房设计示意图

窗的面积可以在日照时获得较多的太阳辐射热。但是由于窗的传热系数大于墙体的传热系数，所以增大南窗面积也意味着向外散失热量的增加，从而导致室温波动很大。表 4-2 为冬季的一月份，晴天，室内平均温度是 16℃ 条件下，南窗大小设计标准：

表 4-2　不同气候条件下南窗大小的确定

冬季平均室外温度（℃）	每 $1m^2$ 地面所需南窗面积（m^2）	冬季平均室外温度（℃）	每 $1m^2$ 地面所需南窗面积（m^2）
寒冷气候			
−12	0.27 ~ 0.42	温暖气候	
−9	0.24 ~ 0.38	2	0.16 ~ 0.25
−6	0.21 ~ 0.33	4	0.13 ~ 0.21
−4	0.19 ~ 0.29	7	0.11 ~ 0.17
−1	0.16 ~ 0.25		

　　双层玻璃虽然比单层玻璃的保温性能好，但是其透过率比较小。一般来说，单层玻璃（3mm）的透过率为 80% 左右，双层玻璃的透过率为 65% 左右，这样就造成双层玻璃透过的太阳能辐射比单层玻璃小。所以我们用窗效率 η_D 来衡量保温和获得太阳辐射热的综合效果：

$$\eta_D = \frac{透过南窗净获得的太阳辐射量}{照射到南窗的太阳总辐射量} \qquad (4-1)$$

　　双层玻璃的空气层厚度不要大于 2cm，厚度要随室外气温的降低而降低，而且要注意窗框、窗扇、窗帘对阳光的遮挡，要选用遮挡少的窗户形式，以免影响集热效率。一般情况下，对于严寒地区，环境温度低，室内外温差大，则必须采用双层玻璃窗。但对于其中太阳能资源不太充足的地区，双层玻璃的总透过率低，其平均窗效率和单层几乎相等，又由于双层玻璃造价高，所以采用单层玻璃夜间加保温比较好。

由于窗的散热量在房屋总散热量中占的比重比较大，对直接受益式的窗户也要进行保温处理。保温帘由于使用方便、造价低、与窗之间密闭比较好，是目前用于太阳房中比较理想的装置。

由于直接受益式太阳能建筑的蓄热材料是与房间结合在一起的，蓄热材料中储存的热量决定着全天室内温度的变化。冬季，65%的热量是在夜间损失的，35%的热量是在白天损失的，所以如果在晴天接受到足够的太阳辐射使房间采暖24小时，那么就必须储存65%的热量供夜间使用。水泥地面最好是深颜色，砖石墙内表面可以采用任何颜色，因为浅色砖石墙反射的太阳辐射最终会被室内其他表面吸收。

在需要考虑夏季防热的部分寒冷地区，为避免夏季进入过多的太阳辐射，需要在南向窗上设置水平遮阳装置。其挑出的长度，应符合冬季入射光能射入室内，夏季能够挡住全部直射光。此外遮阳办法还有百叶窗帘、挂竹帘、帆布篷等，用时放下，不用时收起。

（3）技术要求

① 应根据建筑热工要求，确定合理的窗口面积。南向集热窗的窗墙面积比应不小于50%，并应符合结构抗震设计要求。

② 南向窗口应兼顾夏季的阳光入射问题，应避免过多的阳光射入室内引起空调负荷的增加。

4.2.2 集热蓄热墙式

此被动式太阳能采暖方式是将蓄热墙布置在玻璃面后面，利用蓄热墙的蓄热能力和延迟传热的特性获取太阳辐射热。如图4-5所示，阳光透过玻璃照射在集热蓄热墙上，使墙体温度升高，玻璃阻止热量向外散失，墙体获得热量并把热量传导进建筑空间内。图4-6为集热蓄热墙的几种形式。

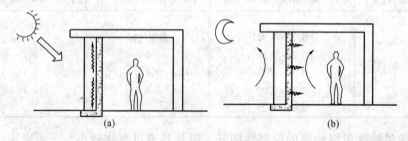

图4-5　蓄热墙的工作原理

（a）白天；（b）夜间

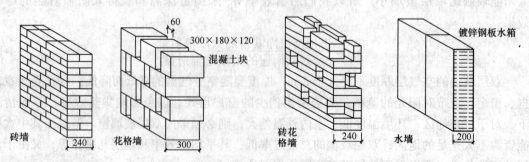

图4-6　集热蓄热墙的形式

蓄热墙通常为深色并涂有吸收涂层，以增强吸热能力。除了传导以外，蓄热墙获得的热量也以对流方式进入室内。为了让热空气升高并传入室内，这就需要在蓄热墙底部和顶部开设风口。室内的冷空气从下部风口进入夹层，被增温后从上部风口传进室内。风口最好有开/关功能，以防止夜晚气流倒转。

蓄热墙也可以设在百叶之后，这样就可以通过调节百叶的开与关来取得更好的蓄热效果。室内温度低时全部打开百叶，如果温度高可以将一部分百叶关上（图 4-7）。

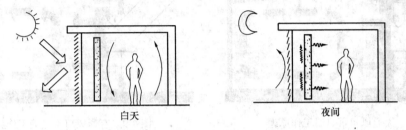

白天　　　　　　　　夜间

图 4-7　加百叶蓄热墙的工作原理

（1）设计要点

a. 综合建筑性质、结构特点与立面处理需要，并保证足够集热面积的前提下，确定其立面组合形式；

b. 合理选定集热蓄热墙的材料与厚度，并注意选择吸收率高、耐久性强的吸热涂层；

c. 结合当地气候条件，解决好透光外罩的透光材料、层数与保温装置的组合设计，即外罩边框的构造做法，边框构造应便于外罩的清洗和维修；

d. 合理确定对流风口的面积、形状与位置，保证气流畅通，为便于日常使用与管理，要考虑风门逆止阀的设置；

e. 选择恰当的空气间层宽度，为加快间层空气升温速度，可设置适当的附加装置；

f. 注意夏季排气口的设置，防止夏季过热；

g. 集热蓄热墙整体与细部的构造设计，应在保证装置严密、操纵灵活和日常管理维修方便的前提下，尽量使构造简单，施工方便，造价经济。

（2）主要构件的设计

在设计时，要合理确定集热墙的材质、面积、厚度、表面吸收率和发射率、循环通气孔的尺寸以及窗玻璃的选择。

集热墙的面积取决于当地的气候条件、纬度、建筑物的保温情况，还和阳光是否被遮挡、房屋夜间是否有保温以及经济造价等因素有关（表 4-3）。由于集热蓄热墙表面需要涂黑，遮挡自然光等缺点，所以一般是直接受益式和集热蓄热墙式混合使用，这样不仅减少了集热墙的面积，还同时发挥两者的优点。

表 4-3　不同气候条件下集热蓄热墙面积估算表

冬季最冷月平均室外温度（℃）	每 $1m^2$ 地面所需集热蓄热墙面积（m^2）	
	砖石墙	水墙
−9.4	0.72 ~ 1.0	0.55 ~ 1.0
−6.7	0.6 ~ 1.0	0.46 ~ 0.85
−3.9	0.51 ~ 0.94	0.38 ~ 0.71
−1.1	0.43 ~ 0.77	0.30 ~ 0.55

集热蓄热墙式分为有通风口和无通风口两种。不设通风口的太阳房，主要靠热传导采暖，热舒适性好，但热效率不如有孔式高。设置通风口可以进行空气对流，提高系统性能，一般上下通风口面积，住宅取集热墙面积的1%。设置上下通风口的太阳房要注意防止夜间气流倒流，一般采用木口，利用塑料薄膜或薄纸，实现自然开启和关闭的功能，如图4-8、图4-9、图4-10所示。

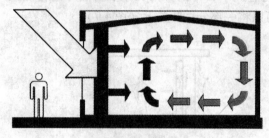

图4-8　无通风口蓄热墙工作原理

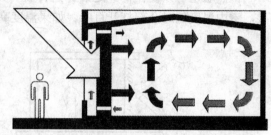

图4-9　有通风口蓄热墙工作原理

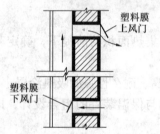

图4-10　塑料薄膜工作原理

集热蓄热墙式太阳能建筑应注意冬季保温和夏季隔热，可采用保温帘或保温板。冬季，白天打开接受太阳辐射，夜间关闭防止热量散失。夏季，盖上保温板，减少太阳辐射，同时开通集热蓄热玻璃窗上的通气孔排除热量，实现降温目的。

（3）技术要求

a. 合理选择向南集热蓄热墙的材料、厚度以及吸热涂层。结合气候条件选择透光罩的透光材料、层数与保温装置，边框构造应便于清洗和维修。集热墙面积应根据热工计算决定。

b. 宜设置有通风口集热蓄热墙。风口的位置应保证气流通畅，并便于日常维修与管理，宜考虑风门逆止阀的设置。

c. 可利用建筑结构体的抗震部分设置集热蓄热墙以提高太阳能的利用率。

d. 集热系统的实体墙应具有较大的热容量和导热系数。

e. 应注意夏季集热蓄热墙排汽口的设置，防止夏季过热。

4.2.3　附加阳光间式

此被动式太阳能采暖方式指将作为集热部分的阳光间附加在建筑主要房间的外面，利用阳光间和房间之间的共用墙作为集热构件。阳光间与直接受益式相比，主要房间的温度波动降低显著，并且作为室外和室内的缓冲空间，可减少冬季房间的热损失，同时，它本身也可以作为白天的活动空间。多用途的阳光间式太阳能设计在被动式采暖设计中运用最多。

阳光间的围护结构全部或部分由玻璃等透光材料构成，与房间之间的公共墙上开有门和窗，也可把公共墙体的上下方分别做成洞口，图4-11列出了阳光间的几种形式。

（1）设计要点

这种形式的太阳房造价高于前两种形式，而且需要同时给附加阳光间和气候邻接的房间进行"串联式太阳能采暖"，增加了复杂性。

附加阳光间的三种形式如图4-11所示，从热工和经济效果上看，第二种最好，第三种

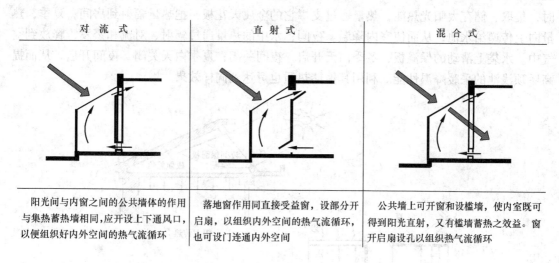

对流式	直射式	混合式
阳光间与内窗之间的公共墙体的作用与集热蓄热墙相同,应开设上下通风口,以便组织好内外空间的热气流循环	落地窗作用同直接受益窗,设部分开启扇,以组织内外空间的热气流循环,也可设门连通内外空间	公共墙上可开窗和设槛墙,使内室既可得到阳光直射,又有槛墙蓄热之效益。窗开启扇设孔以组织热气流循环

图 4-11　阳光间的几种形式

次之。阳光间顶部可以做成全玻璃透光,也可利用挑出阳台做顶,一般多用后者。

一个较好的阳光间,在晴朗的冬天收集到的太阳能,应超过自身采暖需要的能量,有的多近一到二倍,这些多余的能量就会通过直接传递、热传导、开门窗或经通气孔对流方式进入邻接房间。阳光间进深不宜过大,宽度一般取 0.6～1.0m,这样热效率和造价比较合适。

公共墙起到集热蓄热作用,一般采用厚重材料。外表面涂成深颜色,墙外不应有物体挡光,墙上开设门窗,在阳光好的白天打开门窗,使热量直接进入室内,夜间关闭门窗保温。

(2) 主要构件的设计

阳光间在设计时应注意以下几个问题:

a. 组织好阳光间内热空气与室内的通畅循环,防止在阳光间顶部产生"死角";

b. 处理好地面与墙体等位置的蓄热;

c. 合理确定透光外罩玻璃的层数,并采取有效的夜间保温措施;

d. 注意解决好冬季通风除湿问题,减少玻璃内表面结霜和结露;

e. 采取有效的夏季遮阳、隔热降温措施。

(3) 技术要求

a. 阳光间集热面积应符合建筑热工设计规定,合理确定透光玻璃的层数,并设置有效的夜间保温措施;

b. 阳光间进深不宜大于 1.2m;

c. 组织好阳光间内热空气与室内的循环,阳光间与采暖房间之间的公共墙上的开孔率宜大于 15%;

d. 应注意阳光间在夏季的通风与遮阳的设计,防止夏季过热。

4.2.4　蓄热屋顶式

此被动式太阳能采暖方式指利用屋顶进行集热蓄热,即如图 4-12 所示在屋顶设置装置,白天吸热,晚上向室内放热。水是良好的蓄热介质,水屋面有冬季采暖和夏季降温作用。屋顶浅池是应用较多的一种方式,它是指在屋顶建造浅水池,利用浅水池集热蓄热,而后通过屋面板向室内传热。另一种屋顶浅池是由充满水的黑色袋子组成。冬季,它们受到太阳照射时，集取、储存太阳光热能，热量通过支撑它的金属天花板，把热量辐射到房间；夏季，热量向上传递给水池，从而使室内降温。夜间，水中的热量通过辐射、对流和蒸发，释放到空气中。水袋上滑动的保温板，冬季白天开启，夜间关闭；夏季白天关闭，夜间开启，从而提高屋顶浅池的采暖降温性能。利用其他储热质也可达到同样效果。

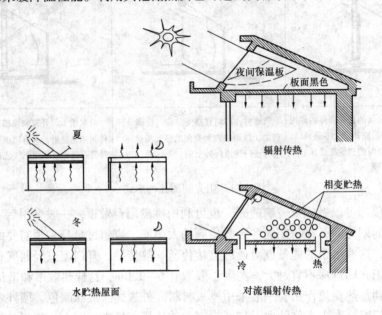

图 4-12　蓄热屋顶形式

4.2.5　对流环路式

此被动式太阳能采暖方式也称"分离式"，是国外广泛利用的太阳能采暖方式，原理类似太阳能家用热水系统，对流环路板是一个平板空气集热器，玻璃覆盖着深色金属太阳能热板。空气在流过吸热板前面或后面的通道时吸收了吸热板释放的热量而上升，经过上风口进入室内。同时房间大部温度较低的空间由下风口进入集热器继续加温，形成对流循环（图4-13、图 4-14）。

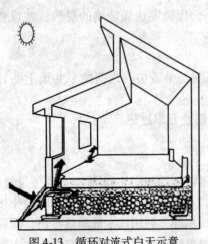

图 4-13　循环对流式白天示意

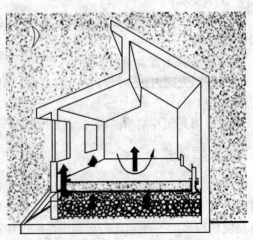

图 4-14　循环对流式夜晚示意

这种方式易于与建筑一体化设计，集热效果较好，且不需要人为控制，完全实现了被动式的理念。对于冬季严寒和寒冷地区，可以有效地降低采暖能耗，提高室内热环境。

采用此方式的被动式设计，热稳定性较差，特别是昼夜温差大的情况。除此之外，夏季极易造成室内过热。基于以上特点，对流环路式的太阳能设计宜用于学校、办公室等主要为白天使用的建筑。

但是目前在欧洲一些国家，通过对其构造和材料的改进，改善了其节能效果的不足。例如通过采用经过合理设计的外表面，可以在冬季利用其透射性吸收阳光；夏季则反射高度角高的直射光线，从而达到隔热的目的。基于以上改进后，此被动式太阳能采暖方式可有效地应用于被动式住宅的设计中。

4.3　建筑设计中应用被动式太阳能采暖

4.3.1　各种被动式采暖方式的比选与组合

被动式太阳能采暖按照南向集热方式分为直接受益窗、集热（蓄热）墙、附加阳光间、对流环路等基本集热方式，可根据使用情况采用其中任何一种基本方式。但由于每种基本形式各有其不足之处，如直接受益式会产生过热现象，集热蓄热墙式构造复杂，操作稍显繁琐，且与建筑立面设计难于协调。因此在设计中，建议采用两种或三种集热方式相组合的复合式太阳能采暖建筑。

五种太阳能系统的集热形式、特点和适用范围见表 4-4。

表 4-4　被动式太阳能建筑基本集热方式及特点

基本集热方式	集热及热利用过程	特点及适应范围
 直接受益式	1. 采暖房间开设大面积南向玻璃窗，晴天时阳光直接射入室内，使室温上升； 2. 射入室内的阳光照到地面、墙面上，使其吸收并蓄存一部分热量； 3. 夜晚室外降温时，将保温帘或保温窗扇关闭，此时蓄存在地板和墙内的热量开始向外释放，使室温维持在一定水平	1. 构造简单，施工、管理及维修方便； 2. 室内光照好，也便于建筑外形处理； 3. 晴天时升温快，白天室温高，但日夜波幅大； 4. 较适用于主要为白天使用的房间

基本集热方式	集热及热利用过程	特点及适应范围
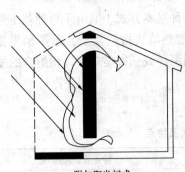 集热蓄热墙式	1. 在采暖房间南墙上设置带玻璃外罩的吸热墙体，晴天时接受阳光照射； 2. 阳光透过玻璃外罩照到墙体表面使其升温，并将间层内空气加热； 3. 供热方式：被加热的空气靠热压经上下风口与室内空气对流，使室温上升；受热的墙体传热至内墙面，夜晚以辐射和对流方式向室内供热	1. 构造较直接受益式复杂，清理及维修稍困难； 2. 晴天时室内升温较直接受益式慢。但由于蓄热墙体可在夜晚向室内供热，使日夜波幅小，室温较均匀； 3. 适用于全天或主要为夜间使用的房间，如卧室等
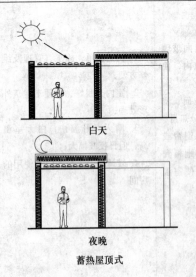 附加阳光间式	1. 在带南窗的采暖房间外用玻璃等透过材料围合成一定的空间； 2. 阳光透过大面积透光外罩，加热阳光间空气；并射到地面、墙面上使其吸收和蓄存一部分热能；一部分阳光可直接射入采暖房间； 3. 阳光间得热的供热方式：靠热压经上下风口与室内空气循环对流，使室温上升；受热墙体传热至内墙面，夜晚以辐射和对流方式向室内供热	1. 材料用量大，造价较高。但清理、维修较方便； 2. 阳光间内晴天时升温快温度高，但日夜温差大。应组织好气流循环，向室内供热；否则易产生白天过热现象； 3. 阳光间内可放置盆花，用于观赏、娱乐、休息等多种功能；也可作为入口兼起冬季室内外空间的缓冲区作用
白天 夜晚 蓄热屋顶式	1. 冬季采暖季节，晴天白天打开盖板，将蓄热物质暴露在阳光下，吸收热量；夜晚盖上隔热板保温，使白天吸收了太阳能的蓄热物体放热量，并以辐射和对流的形式传到室内； 2. 夏季白天盖上隔热盖，阻止太阳能通过屋顶向室内传递热量，夜间移去隔热盖，利用天空辐射、长波辐射和对流换热等自然传热过程降低屋顶池内蓄热物质的温度，从而达到夏天降温的目的	1. 适合冬季不太寒冷且纬度低的地区； 2. 系统中盖板的热阻要大，封装蓄热材料容器的密闭性要好； 3. 使用相变材料，可提高热效率

续表

基本集热方式	集热及热利用过程	特点及适应范围
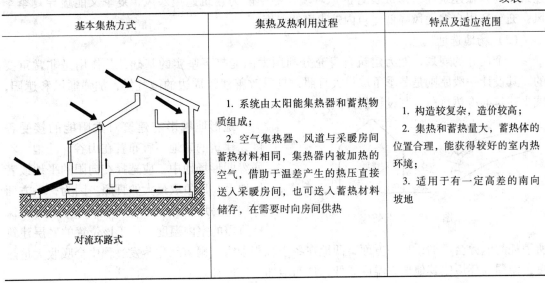 对流环路式	1. 系统由太阳能集热器和蓄热物质组成； 2. 空气集热器、风道与采暖房间蓄热材料相同，集热器内被加热的空气，借助于温差产生的热压直接送入采暖房间，也可送入蓄热材料储存，在需要时向房间供热	1. 构造较复杂，造价较高； 2. 集热和蓄热量大，蓄热体的位置合理，能获得较好的室内热环境； 3. 适用于有一定高差的南向坡地

从居住者的生活习性来看，集热方式的选定和使用房间的时间段有着直接的关系，对起居室（堂屋）等主要在白天使用的房间，为保证白天的用热环境，宜选用直接受益窗或附加阳光间。对于以夜间使用为主的房间（卧室等），宜选用具有较大蓄热能力的集热蓄热墙。

在特定气候条件下的特定地区，也会有最佳和次佳的太阳能建筑集热形式的区分。通过稳态传热原理，对各种集热方式的工作原理，进行集热效率分析计算。因为集热部件形式主要的选择依据是它们的集热效率 η：

$$\eta = \frac{集热部件的太阳供热量}{集热部件表面接受的太阳辐射量} \times 100\% \tag{4-2}$$

η 越高，则说明采用该种集热方式越有利，以此来划分适宜于某特定地区的最优化集热方式。

为了提高太阳房效率，通常采用组合式，根据不同的集热系统在供热时间上的差异，可达到供热平衡、室温平稳的效果。设计合理的组合式太阳能建筑比单一的太阳能建筑集热效率更高，更舒适，也就更经济实用。

4.3.2　规划设计

（1）规划原则

以保证太阳能采暖在建筑应用时合理、实用、高效，并使建筑美观耐用。在进行规划设计时应遵循以下设计原则：

a. 最大限度争取冬季日照——从建筑基地选择到建筑群体布局、朝向、日照间距以及地形利用方面都应该遵循冬季最大日照原则，为建筑利用太阳能采暖提供良好条件。

b. 减少夏季热辐射，改善夏季微气候——通过对建筑周边自然环境的改造，结合人工植被，有效改善建筑周边的微气候，加强夏季通风遮阳，避免夏季室内环境过热。

c. 尽量减少建筑的冷热负荷——结合当地气候条件和季风风向，合理进行基地选择和建筑布局，在建筑周边形成良好的风环境，冬季能为建筑遮挡寒风，夏季又能疏导夏季季风，充分利用自然通风降低建筑内外表面的温度。

（2）场地选址

一个良好的规划，能为建筑自身充分利用太阳能打下坚实的基础，其作用是非常重要的。其设计一般原则是冬季争取最大日照，夏季改善建筑周边的微气候，加强通风和遮阳，减少建筑的冷热负荷。其设计的方法是：

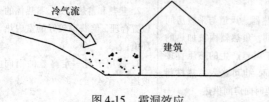

图 4-15　霜洞效应

地形地貌影响建筑对太阳能的接受程度，建筑的基地不宜布置在山谷、洼地、沟底等凹形场地中，应选择在向阳的平地或者坡地上，以争取最大的日照。因为，一方面凹地容易形成霜洞效应（图 4-15），若要保持所需的室内温度，位于该位置的底层建筑所消耗的能源会增加；另一方面，凹地在冬季沉积雨雪，雨雪融化蒸发过程中会吸收大量热量，使周围环境比其他地方温度要低，从而增加建筑能耗。

建筑物南面种植落叶乔木，在夏季可以起到良好的遮蔽作用，但是冬季可能会遮挡太阳光。所以建筑物南面的树木高度要控制在太阳能采集边界以下，这样就可以在不影响冬季太阳能采集的情况下，减弱夏季阳光直射对建筑造成的热作用。

（3）建筑物的布局

在建筑布局设计中，应当结合其他条件，使夏季主导风向朝向主要建筑，增加建筑物的通风，降低建筑的室内温度，控制冬季吹向建筑物的风速，减少冷风渗透。因为冬季风速的增加，会增加窗的冷风渗透，研究表明，当风速减少一半时，建筑由冷风渗透引起的热损失减少到原来的 25%。因此冬季防风很关键。

冬季防风可以采取下面几点措施：在冬季上风处，利用地形和周围建筑物及植物等为建筑物竖起防风屏障，避免冷风直接侵袭。建筑物布局要紧凑，在保证充分日照的条件下，建筑间距控制在 1：2 的范围内，可使后排建筑避开寒风侵袭。

此外，利用建筑的合理布局，形成优化微气候的良好环境，建立气候的防护单元也十分有利于建筑的节能。气候防护单元的建立，应充分结合特定地点的自然环境因素、气候特征、建筑物的功能、人的行为活动特点，也就是建立一个小型组团的自然——人工生态平衡系统。例如：北京地区，可利用单元组团式布局形成气候防护单元，用以形成较为封闭、完整的庭院空间，充分利用和争取日照，避免季风干扰，组织内部气流，组成内部小气候，并且利用建筑外界面的反射辐射，形成对冬季恶劣气候条件的有利防护，改善建筑的日照条件和风环境，以此达到节能的目的。

（4）建筑物的朝向选择

朝向的选择应充分考虑冬季最大限度地接收太阳辐射并注意防止冷风侵袭，夏季要利用自然通风和阴影来降低室内温度。

在地球上看来，太阳的运动路线有两条，一条是每天的从东到西，另一条是每年的从北到南线路，在夏至（6月21号）中午的太阳的位置在全年中是最高的，冬至（12月21号）这天中午太阳的高度是全年最低的。在太阳每年运行轨迹的任一点，太阳的高度角取决于纬度，纬度越高，太阳就显得越低。

　　太阳房的朝向直接影响着太阳房的性能和维护管理的难易程度。不同季节不同纬度太阳的高度角不同，不同方向的房屋得到太阳辐射量的多少也不一样。

　　假设正南向垂直面上冬季的太阳辐射量为100%，其他方向的垂直面所接受到的太阳能辐射如表4-5和图4-16所示。由图可知，当集热面的南向偏离角度在0°～15°之间时，太阳辐射量的损失不超过30%。所以，太阳能建筑的朝向在此范围内，即南偏东15°和南偏西15°，是比较合理的。

表4-5　偏离南向不同角度时太阳的辐射状况

偏离南向角度	辐射状况（%）	偏离南向角度	辐射状况（%）
0°	100	50°	70
10°	90	60°	59
15°	97	70°	49
20°	93	80°	41
30°	88	90°	34
40°	79		

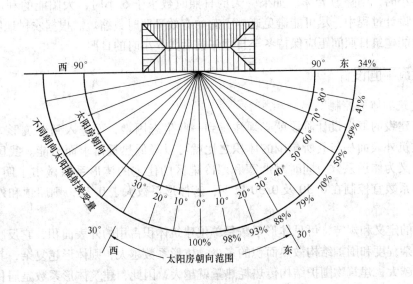

图 4-16　各方向太阳辐射状况

　　在限制建筑物的朝向偏离正南15°的条件下，还要根据其他气候条件对朝向略微调整。如果冬季常有晨雾，则略偏西为好，下午常出现云天，则略东为好。

　　根据不同的用途，朝向也可略微变化。例如，如果希望上午室温高一点，则太阳房方向选用南偏东10°～15°为佳；如果生活习惯是早上外出活动，傍晚回家，则希望下午日照时间长些，太阳房方向选用南偏西10°～15°为好。

　　（5）日照间距控制

　　为了取得良好的日照条件，同时在夏季利用建筑阴影达到遮阳的目的，建筑组团的相对位置要进行合理布局，可以用日照间距来衡量。日照间距是指为保证后排建筑在规定的时间获得所需的日照量，前后两排建筑之间所需要保持的一定的建筑间距。

一定的日照间距是建筑接受太阳辐射的条件，对于农村住宅来说，因为用地相对来说比较宽裕，层数少，建筑高度比较低，在争取最大日照上比较有优势。但建筑的间距过大会造成用地浪费，所以应对其进行合理选取。

日照间距的计算取冬至日为计算日，因为冬至日是全年太阳高度角最低，日出、日落太阳方位角最小的一天，当冬至日满足日照间距要求时，其他日期的日照间距也一定满足。日照间距可按下式简算：

$$L_t = H \cdot \left(\mathrm{tg}\varphi - \frac{\sin\delta}{\sin\varphi\sin\delta + \cos\varphi\cos\delta\cos\dfrac{5t}{2}} \right) \tag{4-3}$$

式中　L_t——保证 t 小时日照的间距，m；

　　　H——南侧遮挡建筑的遮挡高度，m；

　　　φ——所在地区的地理纬度；

　　　δ——冬至日太阳赤纬角。

通常冬季 9: 00 ~ 15: 00 之间 6 小时所产生的太阳辐射量占全天辐射总量的 90%，若前后各缩短半小时，则降为 75%。如果一天的日照时数小于 6 小时，太阳能的利用会大大下降，因此，设计过程中，尽可能避免遮挡引起的有效日照时数缩短。根据农村地区实际用地情况，太阳能建筑日照间距应保持冬至日中午前后共 6 小时的日照。

4.3.3　建筑平面设计

（1）建筑的体形控制

在城市建设的概念设计阶段就必须注意到一些生态因素，而进入到建筑形体设计的层面，通过建筑外表面积与其所包围的体积之比就可以降低热量需求而节能。我国的规范将这一比例定义为体形系数。同时对严寒和寒冷地区的住宅的体形系数做出了明确的规定：建筑物体形系数宜控制在 0.30 及 0.30 以下；若体形系数大于 0.30，则屋顶和外墙应加强保温。

从上述的定义和规定，可见体形系数是单位建筑体积占用的外表面积，它反映了一栋建筑体形的复杂程度和围护结构散热面积的多少，体形系数越大，则体形越复杂，其围护结构散热面积就越大，建筑物围护结构传热耗热量就越大，因此，建筑体形系数是居住建筑节能设计的一个重要指标。

为了更为直观地体现建筑形式与体形系数的关系，我们以多层住宅为例，对不同的长宽比和高长比的住宅节能效果做出了比较，如图 4-17 和图 4-18 所示：

通过图 4-17、图 4-18 的分析，表明了体形系数和各种简单几何图形及其图形分割的热量需求之间的关系。各图形代表相同体积的建筑体块，不同的建筑形式和建筑物外表面积得出建筑热量需求的相对百分数值。需要指出的是，上图并不意味着要求建筑师完全按照其标准进行设计，建筑师可以根据实际情况将其作为住宅层数和长度以及进深节能设计的重要参考。

总之，体形的设计策略应该遵循以下几个规律：首先，在建筑设计中，应当根据实际情况选取最佳的建筑体形；其次，在建筑的总面积和体积一定的情况下，根据体形系数的选择确定最佳的建筑长、宽、高的比例，使其成为户型设计的重要参考；最后，建筑的体形设计中要综合考虑户型使用、建筑形式等其他要求。

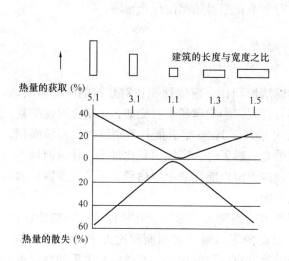

图 4-17　建筑长宽比与能耗关系图

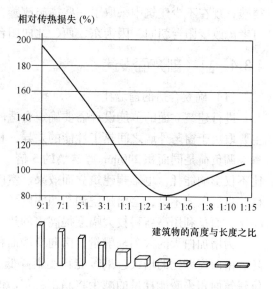

图 4-18　建筑高长比与能耗关系图

（2）空间的合理分区

由于人们对不相同房间的使用要求及在其中的活动状况各异，人们对不同房间室内热环境的需求也各不相同。在设计中，应根据这种对热环境的需求进行合理分区，即将热环境质量要求相近的房间相对集中布置。这样做，既有利于对不同区域分别控制，又可将对热环境质量要求较低的房间集中设于平面中温度相对较低的区域，对热环境质量要求高的设于温度较高区域，从而最大限度利用太阳辐射，保持室内较高温度，同时减少供热能耗。

热环境质量要求较低的房间，如住宅中的附属用房（厨房、厕所、走道等）布置于冬季温度相对较低的区域内，而将居室和起居室布置在环境质量好的向阳区域，使其具有较高的室内温度，并利用附属用房减少居室等主要房间的散热损失，以最大限度地利用能源，做到"能尽其用"，通过室内的温度分区，满足热能的梯级应用，运用建筑设计方法，使住宅空间成为热量流失的阻隔体，达到节能目的。

（3）阳光间的位置

为了保证主要使用房间（或质量要求较高的热环境分区）的室内热环境，可在该热环境区与温度很低的室外空间之间，结合使用情况，设置各式各样的温度缓冲区（Buffer Zone）。这些缓冲区就像一道"热闸"，不但可使用房间外墙的传热损失减少40%～50%，而且大大减少了房间的冷风渗透，从而减少了建筑的渗透热损失。设于南向的温度缓冲区常可当做附加日光间来使用，是冬季减少耗热的一个有效措施。

例如，封闭阳台使阳台空间成为一个阳光间。该空间介于室内与室外之间，具有中介效应。中介效应是指其成为室外和室内两者之间的缓冲区和过渡带，充当着中间协调者的角色，使自然界的冷热变化不会直接作用于居室内部，这样经过阳光间间接传递后的环境作用力大大降低了，从而改善了居室的热舒适环境。

普通阳台挑出尺寸1.2m左右，设于南向则对冬季日辐射造成遮挡，减少了宝贵的日照得热，现在不少建筑中采取了一些措施改善，如减少挑出尺寸，或封闭阳台等。从设计上也可考虑改变阳台朝向，因为东、西、北向阳台对冬季日照得热都没什么影响。

4.3.4 立（剖）面设计

（1）确立合适的窗墙比

进行建筑立面的节能设计需要确定合适的窗墙面积比。窗墙面积比对建筑能耗的影响，主要取决于窗与外墙之间热工性能的差异，相差越大，影响越显著。比如，单层金属窗的夏季空调负荷是同面积240mm厚砖墙的5倍，全年能耗是其36倍，能耗差别巨大。窗墙面积比不仅影响能耗，也影响建筑立面效果、室内采光、通风等。窗墙面积比过小，建筑通风不良，自然采光不足，会增加空调与照明能耗。但减少窗户能耗的根本途径，不是减少窗墙面积比，而是利用高新科技大幅度提高窗的热工性能。

为增加白天的太阳辐射量，南向窗墙面积比可适当增大。通过能耗软件进行模拟验证，随着南向窗墙比的增大，采暖能耗逐渐降低。当南向集热窗的窗墙面积比大于50%后，单位建筑面积采暖能耗量的减少将趋于稳定，但随着窗户面积的增大，通过窗户散失的热量也会增大，并且在夏季产生过热现象。因此，南向集热窗的窗墙面积比稍大于50%较为合适，同时也要做好夜间保温。

（2）南向集热立面设计

根据建筑物的体量大小、高低、长短来考虑，若想使建筑显得挺拔可以将集热板设置成竖向，并兼顾直接受益窗的大小和位置。若想使建筑有横向感，在窗台下和窗间墙设置横向集热板条，形成横向线条。

对直接受益窗根据建筑高度、尺度比例可以考虑设置凸窗，既可以扩大采光面又可丰富建筑立面，避免建筑立面的单调感。窗扇采用大窗扇减少窗框的遮阳。

集热墙面一般采用黑色涂层，因为黑色对太阳的辐射吸收系数为0.95，但是这样容易造成一片黑的缺陷，在设计时考虑用红褐色、酱红色或墨绿色来代替部分或全部纯黑色。尽管集热效果稍差一点，对太阳的辐射吸收系数在0.75~0.80范围内，但群众会容易接受。集热器边框作成细线条形成立面分割线产生分割感避免立面单调。

直接受益窗和蓄热墙直接的组合方法，可以参考图4-19（a）~（f）列出的几种形式：

（3）剖面层高与进深的比例

按房间高度内温度分层的观点，房间内的温度是分层的，有一个温度梯度，热空气密度小，容积轻，分布在房间的上部。从采暖的观点看，房间容积越小，越有利于采暖。所以层高太大的房间不如层高小的使人感到暖和，房间越大，耗能也相对较高。一般以净高2.8m为宜，但也考虑适当加大，但不宜过大。

同时，当被动式太阳能建筑的层高及窗墙比一定时，其可利用的最大集热面积不变。因为建筑的进深过分加大会导致建筑的节能率降低，所以建筑的进深应不超过层高的2.5倍，集热面积占总建筑面积的比例才能得以保证。

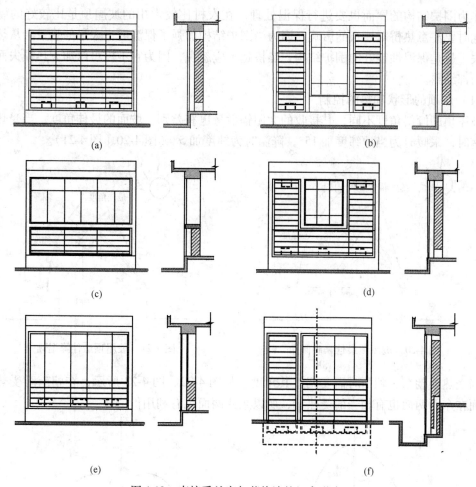

图 4-19　直接受益窗与蓄热墙的组合形式

（a）通间式；（b）窗间墙式；（c）槛墙式；（d）连通式；（e）槛墙与窗结合式；（f）向下延伸式

4.3.5　围护结构设计

建筑具有保温良好的外围护结构是建筑充分利用太阳能的前提条件，因此要对外墙、屋面、门窗以及集热构件进行保温设计。

要加强对门窗的保温处理，因为门窗的热损失占围护结构的热损失的 20% ~ 30%，是围护结构中节能的重要部位。其措施主要有：加强节能型窗框和节能玻璃的普及应用，减小窗户的整体传热系数。中空塑钢窗是目前采用较普遍的一种节能门窗，可以推广使用；加强门窗的密闭性，减少冷风渗透，可以采用塑料薄膜等密封材料在冬季对门窗进行密封处理，这是在农村窗户传热系数比较大的情况下经常采用的一种方式，效果比较好。

在设计中，对于墙体，可采取降低北向房间层高和减少东、西、北外侧坡度大的斜屋顶的坡度的方法。墙体材料方面，应采用传热系数小的材料，复合墙体的保温性能比单一材料的性能要好。出于对建筑节能的需要，应该对单一材料的墙体进行保温处理。保温层的厚度越大，墙体的传热系数越小，但是随着厚度的增加，其收效降低，所以保温层都有一个最佳厚度问题。保温层的位置以外保温为佳，因为这样可以防止内部结露而且可以改善人体的舒适度，其次是将保温层置于围护结构中间为最佳。避免内保温，因为这样容易引起内表面结露。

作为围护结构的屋面也要进行保温处理，在农村比较常用的坡屋顶是比较好的屋面形式。同时要注意热桥对建筑的影响，因为当围护结构加强了保温后，大量的热量会从热桥部位散失。越是保温性能好的围护结构，热桥越不应忽视，因为它不仅可以加大热损失而且易形成内部结露。

（1）屋顶的形状和热的控制

坡屋顶的倾斜角度不同，其接收的太阳辐射量也有差别。坡面的最佳角度，当受热面朝向正南时，采暖时为当地纬度加15°，降温时为纬度加5°（图4-20、图4-21）。

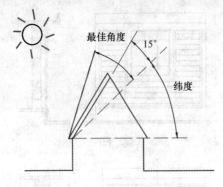
图4-20　坡屋顶最佳采暖倾角

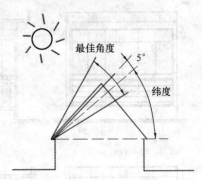
图4-21　坡屋顶最佳降温倾角

当受热面朝东、朝西时需要调整其角度。如图4-22、图4-23所示，在朝南时受热量很大，而在东西两面也有相当的受热量，所以东西两面也有利用价值。

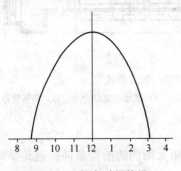
图4-22　朝南时得热量

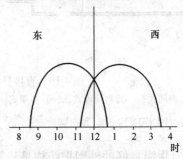
图4-23　朝东、西时得热量

得热面的面积要大于室内地板面积，而且在面对南向时开口越大，得热效果越好；反之，热损失的面积应该比地板面积小。而且不面对热损失的方向（冬季主导风向等）的屋顶形式就不容易散失热量。

比如为了增大南向的受热面积，在冬季提高直接得热的效果，可以用大屋顶将北面的墙压低，再在北面的墙外堆土，把来自北风及其他北面的热损失减少到最低程度。而在热损失较大的开口部位，可以用双层玻璃窗，或在内侧安装隔热门（图4-24）。

（2）墙体的设计

首先必须设定墙体所要求的热能特征，也就是确定墙体是集热面还是应该遮挡太阳辐射的面，是蓄热的面还是隔热的面。有时可以利用墙体的形态来达到墙体所要求的热能特征。在设计墙体的时，要对以下内容进行考察：墙体的朝向、墙体的倾斜度、墙体的配置、墙体可能具备的热能特征。

在北方寒冷地区，为了冬季得热，住宅主要立面就应该面向南侧，而为了减弱夏季西墙的西晒影响，可以考虑调整西墙的形式（图 4-25）。

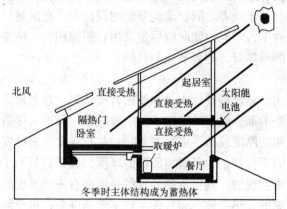

图 4-24　冬季得热模式

图 4-25　东西侧墙处理方式

墙面受到太阳辐射量的多少，取决于墙面的倾斜程度，显然对于寒冷地区的住宅，近乎垂直于阳光直射方向的墙面是最佳倾斜角度。

墙面的特性（集热、隔热、蓄热、保温）取决于墙体的位置，可以根据墙体的位置设定墙体的特征。被动式太阳能住宅的原理，就是以南面为集热面，将其他面的热损失降低到最小，而中间为蓄热部位。另外还可以考虑将墙体的功能复合，太阳能集热墙就同时具备了集热、蓄热的特性（图 4-26）。

可以设法改变墙体的热能特性。比如普通玻璃幕墙冬季白天可以获得较多的太阳辐射热能，但是晚间的热损失也很大。塑料颗粒填充墙，在双层玻璃之间填充塑料颗粒，提高夜间隔热性；白天将塑料颗粒吸聚起来，以获得更多的太阳辐射热。夏季则可以以相反的方式运用。

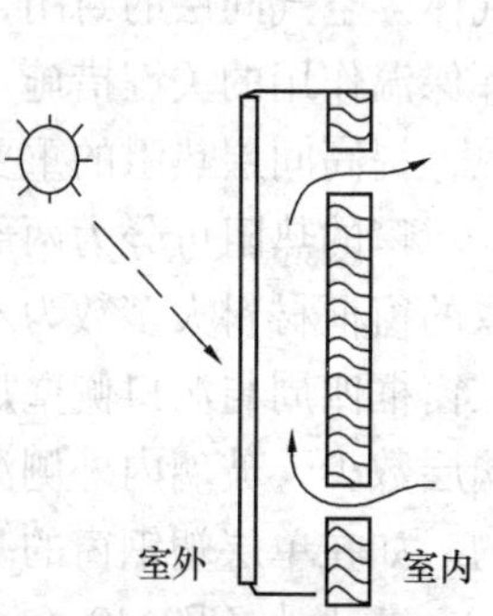

（3）门窗设计

在建筑围护结构的门窗、墙体、屋面、地面四大围护部件中，门窗的绝热性能最差，是影响室内热环境质量和建筑节能的主要

图 4-26　集热蓄热墙

因素之一。增强门窗的保温隔热性能，减少门窗能耗，是改善室内热环境质量和提高建筑节能水平的重要环节。

①窗户的朝向

南向在冬季照射的太阳辐射热量最大，而夏季小，东西向夏季的辐射热量大于南向。因此采用南向窗可以得到"冬暖夏凉"的效果。目前在北方寒冷地区的建筑设计中，在建筑构造允许的情况下应尽量开大南窗，适当开设东西向窗，减少或不设北向窗，以达到多获取太阳能而减少热损失的目的。此外，主导风向也影响着室内热损失及夏季室内的自然通风，因此在选择窗的朝向时，应在考虑日照的同时注意主导风向。在北方寒冷地区，大部分主要居室及窗的布置，应避免对着冬季主导风向，以免热损耗过大，影响室内温度。

②窗户的形状

窗口面积一定时，窗口形状不同，对室内日照时间和日照面积也有一定影响。以冬季室内日照情况分析，扁形窗户比长形窗户有较多的日照时间。从南向窗口的日照面积来看，长形窗户比扁形窗户更为大。窗口在东南、西南和东、西朝向的日照面积，扁形窗户比长形窗户更为大。正方形窗的日照时间及日照面积，处于两者之间。建筑节能的设计中，在满足结构及立面要求的同时，在窗户面积确定的条件下，不同的朝向应尽量采用日照面积大、使室内日照时间长的窗户形状，从而增加建筑物的得热量，达到节能的目的。

③门、窗保温性能

采用多层玻璃窗提高窗户保温性能的做法，早已被设计人员和使用者所认识。东北地区早已普遍采用双层玻璃窗，近几年，黑龙江省的部分城市还采用了三层玻璃窗。目前大多数厂家生产的单框双玻璃窗，玻璃之间的空气间层厚度较薄，多数在 10mm 左右，没有充分发挥空气间层的作用。采用多层玻璃窗，其目的不仅仅是为了增加玻璃的厚度，如果只是为了增加玻璃的厚度，采用单层玻璃窗是完全可以实现的，其更重要的目的是形成有一定厚度的空气间层，因为空气的导热系数远远小于玻璃的导热系数。而且，从热工学角度看，由于间层内空气对流状态对换热程度的影响，当空气间层的厚度小于 40mm 时，其热阻值是随厚度的增加而增大的，但达到或超过 40mm 时，其热阻接近定值，不再随厚度的增加而增大。所以，采用双层玻璃窗时，其空气间层的厚度应不小于 40mm，以充分地发挥空气间层的作用。

空气的导热传热性能差，但对流换热性能好，为提高空气间层的保温性能，避免或减少空气的对流换热，空气间层必须是密闭状态（亦称中空状态），甚至是真空状态或充填惰性气体。空气间层的封闭，是避免间层内的气体与外部的空气进行对流换热，确保空气间层发挥保温作用的关键措施。真空的间层或充填惰性气体，是为避免或减少间层内部气体的换热，提高间层热阻的重要措施。

窗的热阻可分为两部分，窗框（窗棂）部分和窗玻璃部分。北方寒冷地区农村住宅选取的窗框材料大多数为木窗或铝合金单层平板窗。在窗框与窗洞侧壁交接处易产生热桥，需在窗框四周与洞口侧壁加保温材料。这样不仅可以消除热桥，还可以消除洞口结露；由于玻璃层数少，玻璃内外侧温差大，易产生结露，所以采用双玻璃窗来增加窗的热阻是最为经济的。如在单层塑钢窗的基础上再增加一层玻璃，即形成空气间层，窗的热阻由 0.22（$m^2 \cdot K$）/W 增加到 0.40（$m^2 \cdot K$）/W，节能 45%，成本仅增加 20%。

《民用建筑节能设计标准（采暖居住建筑部分）》规定，如果建筑物的窗墙比，北向不超过 0.25，东西向不超过 0.30，南向不超过 0.35，则：

对窗户的传热系数规定为：$K \leqslant 4.0 \sim 4.7$ W/（$m^2 \cdot K$）；

对外门的传热系数规定为：$K \leqslant 2.5$ W/（$m^2 \cdot K$）。

④门窗在夜间的热消耗

由于窗户的热损失主要是在夜间及阴天发生，因此，给窗户增加一些辅助保温措施十分必要。例如可在窗户上加一层保温窗板，这种保温窗板可用泡沫珍珠岩填充制成，也可直接采用绝热性能好的聚苯乙烯板材等制成；也可以在玻璃窗内侧增设带有反射绝热材料的保温窗帘，它们均可以使窗户的保温效果得到提高，达到明显的节能效果。另外还可把活动百叶装在单层窗内侧或装在双层窗中间也是良好的窗保温措施。叶片由高反射率，低发射率的材料制成，如抛光铝。白天打开百叶，太阳通过叶片反射进入室内，晚间或阴天关上百叶，它和窗形成空隙，加大热阻，达到保温目的。窗的保温措施在太阳能采暖建筑中应用较为普遍。北欧各国早就在住宅建筑中采用凸形窗和窗口外侧设保温窗扇，这样就能更好地接受太阳的辐射热和避免散热。

4.3.6 建筑材料选择

被动式太阳房在设计建造时应使太阳房尽可能多地接收到太阳辐射，并具备良好的蓄热功能，以使太阳房内昼夜的温度波动幅度减少，并防止夏季过热现象的发生，同时还应提高太阳房围护结构的保温程度，以减少不必要的热损失。那么为了更好解决这些问题，就应合理地选择被动式太阳房专用的建筑材料，才能使太阳房达到理想的热舒适效果。

（1）衡量被动式太阳房优劣的一个主要方面是是否能够获得足够的太阳辐射量，而太阳辐射是要经过太阳房的透光材料进入室内的。目前常用于被动式太阳房的透光材料有普通玻璃和复合增强透光材料（有机玻璃、聚苯乙烯）。这二者各有优缺点：普通玻璃经济合理，刚度大，透过率高，不受一般化学性物质侵蚀，卫生，但易碎且不易加工成曲面；而复合增强透光材料具备很高的透光率，质量又轻、抗拉、抗压强度也高，但耐光老化性较差，长期受到室外气候侵蚀，性能会快速下降。

（2）太阳辐射能被房间吸收后，房间应有足够的保温性能，才能维持一定的温度。而保温节能的重要环节就在于保温材料的选择。保温材料一般都是多孔、疏松、质轻的泡沫或纤维状材料，保温材料的导热系数越小，则透过其传递的热量越少，保温性能就越好。一般保温材料的导热系数处于 $0.05 \sim 1.10$ w/（m·K）范围之内。目前常用于被动式太阳房的保温材料主要有岩棉制品、石棉制品、玻璃棉制品、聚苯乙烯制品等。

（3）冬季采暖期的太阳房围护结构材料应具备较强的蓄热能力，才能解决太阳房在采暖期室内周期性昼夜温度波动较大的问题。而建筑材料的蓄热性能取决于导热系数、比热容、容重以及热流波动的周期，建筑材料的容重大，蓄热能力就大，那么储存的热量就越多，所以就太阳房设计而言，围护结构中要求蓄热材料具有较高的体积热容量和导热系数。目前我国被动式太阳房中常用的蓄热材料就是砖石和混凝土。同时，多年来人们在太阳房设计时除了考虑建筑物围护结构所采用的建筑材料性能以外，还寻求利用材料的有效显热和潜热储存方法来解决太阳房采暖过程中会出现的温度波动现象。在显热储热系统中，显热储存通常用液体（水）和固体（岩石）两类材料，而潜热储存方式是利用储能密度高和温度波动小的储热材料。潜热储存是通过物质发生相变时需要吸收（或放出）大量热量的性质来进行热量储存，所以也称相变储存，其常用材料主要有无机盐的水合物和盐水溶液。事实上早在 1981 年，甘肃自然能源研究所在兰州市红古区试验点建造的一座被动式太阳房就以十水硫酸钠作为其相变储热材料了。当然从实际应用的情况来看，相变储热作为太阳房储热材料还没有真正能够大规模地应用，还处于不断探索与研究阶段。

4.4 被动式太阳能采暖的热工计算和效果评价

对被动式太阳能建筑的舒适性和节能率进行评估的目的，是为了实现在任何天气情况下都能满足人们对热舒适性的基本需求。由于被动太阳能建筑受室外天气影响强烈，其热性能具有不确定性，而太阳能贡献率不可能达到 100%。因此，在连阴天、下雪天、下雨天等特殊时期，为保证室内的设计温度，配置合适的辅助能源系统都是有必要的。

4.4.1 太阳能采暖的辅助耗热量计算

研究太阳能建筑辅助耗热量的意义主要由太阳能的特点决定，太阳能具有很多不必赘述的优点，但也有两个主要缺点：一是能流密度低，二是其强度受各种因素（季节、地点、气候等）的影响，不能维持稳定。

太阳能建筑受室外天气影响强烈，使得太阳能建筑的热性能具有不确定性，如果要实现在任何天气情况下都满足人们对热舒适性的需求，必须采用辅助热源或冷源作为补充，形成被动采暖和人工采暖相结合的联合采暖系统，在这个系统中，辅助热源供热量的设计和辅助热源的运行控制是保证被动式太阳能建筑高效、舒适的关键所在。其设计和控制都以被动式太阳能建筑所能获得的太阳热量及其变化特点为基础，所以计算太阳房的辅助耗热量对推广太阳能建筑尤为重要。

太阳能建筑的辅助耗热量（也称为"热源量"）是指太阳能建筑为使室内达到舒适温度，在除了使用太阳能手段获得的热量以外还需要其他辅助热源补充供给的耗热量。普通太阳房在晴天和阴天时都需要，零辅助热源太阳房在阴天时也需要辅助热源。

目前确定太阳能建筑辅助耗热量有逐月计算方法，例如太阳得热负荷比法，逐时计算方法有热网络法，导纳计算法等，以及计算机模拟的相关方法，它们各自的适用范围如下：

太阳得热负荷比法能够得到建筑用于加热和冷却目的的逐月平均能量需求，适用于项目的设计阶段，并给出了计算月辅助热源量的计算公式，但对分析不同天气状况下的辅助热源量是不足的，也不能核算建筑的蓄热性能和室内温度逐时波动情况。

如果考虑蓄热作用和了解房间温度的波动，就得使用瞬态方法。瞬态算法是对太阳能建筑建立数学模型，逐时分析其得热和失热。其他还有被动式太阳房集热部件效率的计算方法。

在关联式方法中，使用月气象数据预测逐月性能，所得的结果以一个或几个关联参数的形式表示，热关联式源于逐时计算机模拟的数据，以相关系数的形式表示。其中，太阳能加热量被视为采暖负荷的一部分，并考虑了建筑热质的量、建筑的方位等。

以下为辅助耗热量计算方法的大致分类和优缺点的对比：

（1）逐月分析方法

太阳房采暖设计的 SLR 法主要用于计算在室温低于基础温度 T_b 期间由辅助供热系统向房间提供的使室温不低于 T_b 所需要的辅助热源量 Q_{aux}。在该算法在冬季采暖有两方面的前提要求：

① 要有一定的室内空气温度和围护结构内表面温度；

② 要有一定的热稳定性，对室内空气的温度波动要有一定的限制。

太阳房的热平衡和太阳房的使用条件有关，据调查，我国目前太阳能采暖房的冬季室温不高，通常不考虑冬季开窗降温以及由此引起的热损失。

经动态模拟计算整理出不同类型的太阳房在 $Qin = 0$ 时的太阳能供暖率 SHF 和太阳得热负荷比 SLR 之间的函数关系，一般表达式：

$$SHF = f(SLR) \tag{4-4}$$

（2）逐时分析方法

①矩阵导纳计算方法

利用热导纳方法可以得到建筑的冷热负荷，它考虑墙体和室内空气的对流辐射的换热系数，热导纳定义为：$Y = Q/T$

如果 T 表示室内温度的变化，Q 表示通过内表面的热流率，Y_s 就被称为自导纳，Y_r 表示室外温度的变化引起的室内的热流的传递导纳。

②热网络计算方法

用热网络分析被动式太阳能建筑的能量关系，将房间分成 n 个节点，每个节点和其他的节点之间有热阻的网络连接，在每个节点的热平衡方程式可以写成：

$$T_{i,p+1} = \frac{\Delta t}{C_i}\left(\left(q_i + \Sigma \frac{T_{j,p} - T_{i,p}}{R_{i,j}}\right) + T_{i,p}\right) \tag{4-5}$$

式 4-5 表示节点 i 的能量平衡，j 表示所有连接到节点 i 的节点，p 是时间间隔，q 是连接到节点 i 的热流，例如辅助热源，太阳辐射等，C 表示连接到 i 的热容，为了达到计算的稳定性，时间步长的选择为：

$$\Delta t \leqslant \min\left(c_i \Big/ \sum_j \frac{1}{R_{i,j}}\right) \tag{4-6}$$

（3）计算机软件模拟的方法

国外在太阳房的动态热工计算方面的研究起步较早，美国威斯康星大学太阳能实验室于 1981 年提出了可用来计算主动式太阳能系统和集热墙式等被动房的模拟程序 TRNSYS，Ellis 利用能耗模拟软件 EnergyPlus 对无风口式特朗勃墙集热系统进行了模拟研究，并对照实验进行了验证，得出了在设定温下的逐时辅助热源量。

我国甘肃自然能源研究所也开发了一套被动太阳房的模拟程序，对太阳房进行能量的动态分析，清华大学也提出了自己的可用于计算直接受益式、特朗贝墙式、水墙式及其组合形式的被动房模拟计算程序 WDPEN 及 PHSP，目前开发的 DeST-s 就是针对被动式太阳能建筑能耗分析的模拟软件。

Ecotect 计算透过窗户的太阳辐射量，太阳辐射什么时候发生，什么时候消失。然后，你可根据这些信息选择直接或间接太阳能增益系统。这就意味着，设计者需要具备一些基本建筑物理学知识。对于 TrombeWall 结构的太阳房，它也可以模拟其热性能。

（4）以上计算方法的对比分析

通过对以上计算方法原理的分析，可以总结各个方法的特点：以上的方法有的针对逐月分析，有的可以逐时分析，但所有的计算方法都根据太阳能建筑自己本身的特点，主要考虑集热部件的作用：

SLR 法在太阳房的设计及负荷的概算方面有它的优点，它的缺点是在计算的过程中，针对不同的结构形式，需要不同的 SLR-SHF 曲线，才能计算逐月的负荷，对于考虑辅助热源的控制显得不足。

在逐时分析方法中，矩阵导纳的基础是谐波分析法，对于周期性的条件的处理比较好，然而热网络法则考虑的因素较多，物理概念比较清晰，很容易和辅助热源的控制结合在一起，将辅助热源输入到温度的节点上去；缺点就是计算较为复杂、耗时。

软件模拟是目前研究的热点，它的直观快速性，使得建筑负荷的计算和能耗的模拟摆脱了以往大量方程的求解过程。

关联式源于模拟数据，因此预测结果不会优于计算机模拟，但是适合于手算。

从以上被动式太阳能建筑中辅助热源的运行和控制的研究现状可以看出，辅助热源在很多地方涉及，但很少专门对此进行研究。辅助耗热量计算是太阳能建筑在城市普及应用的瓶颈，因此辅助热源和耗热量的设计在太阳能建筑设计中占有一个很重要的地位。

对于太阳能建筑辅助热源量的研究，目前的做法大部分是估算，在农村的建筑中采用火炉或者火炕采暖，大都根据经验而定，造成了室内温度的波动很大，且不能满足舒适的要求，辅助热源的动态变化是研究系统的基础。

辅助热源是影响太阳能建筑热性能的一个因素，除此之外，还有建筑遮阳、通风以及影响舒适的噪声等，从绿色节能建筑、新能源利用和智能控制构成的集成系统来研究发展太阳能建筑，是未来发展的方向。在考虑影响建筑的各个因素的条件下，不宜建立被控对象的精确的数学模型。采用人工智能的方法对建筑进行控制分析，是有效的，而且是符合建筑可持续发展，以人为本的哲学思想。

4.4.2　被动式太阳能节能效果评价

我国现行的节能标准中，关于太阳辐射对室内环境的影响这个问题，处理方法是比较粗略的。尤其是当建筑采用了一些太阳能集热构件，例如集热蓄热墙和附加阳光间时，太阳能对室内的贡献更是无法定量获得。然而，在我国大部分地区、特别是北方地区，有着丰富的太阳能资源，利用太阳能这种可再生能源采暖达到既提高室内热环境质量，又降低建筑能耗的目的，是一种非常重要的可持续发展策略。当建筑设计人员有意识地在建筑中设计一些太阳能集热构件并注重相应的保温、蓄热性能时，普通的建筑就可以成为积极利用太阳能的"被动式太阳能建筑"。设计优良的太阳能建筑，可能仅需要很少量的其他热源提供的热量，有些甚至能做到不需要常规能源。对于这类建筑的热工性能评价，准确获得其太阳能的贡献率是首要的前提条件。然而，由前面的分析可知，普通节能建筑的热工性能评价方法在太阳辐射问题的处理上是比较简单粗略的，不适合用于太阳能建筑的评价，适合太阳能建筑节能性能评价的方法是非常需要。

（1）计算方法简介

被动式太阳能采暖建筑节能性能评价方法，包括如下步骤：得到建筑的净负荷系数；得到集热系统净玻璃投影面积；得到建筑的负荷集热比；通过常规方法得到 *LCR-SSF* 的关系曲线，并根据 *LCR-SSF* 曲线关系图，利用 *LCR* 的值查得建筑的被动式太阳能采暖节能率 *SSF*；得到所设计建筑采暖期内日均所需的由辅助供暖设备供给的热量；得到建筑的辅助耗热量指标。本发明克服了现行建筑节能设计标准中对太阳辐射的考虑粗略，在太阳能采暖建筑性能评价方面的不足，对于采用若干种集热方式的建筑进行节能性能评价，使得评价结果更加科学合理。

被动式太阳能采暖建筑节能性能评价中，如果只采用 1 种集热方式的建筑进行被动式太阳能采暖性能评价，具体包括如下步骤：

步骤 1：通过式（4-7）得到建筑的净负荷系数 *NLC*：

$$NLC = 24 \times \left(3.6 \times \sum_{i=j+1}^{m} A_i K_i + nV\bar{\rho}_a c_p \right) \tag{4-7}$$

式中，*m* 为建筑外围护结构的编号总数；*j* 为具有建筑集热系统的外围护结构的编号总数；i 为围护结构的编号；A_i 为围护结构 i 的面积，m^2；K_i 为围护结构 i 的平均传热系数，$W/(m^2 \cdot K)$；n 为房间每小时的换气次数，次/h，取 1.0；V 为建筑体积，m^3；$\overline{\rho_a}$ 为室外空气平均密度，kg/m^3；c_p 为空气的定压比热容，$kJ/(kg \cdot \math{℃})$，在常温范围内取 1.005；

步骤 2：通过式（4-8）得到集热系统净玻璃投影面积 A_p：

$$A_p = A_g \cdot X_m \cdot C \tag{4-8}$$

式中，A_g 为建筑集热窗的总面积，m^2；X_m 为集热系统的有效透光面积系数；C 为集热系统玻璃的污垢遮挡系数，取 0.9；

步骤 3：通过式（4-9）得到建筑的负荷集热比 LCR：

$$LCR = NLC/(A_p \times 24 \times 3.6) \tag{4-9}$$

式中，LCR 为建筑的负荷集热比，$W/(m^2 \cdot K)$；A_p 为集热系统净玻璃投影面积，m^2；

步骤 4：通过常规方法得到 LCR-SSF 的关系曲线，并根据 LCR-SSF 曲线关系图，利用步骤 3 得到的 LCR 的值查得建筑的被动式太阳能采暖节能率 SSF；

步骤 5：利用式（4-10）和式（4-11）得到所设计建筑采暖期内日均所需的由辅助供暖设备供给的热量 $\overline{Q}_{aux}$：

$$Q_{aux} = (1 - SSF) \cdot \overline{Q}_{net} \tag{4-10}$$

其中，

$$\overline{Q}_{net} = NLC \cdot \Delta t \tag{4-11}$$

式中，SSF 为被动式太阳能采暖节能率；$\overline{Q}_{net}$ 为建筑的总负荷，kJ/d；NLC 为建筑的净负荷系数，不含南向集热构件部分，$kJ/(d \cdot \math{℃})$，按式（4-7）计算；Δt 为室内设计计算温度 t_n 与采暖期室外平均温度 t_e 的差值，$\math{℃}$；

步骤 6：利用式（4-12）得到建筑的辅助耗热量指标 q_e：

$$q_e = \frac{\overline{Q}_{aux}}{24 \times 3.6 \cdot A_0} \tag{4-12}$$

式中，q_e 为建筑物的辅助耗热量指标（W/m^2）；$\overline{Q}_{aux}$ 为设计建筑采暖期内日均所需的由辅助供暖设备提供给建筑的热量，kJ/d；A_0 为设计建筑的建筑面积，m^2。

对于采用 t 种集热方式的建筑进行被动式太阳能采暖建筑性能评价，$1 \leqslant t \leqslant 3$，具体包括如下步骤：

步骤 1：通过式 4-13 得到建筑的净负荷系数 NLC：

$$NLC = 24 \times \left(3.6 \times \sum_{i=j+1}^{m} A_i K_i + nV\overline{\rho_a}c_p\right) \tag{4-13}$$

式中，m 为建筑外围护结构的编号总数；j 为具有建筑集热系统的外围护结构的编号总数；i 为围护结构的编号；A_i 为围护结构 i 的面积，m^2；K_i 为围护结构 i 的平均传热系数，$W/(m^2 \cdot K)$；n 为房间每小时的换气次数，次/h，取 1.0；V 为建筑体积，m^3；$\overline{\rho_a}$ 为室外空气平均密度，kg/m^3；c_p 为空气的定压比热容，$kJ/(kg \cdot \math{℃})$，在常温范围内取 1.005；

步骤 2：通过式（4-14）和式（4-15）得到不同集热方式的集热系统的净投影面积 A_{pt} 和总集热面积 $A_{p总}$：

$$A_{pt} = A_{gt} \cdot X_{mt} \cdot C_t \tag{4-14}$$

$$A_{p总} = \Sigma A_{pt} \tag{4-15}$$

式中，A_{gt} 为每种集热方式的集热窗面积，m^2；X_{mt} 为不同集热系统的有效透光面积系数；

C_t 为不同集热系统玻璃的污垢遮挡系数，取 0.9；

步骤 3：通过式（4-16）得到建筑的负荷集热比 LCR；

$$LCR = NLC/(A_{p总} \times 24 \times 3.6) \tag{4-16}$$

式中，LCR 为建筑的负荷集热比，W/（$m^2 \cdot K$）；$A_{p总}$ 为各种集热方式的集热系统净玻璃投影面积的加和，m^2；

步骤 4：通过常规方法得到 LCR-SSF 的关系曲线，并由 LCR 的值分别查询不同地区、不同集热方式、不用窗户类型下的 LCR-SSF 曲线关系图，查得不同集热方式下被动式太阳能采暖节能率 SSF_t；按式（4-17）按集热玻璃面积比例加权得到总的被动式太阳能采暖节能率 $SSF_总$：

$$SSF_总 = (\Sigma SSF_t \times A_{pt})/A_{p总} \tag{4-17}$$

步骤 5：利用式（4-18）和式（4-19）得到所设计建筑采暖期内日均所需的由辅助供暖设备供给的热量 $\overline{Q}_{aux}$：

$$\overline{Q}_{aux} = (1 - SSF_总) \cdot \overline{Q}_{net} \tag{4-18}$$

$$\overline{Q}_{net} = NLC \cdot \Delta t \tag{4-19}$$

式中，$SSF_总$ 为总的被动式太阳能采暖节能率；$\overline{Q}_{net}$ 为建筑的总负荷，kJ/d；NLC 为建筑的净负荷系数，不含南向集热构件部分，kJ/（d $\cdot$ ℃），按式（4-7）计算；Δt 为室内设计计算温度 t_n 与采暖期室外平均温度 t_e 的差值，℃；

步骤 6：利用式（4-20），根据 $\overline{Q}_{aux}$ 的值计算得到建筑的辅助耗热量指标 q_e：

$$q_e = \frac{\overline{Q}_{aux}}{24 \times 3.6 \times A_0} \tag{4-20}$$

式中，q_e 为建筑物的辅助耗热量指标（W/m^2）；$\overline{Q}_{aux}$ 为设计建筑采暖期内日均所需的由辅助供暖设备提供给建筑的热量，kJ/d；A_0 为设计建筑的建筑面积，m^2。

在实际应用过程中，LCR-SSF 的关系曲线可以通过常规方法得到。发明人在研究过程中，以太阳能资源丰富的拉萨和林芝地区为例进行了 LCR-SSF 的关系曲线的计算和绘制。通过对当地居住建筑的实地调研发现，4 单元 5 层的居住建筑在当地是非常常见的居住建筑形式，所以在计算过程中以此建筑为典型建筑，利用热量平衡原理对此太阳能建筑的得失热量进行了计算，分别得到不同地区、不同集热方式、不用窗户类型下的 LCR-SSF 关系曲线，具体过程如下：

式（4-21）为太阳能建筑的热平衡方程式，式中包括太阳能建筑的各种得热项和失热项。这些热量可以采用手算的方法获得，也可以采用能耗模拟软件（如 DOE-2，Energyplus 或 Dest）进行能耗模拟获得。由式（4-10）可以获得为典型太阳能建筑为达到室内设计温度所需要的太阳能以外辅助热量 $Q_{aux,typ}$；然后，根据式（4-22）和式（4-23）整理、统计出不同的 LCR 值对应的 SSF 的值，绘制成 LCR-SSF 的关系曲线图以备查用；

$$Q_{aux,typ} = NLC \cdot (t_n - t_e) + Q_p - Q_{ls} + Q_{ob} + Q_{in} \tag{4-21}$$

$$SSF_{typ} = 1 - Q_{aux,typ}/Q_{net,typ} \tag{4-22}$$

$$Q_{net,typ} = NCL_{typ} \cdot \Delta t \tag{4-23}$$

式中，$Q_{aux,typ}$ 为典型太阳能建筑为达到室内设计温度所需要的太阳能以外辅助热量，kJ/（$m^2 \cdot d$）；Q_p 集热系统每平方米净投影面积的日辐照量，kJ/（$m^2 \cdot d$）；t_n 为室内设计计算温度,℃;t_e 为采暖期室外平均温度,℃;Q_{ls} 为集热部件的传热损失;Q_{ob} 为集热部件以外的其他围护结构所接收太阳辐射导致的房间得热量,kJ/d;Q_{in} 为室内人员、照明及设备所产生的内部的热量,kJ/d。$Q_{net,typ}$ 为典型建筑的总负荷,kJ/d;NLC_{typ} 为典型建筑的净负荷系数,不含南向集热构件部分,kJ/(d·℃),按式(4-7)的方法进行计算。

(2)评价计算实例:

拉萨市一栋 4 单元 5 层的居住建筑,层高为 3.0m,为南北朝向。该建筑各部位围护结构的传热系数如表 4-7 所示。该建筑每单元一梯两户,户型呈对称布置,每户有两个南向房间,其中一个房间为直接受益窗,窗户为单层塑钢窗。另一房间外带附加阳光间,阳光间窗户亦为单层塑钢窗。其他计算参数如表 4-6 所示:

表 4-6 示例建筑耗热量指标计算用参数

室内设计计算温度 t_n (℃)	采暖期室外平均温度 t_e (℃)	空气比热容 C_p kJ/(kg·℃)	换气次数 n	空气密度 ρ (kg/m³)	建筑体积 V_f (m³)	建筑面积 (m²)	有效面积系数 X_m
18	1	1.005	1	0.827	11590.41	3863.47	0.85

首先对示例建筑各部位面积进行统计,并按照前文中的步骤进行,计算结果如表 4-7 所示,计算过程中需要查拉萨市直接受益窗单层、单框双玻窗 *LCR-SSF* 关系曲线和附加阳光间 *LCR-SSF* 关系曲线。

表 4-7 示例建筑耗热量指标计算过程

计算项目		面积 F_i	传热系数 K_i	温差修正系数	$K_i \times F_i$
		m²	W/(m²·K)	n	W/K
外　墙	南	348.0	1.3	1	445.4
	东	140.1	1.3	1	179.3
	西	140.1	1.3	1	179.3
	北	674.4	1.3	1	863.2
外　窗	南	690.0	4.7	1	3243.0
	东	27.5	4.7	1	129.0
	西	27.5	4.7	1	129.0
	北	219.6	4.7	1	1032.1
不采暖楼梯间	户门	75.6	2.7	0.6	122.5
	隔墙	656.4	1.8	0.6	720.7
屋　顶		723.7	0.8	1	579.0
地　面		682.9	0.3	1	235.6
冷风渗透系数		$nV\bar{\rho}_a c_p$			9661.95
A_{p1}	卧室	$A_p = A_g \cdot X_m \cdot C$			253.40
A_{p2}	客厅				274.50
$A_{p总}$					527.90
NLC		$NLC = 0.24\left(3.6\sum_{i=j+1}^{m} A_i K_i + nV\bar{\rho}_a c_p\right)$			630645.04
LCR		$LCR = NLC/(A_p \times 24 \times 3.6)$			13.83
SSF_1					0.38
SSF_2					0.45
$SSF_总$		$SSF_总 = (SSF_1 A_{p1} + SSF_2 A_{p2})/A_{p总}$			0.42
$\overline{Q}_{net}$		$\overline{Q}_{net} = NLC \cdot \Delta t$			10720965.73
$\overline{Q}_{aux}$		$\overline{Q}_{aux} = (1 - SSF)\,\overline{Q}_{net}$			6256766.97
q_e		$q_e = \overline{Q}_{aux}/A_0/24/3.6$			18.75

从表4-6、表4-7可以得出，对于待评价的建筑，南向的附加阳光间和集热蓄热墙可以达到的太阳能供暖率为0.42，除了被动式太阳能供暖以外，要达到室内18℃的温度，还需要为该建筑单位平米面积提供18.75W其他形式的辅助热量。

第5章 被动式降温设计

5.1 被动式降温概述

随着我国经济的快速发展和人民生活水平的提高，建筑节能已成为可持续发展的重要组成部分。当今建筑由于其庞大的面积基数，未来的能耗增长不容小觑，建筑节能的工作重点应是尽量利用被动式技术，减少能源消耗和能源需求的增加，而降温能耗也可以通过高效的被动式设计策略来降低，这就是被动式降温。被动式降温包括建筑的设计、建造及使用过程中大量简便、经济有效的措施。被动式降温能使人感到舒适，不需要造价高、耗电多、污染环境的机械装置，如空调或制冷机，因此被动式降温既可以降低制冷设备的成本，又可以保护环境。

5.1.1 被动式降温原理

所谓被动式降温是指不依靠机械装置，而是基于当地气候和地理环境进行合理设计，利用自然元素来为建筑降温，遵循建筑环境控制技术基本原理，从而获得我们所期望的适宜环境的一种降温方式。

被动式降温主要从三个方面对房屋降温进行控制。第一方面是"防热"，主要是阻止直接辐射热对建筑的影响，设计方法主要有适当的遮阳措施、合理安排建筑布局、选择合适的建筑方位等，使建筑尽可能少地受到室外热量的侵袭；第二方面是"隔热"，来阻止作用到建筑物上的热量大量进入室内，设计方法有利用浅色外表面、蒸发、隔热材料等，使建筑物接受到的热量尽可能少地传入室内；第三方面是"散热"，将室内的热量（包括通过围护结构进入室内的热量和室内热源产生的热量）尽可能快地排出室外或蓄存起来（利用蓄热设备等将多余的热量存储起来），主要是通过自然通风、蓄热降温等来降低室内温度。

综上所述，经过大量的探求和试验，已经较为普遍的被动式降温的主要方法有自然通风降温、辐射降温、蒸发降温和土壤降温。

自然通风降温是通过自然通风加速皮肤水分的蒸发，提高人体的热舒适感，扩大人体在热环境中自我调节的范围。这是一种完全依靠气候起作用的方式，因此可以在不消耗常规能源情况下实现被动式制冷。

辐射降温是通过相关技术大幅度增加房屋向外辐射的能量，从而导致房屋降温。目前较常采取有效的遮阳措施降低透明围护结构的得热量，将幕墙技术与室内外遮阳系统结合起来，从而可综合获得环境适应性、自然光控制以及热舒适性。

蒸发降温是一种较为传统经济的降温方式。在气候干热的地区，空气干燥、降雨量少，一年四季以晴天为主，同时伴随着强烈太阳辐射的直射阳光，日温差较大。在这样的气候条件下，建筑热环境通常显得比较干燥，此时应用蒸发降温可以同时起到降温和增湿的作用。当水分蒸发时，它会从周围吸收大量的显热，并以水蒸气的形式把显热转变为潜热，当显热转化为潜热，温度随之降低；也可以利用直接蒸发冷却后的空气（称为二次空气）或水，利用相关原理通过换热器与室外空气进行热交换，实现冷却，由于空气不与水直接接触，其含湿量保持不变，是一个等湿降温过程

土壤降温主要基于以下事实：泥土深度达到大约 6m 以下时，夏天和冬天之间的温度差异几乎消失，温度一年四季都保持在一个恒定的状态，这个温度与当地的年平均气温相等。地面温度与土壤深层处的温差足够大，才能用来降温。即使温差不够大，也要比室外空气凉爽的多。通常是将建筑背靠土丘或者岩土，或将建筑建在地下，通过热交换使建筑降温的与泥土直接作用方式；或者空气从地下管道进入室内，利用地下管道使空气降温的与泥土间接作用方式。

此外，除上述方法外，还有一些被动降温的方法，如干燥剂除湿降温法、绿化降温法等等，其降温效果也很明显，节能经济，这里就不再一一论述。值得一提的是，随着被动式降温技术的发展，单一的一种被动降温方法已不能满足建筑降温的需要，往往是两种或两种以上的方法综合使用，以达到显著的效果。

5.1.2　被动式降温设计方法

被动式降温设计策略是由特定地区的气候特征所决定的，白天空气温度、夜间空气温度、风速及风向、夏季太阳辐射强度和其他因素的差异，导致设计中所面临的挑战显著不同。无论如何，在考察某些特定的地域性设计策略之前，要先研究一下被动式降温的一些基本设计方法。建筑热状况是建筑室内热环境因素和室外气候组成要素之间相互作用的结果，建筑物借助围护结构使其与外部环境隔开，从而形成房间的微气候。任何气候区域的建筑，都可以借助许多简单易行的方法，归纳为以下四类：（1）降低建筑内部热量的产生；（2）阻止建筑外部热量的进入；（3）释放建筑内部蓄存的热量；（4）给人体降温的不同方式。在制定特定区域建筑的被动式降温策略前，对以上方法的透彻理解是至关重要的。

让我们从热平衡的角度来考虑，对建筑物而言存在以下热平衡方程式：

$$Q = Q_1 + Q_2 - Q_3 \tag{5-1}$$

式中　Q——人体感觉适宜时建筑物内存有的热量；

Q_1——建筑物内部产热量；

Q_2——建筑物外部的热量；

Q_3——从建筑物内部排走或消耗的热量。

基于上述考虑，我们会对被动式降温的设计方法进行更为深入的探讨。

在需要制冷降温的季节，室内热量一部分来自于内部热源的散热，如家用设备散热（包括电动设备、电热设备、电子设备等）、照明散热、人体散热等。被动式降温最有效的设计方法之一就是降低建筑内部热量的产生。工艺设备产生的热量在采暖季节可能较为合适，但在需要降温的季节却会导致人体不适。只要有可能，对于这些产生热量的电器，应尽量在早晨或晚上使用，在室外使用这些电器也有助于最大限度地减少室内的产热量，设计师和建造者们可通过为住户提供使用电器的室外场所，如内院和平台等，从而降低内部产生的热量；使用能源密集型的电器也有助于减少内部热量的产生，如达到同样的效果微波炉较常

规的炉子产生的废热更少；新的节能电器比老式电器使用较少的电能，产生较少的废热，有助于降低内部产热量，在新住所装设节能型电器，用更新的，更节能的电器取代老式破旧的电器是行之有效的方法；最后的策略是控制内部热源，对于许多家庭而言都是可能做到的，如可通过关闭房间门将洗衣间、放置热水器的房间与其他房间隔开，使用电器产生的废热可通过那些房间直接排到室外。

阻止建筑外部热量的进入和降低建筑内部热量的产生一样重要。外部的热量部分来自于阳光对屋面、墙面和窗户的照射，随后转移到室内，来自外部的热量也与建筑四周的热空气有关，空气中的热量通过屋面、墙壁、侧窗和天窗渗透进入室内，或通过建筑表皮中的缝隙进入室内。因为来自外部的热量能显著增加降温制冷负荷，故在被动式降温的设计中寻求减少来自外部热量的途径是至关重要的。设计师可以借助大量的预防措施来降温。阻止外部热量使建筑凉爽的最有效的方法之一是选择合适的建筑朝向，将北半球的被动式太阳能建筑的东西轴尽可能地垂直正南方放置，可使建筑夏季外部的热量最小；在制冷季节窗地比过大会导致过多热量进入室内，通窗和天窗尤其令人烦恼，建议避免使用；自然遮阳也能减少来自外部的热量，因而在被动式降温中是至关重要的，遮阳物可以使用植物，也可以是如挑檐和人工遮阳之类的建筑构件，因此合理在建筑物四周种植适当植物或合理布置遮阳建筑构件可以减少来自外部的热量；机械遮阳装置在阻止外部热量方面也有很显著的效果，常用的机械遮阳装置有百叶窗、遮阳篷、太阳光屏蔽玻璃贴膜、窗帘、遮阳卷帘、遮阳板等；根据窗口不同朝向来选择适宜的遮阳形式，是设计中值得注意的问题。通常把外遮阳的基本形式分为四种：水平式、垂直式、综合式和挡板式。水平式遮阳能够有效地遮挡高度角较大的、从窗口上方投射下来的阳光，故适用于接近南向的窗口，或北回归线以南低纬度地区的北向附近的窗口；垂直式遮阳能够有效地遮挡高度角较大的、从窗侧斜射过来的阳光；综合式遮阳结合了前两者的优点，能够有效地遮挡中等高度角的、从窗前斜射下来的阳光，遮阳效果比较均匀，故主要适用于东南或西南向附近的窗口；挡板式遮阳包括百叶、花格等，能够有效地遮挡高度角较小的、正射窗口的阳光，主要适用于东、西向附近的窗口。当然，有效的遮阳会对冬季太阳能采暖产生消极影响，活动式遮阳在某种程度上缓解了这种影响，能根据需要人工调节角度，几乎可以遮挡任何角度的直射阳光，太阳传感器自动控制的活动遮阳装置节能效果更佳，但其初始成本和维护成本都比固定遮阳要高很多。活动式遮阳包括活动式水平遮阳板、活动式垂直遮阳板、活动式挡板遮阳板（推拉式遮阳）等。

墙面和屋面的颜色也是被动式降温考虑的重点，将建筑物外表面刷成浅色能进一步降低制冷负荷，浅色墙面能反射阳光，从而降低得热量，另外热量也能从屋面传入室内，尽管浅色屋面并不能起到太大的作用，但是确实能减少外部得热量；在建筑内部安装抗辐射材料来降低外部得热量和制冷负荷，也是被动式降温的一种行之有效的方法，尤其在夏季使用抗辐射材料阻挡从屋面渗入室内的热量效果很好；Low-E 玻璃在降低热量方面非常有效，故常常被使用。另外，在整个制冷季节，围护结构隔热在降低热量与保持室内舒适度方面起着很重要的作用。要注意的是，被动式建筑应当是高气密性的，因为从外围护结构的缝隙进入室内的热量也在外部的热量中占很大比例，高气密性可降低空气渗透率，这不仅有助于被动式降温，而且还能减少冬季热损失。

虽然降低来自室内和室外的热量能够显著降低制冷负荷，在某些气候区域，这些策略就可能实现建筑的被动式降温。然而，在其他气候地区，建筑师则需要另外一些措施来排除建筑蓄热，其中较普遍的是使用自然通风，这一方法在世界各地已使用了多年。在被动式建筑中，精心布置的窗口可利用穿堂风来排除白天和傍晚储存于室内的热量，穿堂风可以通过开窗通风来实现。自然通风也可以通过烟囱效应来获得，一些设计师在其住宅中加入风塔来促进自然通风（风塔是能吸入新风进入室内的一种高塔），有趣的是，风塔在风停后能利用烟囱效应来冷却建筑。但是风塔不够经济。通过地下新风预冷管道也可以消除室内储存的热量（长管被埋在地下，可被动利用也可用风扇将室外空气引入室内，空气经过土壤自然冷却后送入室内，提供自然通风和被动式降温）这种方法的缺点是实践经验很少。设有通风设施的阁楼能降低顶棚进入室内的热量，更为有效的还有易于安装、造价低廉的整体式风机。在某些情况下蓄热体也有助于被动式降温。在制冷季节，建筑内的蓄热体能起到储存热量的作用，它能将来自内部和外部的热量吸收和存储起来。在沙漠气候区，外部蓄热墙也有助于冷却建筑物。

此外，还可以通过自然通风、低能耗主动式通风和蓄热体来排除在建筑内部的热量，降低制冷能耗。位置良好的风扇能够加速室内空气流动从而达到被动式降温的目的。

5.1.3　被动式降温气候适应性

前文已经详细论述了被动式降温的设计方法，现在介绍不同气候区应该如何应用被动式降温。在这部分将考察若干气候区，并讲述适宜于各个气候区的被动式降温策略。因为许多策略适用于各个气候地区，所以一下将主要论述适合每个气候区具体的降温策略。在这里将我国所有气候区按照类型划分为 5 大区域，即严寒地区、寒冷地区、夏热冬冷地区、温和地区及夏热冬暖地区，下面将论述每个区域的降温策略。

（1）寒冷和严寒地区的被动式降温设计

寒冷和严寒地区冬季既长而寒冷，有些地区时间长达 7~8 个月，一月份平均气温 −28 ~ −5℃；有些地区甚至更低，夏季短促而温凉，七月份的平均气温 18 ~ 33℃；气温年较差和日较差均很大，降雨量稀少，某些地区年降水量少于 200mm，由于气温低，蒸发量大，相对湿度大，冬季多大风和风沙天气。在寒冷气候区，某些地区整个夏天都很凉爽，所以无需给建筑遮阴，有些地区则比较热，需要设置挑檐和遮阳板为建筑降温，除此之外，不再需要其他降温措施。在这个地区应该考虑采用覆土设计。这种设计可以使建筑在夏季保持凉爽，冬季利用厚重土坯的蓄热能力保持室内温度，此类建筑需要除湿，防止夏季室内受潮。被动式太阳能设计、围护结构的良好保温性能以及使用防寒设备都可以大大减少对矿物燃料的需求。

在严寒和寒冷地区进行被动式降温时，可以采用辐射降温，但不宜在建筑外墙面涂抹辐射材料，因为这会影响建筑物在冬天的吸热，造成冬天建筑物内温度过低；此外自然通风降温、土壤降温、蒸发降温、干燥剂除湿降温都有很大的应用空间。

（2）夏热冬冷地区的被动式降温设计

夏热冬冷地区是我国人口最密集、经济发展速度最快的地区，大部分沿长江流域分布，具有夏季闷热、冬季湿冷的共同特点。夏热冬冷地区没有采暖空调设施的建筑在夏季午后至夜晚，室内气温往往超过 34℃，有的甚至 37 ~ 38℃，尤其是在连晴高温天气里，夜里室内难以入眠。多雨带来的潮湿气候不仅加重了夏季的闷热和冬季的阴冷，而且导致室内围护结构表面及家具表面结露，加速室内物品的发霉变质等。夏热冬冷地区的整个夏季室内热环境有 87.5% 的时间是不舒适的，有 36.5% 的时间影响居民的生活。夏热冬冷地区夏季室内的热环境非常恶劣，人们的基本生活条件都得不到保障，更谈不上热舒适了。

由于该区夏季室外气候的热指数和湿指数都达到 1，夏季盛行南风，冬季多偏北风。夏季利用自然通风设计非常重要。底层或地下室的窗户可以将室外树荫处的凉爽空气引入室内，带走热量，由高层窗户，屋顶或者天窗排出，这种开放式的自然通风设计能够有效促进空气流通，为了在一定气流速度条件下得到舒适的室内气候，顶棚温度和墙内表温度不可高于室外气温，特别是傍晚及夜间，因此建筑围护结构必须有一定的隔热能力，建筑材料采用砖、混凝土、空心混凝土砌块、轻质混凝土都是适宜的，只要其厚度能保证需要的热阻。遮阳也是相当重要的，遮阳篷和其他外部遮阳装置可以减少太阳辐射，其中外部遮阳是最有效的，浅色外墙、遮阳板、隔热材料以及反光板等在夏季都可以有效地隔离热量，靠近建筑物种植的灌木，外墙或凉亭上的蔓藤植物都能起到遮阳的作用。不管采取哪种措施，一定要遮挡住建筑的东西两侧。矮小树木和灌木可以遮挡早晨和傍晚的阳光。建筑要考虑合适的朝向和窗口设置，减少内部和外部辐射是很重要的，尤其在建筑周围有树荫围绕时，效果更佳。除湿器也可以提高室内舒适度。门廊周围的空气比较凉爽，朝向门廊的窗户也可以将凉爽的空气引入室内。景观美化措施在夏季也能帮助建筑降温。

由此可见，自然通风降温应用较广泛，而土壤降温，辐射降温，干燥剂除湿降温和绿化降温可以综合运用以达到更好的效果。

（3）温和地区的被动式降温设计

温和地区冬温夏凉。1 月平均气温为 0～13℃；七月平均气温 18～25℃。气温年较差偏小，日较差偏大，日照较少，太阳辐射强烈。冬季温和，夏季凉爽的气候条件对建筑热工性能的要求也相对简单，适当考虑自然通风措施，避免由于冬季的太阳能设计造成夏季室内过热。建筑设计的重点是选择合适的朝向、正确的窗口位置、遮阳板、保温隔热性能好的材料。设计中还可以采用覆土建筑，用土覆盖的后墙和屋顶可以使室内冬暖夏凉。建筑的东向和西向在清晨和傍晚也需要树木的遮蔽，在温和部分特殊地区，这一切都依赖于气候本身。温和地区的建筑设计需要考虑风的因素，尤其在没有树木遮挡的地区，正确地选址能够防止冷风侵袭，还可以利用植树形成的防风带将夏季凉风导向建筑。

综上可见，自然通风降温、辐射降温、土壤降温、绿化降温等运用都很广泛，另外，温和地区水资源较丰富，蒸发降温也很适用。

（4）夏热冬暖地区的被动式降温设计

气候特征：该区长夏无冬，温高湿重，年平均相对湿度 80% 左右，气温年较差和日较差均很小。雨量充沛，年降雨量大多在 1500～2000mm，是我国降雨最多的地区；多热带风暴和台风；太阳高度角大，太阳辐射强烈，1 月平均气温高于 10℃，7 月平均气温为 25～29℃，年太阳总辐射量 130～170W/㎡。夏季多东南风和西南风，冬季多东风。由于该区典型的湿热气候特点，植物生长茂密且土壤湿润，地面反射辐射通常很低。突出的高湿度需要高的气流速度，以增加人体汗液蒸发率，所以持续通风是首要的舒适要求，并且影响建筑设计的各个方面，包括朝向、窗户位置、大小以及环境配置。建筑设计和构造做法要满足最大程度的穿堂风，所有房间在建筑的迎风面和背风面均应开设通风口。开口朝向的方向与主导风向的夹角在 30° 范围内，同时可以利用架空底层以利于增加底层房间的通风能力。为获得良好通风，该区的窗户开口一般都很大。窗户敞开通风的情况下，室内温度与室外温度接近，此时窗户的遮阳和隔热非常重要，开设的大面积的窗口必须有良好的遮阳设计。遮阳板不仅要遮挡直射辐射，同时还必须有效遮挡散射辐射，因为，湿热区散射辐射常常达到很高的强度。如果没有遮阳设施，墙体隔热也很差的话，建筑内表面和室内空气温度都可能高于室外气温而对人体造成不舒适。

由此可以了解到，自然通风降温、辐射降温、蒸发降温都很适用，另外也可以尝试其他的方法。

5.1.4　影响被动式降温设计的参数分析

由于各种被动式降温设计手法的方式和原理各异，影响其降温效果和潜力的有关参数也不尽相同。归纳起来，可以将这些参数分为以下三类：

5.1.4.1　气象参数

经过三十多年的发展，全年气象参数的统计构成方法目前常用的主要有：参考年（TRY）气象参数和典型年（TMY）气象参数。

（1）参考年（TRY）气象参数

最初用于建筑能耗分析的逐时全年气象数据就是参考年（TRY）。其原始资料是1948—1975年气象资料的记录磁带。参考年逐时气象参数包括干球温度、湿球温度、露点温度、风向、风速、气压、天气、总云量，以及四层云和逐层云的云量、云类和云高等，但不包括太阳辐射数据。

参考年有两个缺点：一、不包含太阳辐射数据，进行能耗分析时，需从云量及其类型计算辐射；二、参考年是排除了极端情况的某一比较"温和"的实际年。

（2）典型年（TMY）气象数据

为了克服TRY的缺点，尤其是缺少太阳辐射数据的特点，美国气象数据中心（NCDC）和Sandia国家实验室（SNL）发展了典型年（TMY）气象数据。除了参考年包含的数据外，典型年还包含有辐射数据。其原始资料是1954—1972年的气象资料。典型年是由12个具有最接近历史平均值统计意义的典型月组成"假想"的气象年。作为选择依据的气象要素主要有日水平总辐射、日干球温度、露点温度和风速。

从建筑热环境和被动式设计的角度考虑，可以反映一个地区最基本的气候特征所需要的最少气象参数，一般包括以下四种参数：

①空气温度：月平均最高、最低空气温度，标准偏差；

②相对湿度：月平均最高、最低相对湿度；

③降雨：月平均总降雨量；

④太阳辐射：月平均日总辐射。

若要全面反映一个地区的气候特征，所需气象参数包括：月平均极端气温；日最高和最低气温；月采暖和空调度日数；月平均与月最大风速和风向；日平均风速；月均最低、最高相对湿度；日照率；天空云量；降雨、降雪天数；日均降水量；土壤温度；年平均气温和温度波幅（季节性变化）。

这些气象数据在不同程度上给建筑师提供了有用的设计信息，如平均空气温度和最高、最低空气温度是反映当地舒适度的一个最基本的指标。有效温度能够反映地区的舒适温度。日平均温度和波幅给出了白天与夜间温度变化的强烈程度。最大风速对建筑结构产生影响。太阳辐射强度是被动式太阳能建筑设计需要考虑的一个关键参数。

5.1.4.2　建筑参数

与被动式降温设计手法联系较为紧密的建筑参数总结起来，主要有以下几个：

（1）外窗遮阳系数及外遮阳尺寸

太阳总辐射由太阳直射辐射和散射辐射组成，其中对建筑室内环境影响最大的是太阳直接辐射，夏季直射进室内，是影响室内热环境和增加空调制冷能耗的主要原因。通过遮阳可以有效减少通过窗口进入室内的太阳辐射，从而降低夏季建筑的制冷能耗。因此，外窗遮阳系数和遮阳构件的尺寸对遮阳效果的确定起着较为重要的作用。

（2）影响房间蓄热性能的相关参数

这主要包括围护结构的热惰性指标、材料以及材料层蓄热系数等指标。这些参数对夜间通风的降温效果影响比较大。

（3）建筑围护结构的太阳辐射热吸收系数

建筑围护结构的太阳辐射热吸收系数是影响建筑的热量的一个重要因素，围护结构通过吸收太阳辐射热，在夏季会增加建筑制冷能耗。控制太阳辐射热吸收系数，对于夏季被动式降温设计有重要作用。

5.1.4.3　其他参数

除了上述各影响参数以外，一些管理上的因素对夜间通风也有较大的影响。例如通风时间和换气次数等。不同的气候区，不同的天气状况下室外气象条件存在很大的差异，合理确定通风的起始时间才能最大限度地利用室外气候资源。

另外，室内人员、炊事和视听设备的其他得热，分为显热和潜热两部分。这些内部得热，也增加了部分夏季建筑室内制冷能耗。

5.2　自然通风降温

建筑内部良好的通风是决定人们健康、舒适的室内环境的重要因素之一。它通过空气的更新及气流的作用对人体起着直接的影响，并通过对室内气温、湿度及内表面温度的影响而间接对人体产生作用。

当室内环境过热时，利用通风来到达提高室内热舒适目的的降温方式，可以称为通风降温。以向室内提供舒适热环境为目标的这种通风，就要取决于当地的气候条件。

建筑的通风既可以通过利用通风管道、风机等设备，依靠电力用主动式的方法实现，也可以通过精心的设计利用建筑自身，依靠气候条件这种被动式的方法达到。本节所关注的就是如何采用被动式的方法达到通风降温的目的。

5.2.1　自然通风降温机理

为了在建筑中实现利用自然通风降温，必须能够在建筑内部实现一定的通风量。从通风的角度看，产生空气流动的必要条件，是建筑不同空间之间存在着空气压力差，压力差的大小决定着通风量的多少，造成压力差的方法主要有风压作用和热压作用两种。

因此，自然通风是指利用空气的密度差引起的热压或风力造成的风压来促使空气流动而进行的通风换气。

室内自然通风的冷却作用在于：①造成室内气流流动，通过直接加强对流及人体蒸发散热来达到人体降温的目的；② 流经建筑的气流可以带走建筑物构件及家具的蓄热；③在适当的条件下，用室外凉空气代替室内热空气，降低室内空气温度。

自然通风的作用：白天舒适降温——通过空气的流动，可以提高建筑物中人体汗液的蒸发速度，温度25～35℃，空气的对流降温是人体调节舒适度的重要途径；夜间通风降温——夜晚，用室外相对温度较低的空气替换室内相对温度较高的空气，使建筑物降温，以减轻白天的冷负荷。

因此自然通风降温可分为白天舒适通风和夜间通风降温两种形式。

5.2.2　白天舒适通风

自然通风降温的一条思路是一种直接的生理作用，即降低人体自身的温度及减少皮肤潮湿。开窗将室外的风引入室内，使风流经人体表面以提高人体水分蒸发的速度，增加人体因自身水分蒸发所消耗的热量，这样就加大了人体散热从而达到降低人体温度的目的，可以称之为舒适通风。

由人体与环境之间热交换的基本常识可知，要想让人体积热的变化量降低，在代谢产热不变的前提下，应当使辐射、对流换热都为失热，且加大蒸发换热。

辐射与对流换热量的大小与气流速度和环境温度有关。气流速度越大、气温越低，则对流和辐射散热越多。但是应当注意到，只有当环境温度低于皮肤表面温度时，这一过程才可能表现为人体对环境散热；反之则得热。

蒸发散热量的多少与气流速度和水蒸气压力有关。其中，随着气流速度的增加，蒸发散热量也随之加大。而在干燥的环境里显然比在潮湿环境中更容易使人体失去水分，当环境的水蒸气压力接近或超过皮肤水蒸气压力（通常取42mmHg）时，在人体皮肤上发生的水分蒸发则停止，通过蒸发进行散热就不可能实现。

白天室外气温高于室内气温时，关闭窗户，防止热气进入。舒适通风适用于任何类型的建筑物。白天风速较大的地区可以采用自然通风。自然风力不足或者由于设计问题导致室内通风不足时，借助风扇将室内空气排出，从而通过打开窗户使得室外空气进入室内，提高通风效率。

持续自然通风，室内气流通畅，但室温较高；间歇自然通风，降温效果比持续自然通风好，但外门窗关闭的情况下室内热舒适性差。因此，应根据天气情况选择使用通风的降温方式，室外温度高或空气含湿量大时都不宜采用自然通风的方式降温。通常室外温度低于30℃，相对湿度不超过85%时可利用通风降温。当室外日较差大时，采用间歇自然通风的降温方式效果更显著。

5.2.3　夜间通风降温

自然通风降温的另一条思路是一种间接的方法，通过降低围护结构的温度，给室内的人提供降温的作用。利用室内外的昼夜温差，白天紧闭门窗以阻挡室外高温空气进入室内加热室温，同时依靠围护结构自身巨大的热惰性维持室温在较低的水平；夜间开窗通风引导室外低温空气进入室内降低室温，同时加速围护结构的冷却为下一个白天储存冷量，可以称之为夜间通风。

夜间通风降温是否适用主要取决于室外温度的最低值、室外温度波动范围和水蒸气压力水平。其中，温度的最低值是最重要的限制因素，它决定着夜间通风结束时围护结构可能降到的最低温度。要注意的是，围护结构所能降到的最低温度会比室外温度的最低值高一些。从人体热舒适的角度看，为了使围护结构下降足够的温度，室外温度的最低值宜小于 20℃。这样的夜间温度才能够使围护结构在白天保持的室内空气温度和辐射温度低于热舒适区的上限温度。

研究表明，室外空气与室内空间的热交换量与通风率和室内外温差成正比。空气流动速度影响着通风率的大小，显然，较高的空气流动速度可以显著提高围护结构与夜间低温空气的热交换量，而室内外温差决定着通风的效果究竟是增温还是降温。在室内气温高于室外时，如进行通风，就可以降低室内温度；如果条件相反，则通风的效果也相反。由于室外气温一天中总是呈周期性变化的，建筑的围护结构的温度受到室外环境的影响也呈周期性变化，但受到围护结构热惰性的影响其变化滞后于室外气温的变化。一般情况下，傍晚及夜间的室温常高于室外，所以在此期间进行通风能收到降温的效果。

在我国北方大部分地区，夏季白天室外温度较高，但昼夜温差大，夜间室外温度往往比室内低很多，这些地区都具有良好的夜间通风利用潜力。在国外，建筑利用夜间通风已经成为了一种流行趋势，很多建筑在设计阶段均考虑了夜间通风的构造体系，而在我国还鲜有利用夜间通风的建筑实例。

总体来说，影响夜间通风降温效果的因素可以归结为以下三类：① 室外气象参数：主要包括太阳辐射、室外空气温湿度、室外风速和风向；②建筑参数：包括围护结构的热惰性指标、材料和材料层蓄热系数、建筑的开口及建筑的平面布局；③其他参数：如通风时间和夜间通风的方式和控制方法等。

5.2.4　自然通风的影响因素及细部设计

5.2.4.1　自然通风的影响因素

很多因素会影响建筑室内的自然通风。对设计建筑的自然通风有较大影响，与建筑设计有紧密关系的有下列几个因素。

1）自然通风与建筑朝向

影响自然通风效果的首要因素是建筑朝向的选择。然而，自然通风虽是建筑朝向的不得不考虑的因素，但还需考虑诸多问题如采光、太阳辐射等。所以，需要综合考虑确定其角度，这不仅需要分析并确定来流入射角对室外风场及室内通风效果的影响，还要兼顾到建筑后风影区的长度与来流风向间的角度关系。所以，考虑到建筑群的整体自然通风效果，必须减小前排建筑对后排建筑自然通风效果的影响，通常采用建筑迎风面外法线与主导风向偏离一定的角度的方法解决该问题。

2）自然通风与建筑的进深、开间

（1）自然通风与建筑的进深

建筑的自然采光被建筑的进深直接影响，确定建筑进深之前，应该首先考虑建筑的自然采光。顶部采光、侧向采光是建筑的自然采光的两部分，最常见的采光方式是侧向采光。按照窗的位置不同，侧向采光又可以分为双向采光和单向采光，以及低侧窗采光和高侧窗采光。设计采光时经常根据采光的要求和使用性质以及采光系数的标准进行设计。

模拟不同进深与开间的建筑的自然通风状况，计算后发现，经过采光计算后可以获得合适的进深长度，房间自然通风量因为进深的增加会大大降低，此时，建筑的容积率会相应增加，而建筑的体型系数有所下降，所以，选取合适的进深长度，应考虑以下两种情况：

①如果在寒冷地区，保温隔热性能是建筑重点考虑的，当最大进深通过采光计算确定后，设计依据是采光系数可以取到最大值。

②如果在潮湿地区，主要考虑的因素是自然通风，当最大进深通过采光计算确定后，应充分考虑各房间功能，使进深尽可能缩小。

（2）自然通风与建筑的开间

建筑的稳定性、抗震性和整体性与建筑开间直接相关。因为建筑本体选用的层数不同、结构不同，而且抗震规范在不同地区对建筑有不同的规定，所以建筑本身的进深最大值也有所差异。如果从安全角度考虑建筑，首先应从结构角度考虑建筑开间的长度，其次应该考虑其是否影响建筑室内热环境、光环境。体型系数、自然通风量被开间的大小影响着，然而开间的大小影响自然采光，开间较大只会提高采光均匀性，增大视野。

综上所述，房间的开间较大时，因为窗墙面积比保持不变，相应的窗户面积增大，这样有利于自然通风。不管从体型系数还是自然通风方面考虑，在通过结构计算后获得的建筑开间的长度后，建筑开间长度应取满足结构要求的开间的最大值。

3）气候因素

气候因素多种多样，本文仅选择对自然通风降温起主要控制性作用的三项气候因素进行论述，分析它们是如何对人体热舒适产生影响的。

（1）温度

在均匀环境中，周围气温影响着人体通过对流及辐射的干热交换。在水蒸气压力及气流速度为恒定不变的条件下，人体对环境温度升高的反应主要表现为皮肤温度与排汗率的增加。周围温度的变化改变着主观的热感觉。当湿度高、气流速度低时，皮肤潮湿的感觉也随着环境温度而增加，但在湿度低而气流速度高的条件下，即使在高温时皮肤仍可保持干燥状态。

（2）湿度

空气的湿度对施加于人体的热负荷并无直接影响，但它决定着空气的蒸发力，因而也决定着排汗的散热效率。在极端炎热的条件下，湿度水平限制着总蒸发力，从而决定着机体的耐久界线。

只要皮肤是干燥的，汗液分泌率及蒸发率就仅取决于新陈代谢产热及干热交换；汗液分泌全部从皮肤毛孔内蒸发掉，而空气湿度的变化就完全不会影响人体。当排汗率与空气蒸发力之比达到某一值时，由皮肤毛孔冒出的汗液不能全部蒸发，在毛孔周围形成一流体层而皮肤的潮湿面积即增加。因此，虽然水蒸气压力差降低了，也可得到需要的蒸发量。直到湿度达到某一水平，整个蒸发发生在皮肤表面上，且散热效率几乎仍保持100%。在此极限水平下，蒸发率一直等于汗分泌率，但潮湿的皮肤可引起人的主观不适应。

湿度较高时，大片皮肤表面布满汗液，流体层的厚度增加；部分汗液转移至汗毛上并被衣着吸收。即使在此阶段，全部汗分泌也都蒸发掉了，但部分的汗是在离皮肤一定距离的地方蒸发的。这就意味着一部分用于蒸发过程的热能是从周围空气而不是从皮肤攫取的，因此蒸发散热效率降低了。由此，人体必须分泌出并蒸发掉的汗液要比与所需的蒸发散热相当的汗液更多些。在酷热的环境条件下，湿度水平决定着是否可能达到热平衡，如不可能时，则决定着人所能忍受的时间。

（3）风速

环境风速（气流速度）从两个不同的方面对人体产生影响。第一，它决定着人体的对流换热；第二，它影响着空气的蒸发力从而影响着排汗的散热效率。

当气温低于皮肤温度时，若皮肤潮湿而排汗的散热效率低于 100% ，增加气流速度对排汗效率的影响大于对流加热的影响，因此，气流速度的增加总是产生散热效果。同时，较高的气流速度可减少由于皮肤发湿而产生的主观不适感。

当气温高于皮肤温度时，一方面气流速度的增加造成较高的对流换热会加热人体，另一方面气流速度的增加又加大了空气的蒸发力从而提高了散热效率。所以，在高温时，气流速度有一最佳值：达到此值，空气的运动产生最高的散热力；低于此值，就由于排汗效率的降低而产生不舒适及造成增热；超过此值，即造成对流加热。

5.2.4.2　自然通风的细部设计

自然通风节能设计的原则是：①使通风流经的区域尽量大；②尽量减少通风的阻力；③维持室内舒适的风速。

1）窗户设计

（1）窗户的朝向和位置

窗户的朝向及位置直接影响室内气流流场。室内的气流流场取决于建筑表面上的压力分布及空气流动时的惯性作用。若窗户都只设在房间的迎风墙或背风墙上，室内室外的平均压力是均衡的，即使在沿着开口的宽度或高度方向上可能有着某些差别，也难以形成有效的通风。当建筑迎风墙和背风墙上均设有窗户时，就会形成一股气流从高压区穿过建筑而流向低压区。气流通过房间的路径主要取决于气流从进风口进入室内时的初始方向。在许多情况下，特别是当整个房间范围内均要求良好的通风条件时，风向偏斜于进风窗口常可获得较好的效果。若在房间相邻墙面开窗，其通风效果取决于窗户的相对位置。

（2）窗户的尺寸

窗户尺寸对风速和气流流场有很大影响，合理选择进风口和出风口的尺寸，可以达到控制室内风速和气流流场的目的。窗户尺寸对气流的影响在很大程度上取决于房间是否有穿堂风。如果房间只有一面墙上有窗户，无法形成穿堂风，那么窗户尺寸对室内风速的影响甚微。风向斜着吹向窗户时，增大窗户尺寸对通风有一定的影响，在沿着墙的宽度方向上，存在气压的变化，使空气由窗户的一部分进入，而由另一部分排出。在风垂直吹向窗户的情况下，由于沿墙的压力差太小，因此扩大窗户尺寸对于提高通风效果是有限的。

若房间有穿堂风，则扩大窗户尺寸对于室内风速影响甚大，但进风窗户与出风窗户的尺寸必须同时扩大，仅仅增大二者之一不会对室内气流产生较大的影响。进风窗户和出风窗户面积不等时，室内平均风速主要取决于较小开口的尺寸，至于两者哪一个较小，差别不大。另一方面，两者的相对大小对于室内最大风速则有着显著的影响，在多数情况下，最大风速是随着出风窗户和进风窗户尺寸的比值而增加的，室内最大风速通常接近于进风窗户。

（3）窗户的竖向位置

室外风向在水平面内的变化很大，而在垂直面的变化则较小，因此，对于各种不同的开口布置，室内风速的竖向分布情况比水平分布变化小得多。所以，通过调整开口设计及高度就能对气流的竖向分布进行适当的控制。

调整窗户竖向位置的主要目的是给人的活动区域带来舒适的气流，并且有利于排除室内的热量。气流通过室内空间的流线主要取决于气流进入的方向，所以，进风口的垂直位置及设计要求比出风口严格，出风窗口的高度对于室内气流的影响很小。

（4）窗户的开启方式

对于水平推拉窗，气流顺着风向进入室内后，将继续沿着其初始的方向水平前进。这种窗户的最大通气面积为整个玻璃面积的二分之一。如采用立转窗，可调整气流量及气流的水平方向。如用外开的标准平开窗，则可通过采取不同的开启方式起调节气流的作用，如两扇都打开、仅打开逆风的一扇或顺风的一扇。

对于上悬窗，只要窗扇没有开到完全水平的位置，则不论开口与窗扇的角度如何，气流总是被引导向上的，所以这种窗户宜设置与需通风的高度位置以下。如用百叶窗，则根据百叶片的倾斜角度可以引导气流方向。

改变窗扇的开启角度主要对整个房间的气流流场及风速的分布有影响，而对于平均风速的影响则很有限。从窗口将气流引导向下，则可显著地增大主气流通道上的风速，但对于室内其他地方由主气流所引起的紊流则影响很小。

2）导风板设计

当窗口不能朝向主导风向，或房间只有一面墙开窗时，需要通过调整开口的细部设计，即利用导风板，来"人为地"改变的正压区、负压区，引导气流穿过窗口。只在上风向有开口的房间利用导风板可以促进通风，但是其位置必须能产生正压区和负压区才有效；对只在下风向有开口的房间，导风板不起作用。导风板不能显著促进相对墙壁上有开口的穿堂风，除非风的入射角是斜的。小型建筑从地面到屋檐的导风板对于入射角为20°～140°的风很有效。

3）通风烟囱设计

已知通风的新风量或需要排除的热量，用图5-1估算烟囱或房间的高度以及烟囱的横截面积。从竖轴上读出烟囱的高度（从进风口中心到出风口中心），水平移动，与表示建筑得热率的曲线相交，从交点处竖直向下，在横轴上读出烟囱横截面积占需制冷区域面积的百分比。烟囱横截面积必须等于或超过出风口面积和进风口面积。图5-1的假设条件是室内外温差为1.7℃，如果温差超过1.7℃，例如利用蓄热体夜间通风降温，应将图中所得的烟囱横截面积乘以实际温差的平方根。此外，通风烟囱中捕风器的形式和尺寸可参考图5-2和图5-3来进行设计。

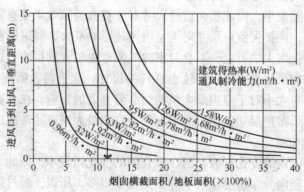

图5-1　估算通风烟囱的横截面积

4）通风隔热屋面设计

通风隔热屋面，就是在屋顶设置通风间层，其隔热原理是：一方面利用架空的面层遮挡直射阳光，另一方面利用风压和热压作用将间层中的热空气不断带走，使通过屋面板传入室内的热量大为减少，从而达到隔热降温的目的。

通风屋面不宜在寒冷地区采用。此外，高层建筑林立的城市地区，空气流动性较差，严重影响架空屋面的隔热效果。

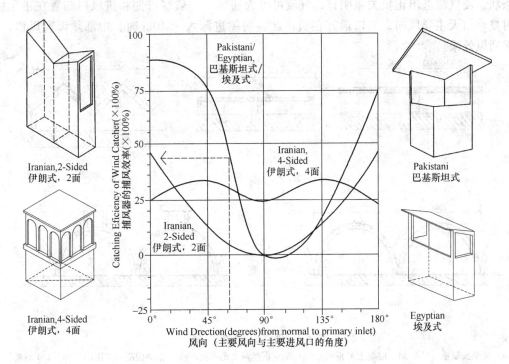

图 5-2　不同捕风器的捕风效率

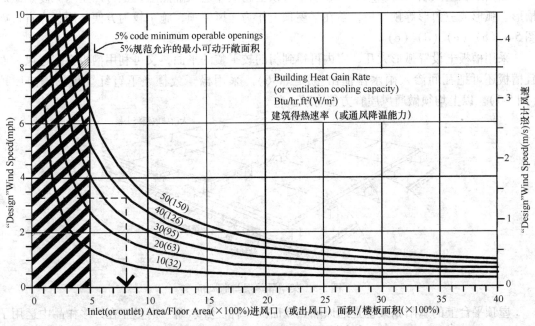

图 5-3　用来降温的捕风器的尺寸大小

平屋顶一般采用预制板块架空搁在防水层上，它对结构层和防水层有保护作用。一般有平面和曲面形状两种。平面的为大阶砖或预制混凝土平板，用垫块支架，如图5-4（a）。架空间层的高度宜为180～300mm，架空板与女儿墙的距离不宜小于250mm。通常垫块支在板的四角，架空层内空气纵横方向都可流通时，容易形成紊流，影响通风风速。如果把垫块铺成条状，使气流进出正负关系明显，气流可更为通畅。一般尽可能将进风口布置在正压区，正对夏季白天主导风向，出口最好在负压区。房屋进深大于10m时，中部须设通风口，以加强通风效果。

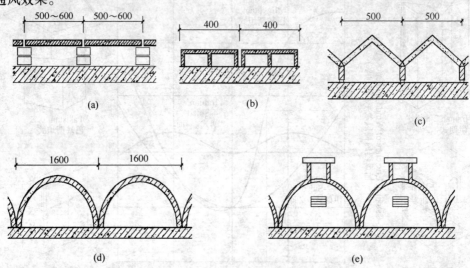

图5-4 架空通风隔热屋面

（a）架空预制板；（b）架空混凝土E形板；（c）架空钢丝网水泥折板；（d）钢筋混凝土半圆拱；（e）1/4厚砖拱

曲面形状通风层，可以用1/4砖在平屋顶上砌拱作通风隔热层；也可以用水泥砂浆做成槽形、弧形或三角形等预制板，盖在平屋顶上作为通风屋顶，施工较为方便，用料亦省，如图5-4（b）（c）（d）（e）。

采用槽板上设置弧形大瓦，室内可得到斜的较平整的平面，又可利用槽板空挡通风，而且槽板还可把瓦间渗入雨水排泄出屋面（5-6）。采用椽子或檩条下钉纤维板的隔热屋顶（图5-7）。以上均须做通风屋脊方能有效。

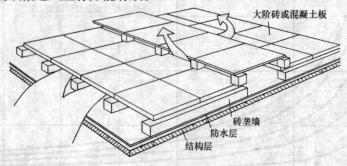

图5-5 架空隔热层与通风桥

屋顶平台上的遮阳棚架也是通风隔热屋面的一种。查尔斯·柯里亚在许多作品中运用了这种处理手法，如英国议会大厦（图5-8）和MRF公司总部大楼（图5-9）。巨大的遮阳棚架为屋面和墙面投下浓重的阴影，遮挡印度的炎炎烈日，同时建筑形式产生了连续的视觉效果，创造出富有表现力的整体建筑形象。

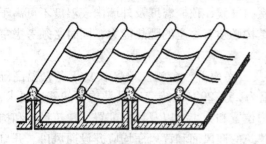

图 5-6　槽形板大瓦通风屋顶

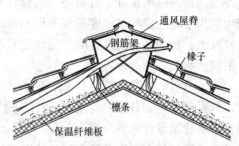

图 5-7　檩条下钉纤维板通风屋面

图 5-8　英国议会大厦

图 5-9　MRF 公司总部大楼

5.2.5　自然通风的气候适应性

东北中北部地区夏季短促而温凉，一般只有一至一个半月，七月份的平均气温在 16℃ 到 23℃ 之间。尽管该地区夏季凉爽，高温持续时间很短。但气候分析表明，仍有部分时间（主要为最热月），室外气候条件处在舒适区以外。这部分较热时期，可以利用自然通风降温。东北民居的开窗做法考虑了通风的需要。在房屋相对方向的外墙上都设有开口，以利引导穿堂风。

东北南部、北京、天津、甘肃中部、陕西北部地区，夏季炎热时间增长至两个月，且多雨。七月平均气温 18～28℃；为争取夏季自然通风，建筑的南向法线方向应与主导风向的夹角在 30° 以内。夏季有两种获得解决舒适的被动式设计途径：一种是良好的自然通风；一种是白天无通风情况下，维持室温在舒适区的上限温度以内（通常为 27℃）。

位于我国北纬 30° 和 35° 之间，包括陕西南部，湖北、湖南北部，江苏、安徽大部和上海。七月平均气温 25～30℃。夏季气候条件在自然通风的控制区域内，故设计的主要问题是提供良好的自然通风。为了使该区建筑在充分通风条件下获得舒适的室内气候，室内顶棚温度及外墙的内表面温度不能高于室外气温，特别是傍晚和夜间，因此建筑围护结构必须有一定的隔热能力。

四川东南部、浙江、湖北、湖南南部，江西全省，夏季闷热，7月平均气温25～30℃。夏季利用自然通风设计非常重要。气候控制图也显示夏季有多半的时间在自然通风的控制区域内。为了在一定气流速度条件下得到舒适的室内气候，顶棚温度及外墙内表温度不可高于室外气温，特别是傍晚及夜间，因此建筑围护结构必须有一定的隔热能力，同时必须考虑室外的窗户和墙壁的遮阳。

海南全省、福建南部，广东、广西大部分及云南南部，台湾。该区长夏无冬，温高湿重，气温年较差和日较差均很小。7月平均气温为25～29℃，持续通风是首要的舒适要求，并且影响建筑设计的各个方面，包括朝向、窗户位置和大小，以及环境配置。建筑设计和构造做法要满足最大限度的穿堂风，所有房间在建筑的迎风面和背风面均应开设通风口。开口朝向的方向与主导风向的夹角在30°范围内。建筑物间要有足够宽阔的间距，以利组织自然通风。同时，可以利用架空底层以利于增加底层房间的通风能力。

5.3 辐射降温

辐射降温每时每刻都存在，任何朝向天空的常用表面材质都会通过向天空发射长波辐射来散热，因此这些表面都可以看做是热辐射器。虽然辐射散热日夜都在发生，但辐射平衡只有夜间才为负值。表面在白天吸收的太阳辐射抵消了发射长波辐射的冷却效果，且还有盈余，导致表面吸热。

采用隔热屋顶可以减少冬季散热和夏季吸热。由于散热发生在屋顶的外表面，隔热屋顶实际上降低了夜间辐射的冷却效果。为了强化冷却效果，需要采用特殊的细部设计。

5.3.1 辐射降温机理

建筑本身在不断对外进行长波热辐射。在白天建筑吸收太阳辐射的热量要远远大于建筑进行对外长波辐射所散失的热量。而在夜间，几乎没有太阳辐射，因此建筑不断对外进行热辐射的特性也为我们提供建筑降温的可能。

自然界中凡是有温差的地方，就有热量自发地从高温物体传向低温物体，或从物体的高温部分传向低温部分. 地球大气层外宇宙空间的温度接近绝对零度，高层大气的温度与地面温度相比也要低得多，对流层的温度几乎随高度直线下降，到对流层顶时约为220K。利用外宇宙空间或高层大气作为冷源，使地面上的物体以辐射换热的方式，在不消耗或消耗少量能源的情况下，把不需要的热量辐射到外太空，就可以达到降温的目的。通常把这种完全以辐射方式将热量释放到宇宙空间的降温方式称为辐射降温。

根据辐射的方式不同，可以将其分为以下几类：

（1）直接散热降温法：房屋屋顶上的散热装置把热量散发到夜空，从而达到降温效果。

（2）间接散热降温法：房屋周围有一定的气流，气流流动过程中会带走房屋里的热量，使房屋降温。这是因为气流把热量散发到夜空，从而使温度下降。

（3）适用条件和影响因素

散热降温的规则：①阴天多的地方，不能很好地发挥作用。湿度低且晴天多的地方效果最好，在潮湿地区效率很低；②主要用在平房中；③散热装置应当漆成白色（如果不用来取暖）；④整个屋顶都应该加以利用，提高降温效率。屋顶是安装长波辐射装置最理想的场所（屋顶暴露在天空重的部分最多）。除了光亮的金属表面不适合做辐射散热装置，其他任何物体表面都可以用作长波散热装置的理想选择。表面有漆（什么颜色都可以）的金属物体特别适合做散热表面，因为金属可以迅速把热量传导到漆过的表面。这样的散热装置在晴朗的夜晚，可以将空气冷却到比夜晚凉爽的空气还低 6℃ 的程度。在潮湿的夜晚，散热降温的效率会降低，但仍然可以使温度下降 4℃ 左右。但阴云可使散热降温效应完全停止。

5.3.2　屋顶辐射降温

建筑物的屋顶上覆盖有由选择性辐射体和透明盖层组成的辐射制冷装置（图 5-10）。选择性辐射体与屋顶间留有一定的空间，屋顶有一些通气孔，中间的孔内装有排风扇。因辐射制冷效应而冷却了的空气被风扇送入房间，屋内的热空气则通过其他通气孔到达屋顶与辐射体之间放热冷却，达到降温的目的。夜间的降温效果比较显著，白天辐射制冷元件起隔热作用。这种形式可用于仓库、运动场馆及一些低层民用建筑物，起降温与节能作用。

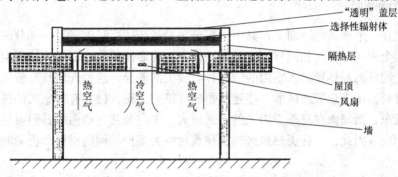

图 5-10　辐射制冷用于建筑物屋顶的示意图

将辐射散热器置于房间屋顶，通过风管和房间连接，辐射散热器内的辐射体因辐射制冷效应而降温，房间内上部的热空气被辐射体冷却后送回房间，达到降低房间温度的目的。晴朗的夜晚降温效果比较显著，而白天太阳辐射强度（ $700 \sim 900 W/m^2$ ）相比较辐射制冷的功率（一般小于 $100 W/m^2$ ）要大得多，所以辐射制冷在白天作用不大，但是辐射散热器能够阻断到屋顶的太阳辐射，减少房间的冷负荷。目前使用较多的辐射散热器主要有以下三种形式：

（1）混凝土屋顶加上可移动的隔热板作为辐射器

简单地说，辐射降温系统就是屋顶使用重值质的、高导热性的材料（比如采用密实混凝土），夜间暴露在外，在白天则能转换成对外隔热的屋顶（通过一些可调控的设施）。这样一来，在夜间的热工效应，这种屋顶与一般屋顶类似，它会通过长波辐射和与室外热交换散失大量的热量，而且相比于厚重的屋顶来说，这种屋顶的散热还要更快。而在白天，情况有所不同，通过安装对外的隔热设施，该屋顶从周边热空气中吸收的热量降到最低。温度相对较低的屋顶材料能够吸收通过顶棚进入室内的热量以及室内空间产生的热量，起到散热器的作用。

（2）高性能隔热屋顶

为了使普通隔热屋顶的建筑可以利用夜间辐射的冷却作用，应该尽量使建筑屋顶外表面的冷能量传输到内表面。通常这种"冷传递"需要空气流动和辐射作用，将夜间在建筑结构材料中形成的冷能量传输到室内。在实际中，要使用这种方式进行冷却，建筑物需要有一个水平的，或者稍微有些倾斜的、隔热性能很好的屋顶。隔热屋顶可以减少冬季散热和夏季吸热，只要是隔热的，那么不管是厚重的混凝土顶还是较轻的混合结构屋顶都行。

（3）发展中国家的金属材质辐射冷却屋顶

在许多发展中国家，波浪状的金属屋顶很常见，夜间这些金属的轻薄屋顶的建筑物散热很快，就像一个放在居住空间上方的有效的散热器。与屋顶厚重的建筑物相比，这种屋顶轻薄的建筑物夜间的室内条件一般更加舒适。然而，在白天，轻薄屋顶的建筑室内往往非常热，主要是因为这种没有隔热层的屋顶吸收了大量的热，使室内温度迅速升高，而厚重的混凝土屋顶就不会这样。为了解决这一问题，在屋顶下面安装带有中轴的隔热板，就可以大大降低白天热量向建筑物内的扩散，同时还不影响夜间建筑物的散热。隔热板白天时处在水平位置（关闭状态），持续隔热，降低了进入室内空间的热量。隔热板在夜间应该处在垂直的位置（开启状态），这样使得建筑物内部空间的热量通过辐射和传导的方式扩散出去，从而降低了建筑室内温度。

5.3.3 外墙辐射降温

当阳光照在一个普通的墙面上，其中一部分热量被墙体所吸收，另一部分的热量则被墙体所反射。两个用同样材料和同样厚度及做法的木结构墙体建筑，由于墙体表面所涂颜色不同，致使阳光的反射和热量渗入室内的情况具有较大的差异。这种选用具有较强的热反射系数的颜色和材料，用于热带地区的一些建筑物的外维护结构，已具有较悠久的传统。由于建筑物的屋面及东、西墙面在夏季受阳光的照射量大，南向及北向墙面的日照射量较少，冬季的情况正好相反。因此，当在炎热地区选用建筑物外为维护结构的材料和色彩时，应该注意这个问题。

利用辐射降温的原理，可以制成降温型的涂料，用于建筑物外墙。对于没有空调的建筑物，能降低室内温度，而对于有空调的建筑物，则可以降低能耗。

通过对普通外墙涂上高反射率的涂料，提高外墙的日光反射率，减少太阳热量的吸收，从而达到减少空调冷负荷和空调节能的目的。

在屋顶辐射降温和外墙辐射降温中，遮阳板是较常用的辐射降温材料，在这里特别强调一些使用特点。为了便于热空气的逸散，并减少对通风、采光的影响，通常将板面做成百叶的形式；或部分做成百叶的形式；或中间层做成百叶，而顶层做成实体，并在前面加吸热玻璃挡板，后一种做法对隔热、通风、采光、防雨都比较有利；遮阳板的安装位置对防热和通风的影响很大。例如板面紧靠墙布置时，由受热表面上升的热空气将由室外空气导入室内。这种情况对综合式遮阳更为严重，为了克服这个缺点，板面应离开墙面一定距离按照，以使大部分热空气沿墙面排走，且应使遮阳板尽可能减少挡风，最好还能兼起到导风入室作用。装在窗口内侧的布帘、百叶等遮阳设施，其所吸收的太阳辐射热，大部分将散发到室内，如果安装在外侧，则所吸收的辐射热，大部分将散发给室外空气，从而减少对室内温度的影响；为了减轻自重，遮阳构件以采用轻质材料为宜。遮阳构件又经常暴露在室外，受日晒雨淋，容易损坏，因此要求材料坚固耐久。如果遮阳是活动式的，则要求轻便灵活，以便调节或拆除。材料的外表面对太阳辐射热的吸收系数要小，内表面的辐射系数也要小。设计时可根据上述要求并结合实际情况来选择适宜的遮阳材料；遮阳构件的颜色对隔热效果也有影响。以安装在窗口内侧的百叶为例，暗色、中间色和白色的对太阳辐射热透过的百分比分别为 86%、74%、62%，白色的比暗色的要减少 24%。为了加强表面的反射，减少吸收，遮阳板朝向阳光的一面，应涂以浅色发亮的油漆，而在背阳光的一面，应涂以较暗的无光泽油漆，以避免产生眩光。

5.3.4　附加构件辐射降温

对于夏季有降温要求，冬季同时有采暖要求的建筑而言（寒冷地区的大部分城市以及严寒地区的部分城市），这种利用附加构件蓄热的降温方式在冬季也能为建筑带来积极的作用。白天，较低的太阳高度角使得大量的太阳辐射进入室内，室内蓄热体，如地板、墙面等部位都能够直接接受到太阳辐射的作用而蓄热。到了晚间，没有太阳辐射的时候蓄存的热量会从这些构件中散发出来，提高夜间室内的空气温度，降低建筑空气温度昼夜温差，提高室内的舒适度。

5.3.5　辐射降温在建筑物上的应用

（1）理想辐射体

辐射体的制冷效果不仅与大气辐射光谱有关，而且直接取决于物体自身的表面辐射特性。设想如果有这样一种理想的选择性辐射体，其光谱辐射特性如图 5-11 所示，在 $8 \sim 13\mu m$ 波段外反射率为 1，而在 $8 \sim 13\mu m$ 波段内辐射率为 1。那么，它与天空之间的热交换情况就如图 5-12 所示。图中阴影面积表示辐射体表面的净热散失，因此温度不断下降。即使当物体温度降至 T_3 时，物体仍是散热大于得热。可见，具有图 5-11 特性的理想辐射体可以把物体表面温度降得比环境温度低很多（理想情况下可比环境温度低 30℃）。当然，天然的选择性辐射体并不存在，但我们可以选择一些辐射材料，通过复合或组合，制成接近理想的选择性辐射体。例如，在高度抛光的铝板上镀一氧化硅（SiO），在聚氟乙烯上镀铝，也有近似的光谱选择特性。

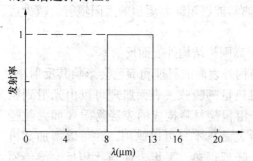

图 5-11　理想选择表面的辐射特性

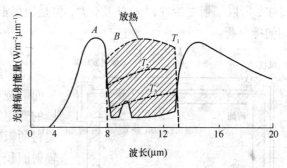

图 5-12　温度为 T_1、T_2、T_3 的理想选择性表面辐射曲线(A) 与天空对地面的辐射光谱分布曲线(B)

当有阳光照射在辐射体表面时，由于黑体的吸收波段很宽广，其吸收的阳光辐射能量远大于向外辐射的能量，很难有制冷效果。理想选择性辐射体对 $8 \sim 13\mu m$ 波段外的辐射都是全反射，而太阳辐射光谱主要集中在 $0.4 \sim 4\mu m$ 波段。因此理论上，理想选择性辐射体也可以实现白天制冷。

（2）辐射制冷器的设计

为了避免周围环境通过空气对流和热传导的方式，向辐射制冷降温中的物体加热，辐射降温一般采用由盖板、辐射体、保温箱体组成的辐射制冷系统（图5-13）。可以选择利用选择性辐射体或选择性透明盖板，由于寻找良好的选择性辐射体较困难，所以对选择性辐射透明的盖板的研究较多。

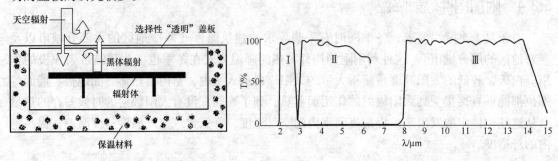

图 5-13　带有盖板的辐射散热器　　图 5-14　用于 3 个大气窗口的带通滤光片的光谱透射率曲线

利用光学薄膜技术制取选择性透射薄膜，制成选择性透射盖板，做成红外辐射散热器。图 5-14 给出了应用于这 3 个大气窗口的带通滤光片的光谱透射率曲线，其中曲线 I 是窗口 2 ~2.7μm 的带通滤光片，曲线 II 是 2~5μm 带通滤光片，曲线 III 是 8~12μm 带通滤光片。

另外，除了可以将带通滤光片用作盖板之外，还可以将滤光片和辐射体一体化，制成红外辐射散热板，用作房间或其他设备的降温。

（3）建筑物辐射降温设计

图 5-15 是辐射制冷用于建筑物降温的示意图。将图 5-15 所示辐射散热器置于房间屋顶，通过风管和房间连接，辐射散热器内的辐射体，因辐射制冷效应而降温，房间内上部的热空气被辐射体冷却后送回房间，达到降低房间温度的目的。晴朗的夜晚降温效果比较显著，而白天太阳辐射强度（ 700~900W/m² ）相比较辐射制冷的功率（一般小于 100W /m² ）要大得多，所以辐射制冷在白天作用不大，但是辐射散热器能够阻断到屋顶的太阳辐射，减少房间的冷负荷。

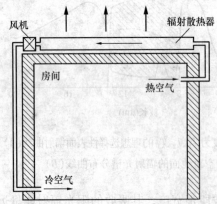

图 5-15　辐射制冷用于建筑物降温示意图

（4）提高围护结构外表面反射率

围护结构外表面的肌理和颜色会影响其反射率，从而影响对热量的吸收。表面肌理可以由光滑到粗糙的变化。由粗糙材料构成的表层物质（如大粒径集料的粗砂表面）本身可以遮阳，并可以增加其再辐射面积，降低得热。平坦表面与此相反，能传递更多的热量。光滑表面反射率高，能降低得热效果。浅色反射能力强，而深色吸收能力强。

在炎热地区，围护结构外表面颜色宜浅，纹理宜粗糙。这样有更强的反射、遮阳及再辐射能力。如果不能采用粗糙肌理材料，也可采用光滑表面材料。

在寒冷地区，表面颜色宜深，且肌理平坦而不光滑。这样可保证其最大的吸收能力和最小的遮阳与再辐射能力。

（5）利用夜间辐射散热

建筑本身在不断对外进行长波热辐射。在白天建筑吸收太阳辐射的热量要远远大于建筑进行对外长波辐射所散失的热量。而在夜间，几乎没有太阳辐射，因此建筑不断对外进行热辐射的特性也为我们提供建筑降温的可能。其设计策略有增加建筑表面积以扩大辐射区域，使用高发射率的建筑材料增强辐射能力。

5.3.6 小结

虽然对建筑物辐射降温的研究时间还不长，更为理想的选择性辐射材料还需要继续寻找，但世界各国的科学家已对此产生了浓厚的兴趣。辐射降温已经显示出明显的实用意义，特别是用于建筑物的被动式降温。辐射降温应用于没有空调的建筑物上，可以起一定的降温作用；而对于已采用空调的建筑物则能减小供冷负荷，起节能作用。意大利、加拿大、澳大利亚等国的科学家已经在建筑物上进行了试验，取得了可喜的结果。日本、瑞典等国的科学家在辐射材料上也取得了突破性的进展。根据相关文献报导，目前单位面积的辐射降温功率达到 $40\sim50W/m^2$，最大温差可达 15℃ 左右。我国也正在进行辐射制冷的研究工作，并已在选择和制备辐射材料方面有了一定的创新和进展，在实际应用方面也渐具特色。

5.4 蒸 发 降 温

5.4.1 蒸发降温机理

建筑蒸发冷却降温是基于蒸发冷却现象实现建筑围护结构被动式降温的技术。这一技术的理论核心是水分的蒸发消耗大量的太阳能量，以减少传入建筑物的热量。它以自然界的自然调和原理为基础。所谓自然调和实际是自然环境中的能量存在形式的一种重构过程，自然调和效应则是这种重构过程后所发生的环境特征变异的现象。就建筑热环境而言，原热环境的气候能量表达形式 1（温度 1、湿度 1、辐射 1、风速 1），通过改变环境构建方式而发生了改变，形成了另一种能量表达形式 2（温度 2、湿度 2、辐射 2、风速 2），并且引起了热环境质量产生质的变化（变异），即 $PMV_1 \rightarrow PMV_2$，$WBGT_1 \rightarrow WBGT_2$。自然调和原理如图 5-16 所示。

热环境 A 通过自然调和过程而变成了热环境 B，能量要素经过重组改变成了新的形式。因此，自然调和过程是能量形式的重构过程，它包括了环境气象要素之间及其与调和界面之

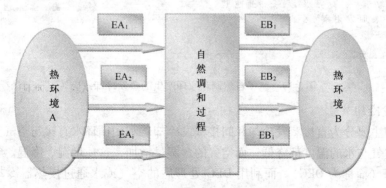

图 5-16 热环境的自然调和原理

间互为融合而发生的能量转换和重新构建。

事实上，自然界中若干气象因素每时每刻都在自发地生成某些自然现象，这就是多因素同时积聚在某一场所自然调和的效果，我们可以称之为自然调和效应。自然的降水、太阳辐射热、自然的风速三者，作为热环境 A 的能量结构，作用在多孔材料表面的结果，就会产生被动蒸发冷却现象，获得材料的降温；作用在光伏板表面则会产生光电现象，获得电能（太阳能与风能和降水等自然能量的综合）；作用在道路表面可以吸附汽车尾气，净化城市空气。

蒸发降温机理主要包括以下几个方面：

（1）自然调和的条件

产生自然调和效应的条件有两个：一是具备完整的气象要素，二是必须要有调和界面。自然调和所需的气象有完整性的要求，可以概括为太阳辐射热、天然降水和自然风力三个方面，其中最为重要的是天然降水。调和界面是气候能量发生形式转换的场所，一般就是建筑的外表、城市地表等。

（2）基于自然调和原理的建筑蒸发冷却

依照自然调和原理设计建筑和环境，可以产生建筑与环境的蒸发冷却效果，进而能够被动地控制建筑与城市环境的能量消耗和改善热环境质量，如图 5-17 所示。合理地设计城市热环境，主要是指通过改进城市地面道路的铺装材料，使用多孔介质材料增大城市地表的蓄水能力，蓄存天然降水，减少城市径流，最终降低城市热岛强度。合理地设计建筑热环境，主要是通过建筑围护结构合理选型和科学用材，使用可蓄水的构造或材料容留天然降水，降低建筑围护结构的温度，达到节能降耗和改善建筑室内热环境的目的。

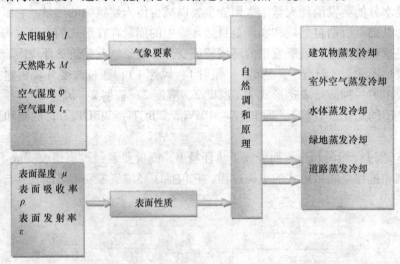

图 5-17　基于自然调和原理产生的蒸发冷却效应

（3）蒸发冷却

蒸发冷却主要分为直接蒸发冷却和间接蒸发冷却。利用循环水直接与空气充分接触，水的蒸发使得空气与水的温度都降低，而空气的含湿量增加，这一增湿、降温、等熵过程称为直接蒸发冷却（简称为 DEC）。而利用 DEC 处理后的空气或水通过换热器冷却另一股空气（一次空气），其中一次空气不与水直接接触，含湿量不变，这种冷却过程称为间接蒸发冷却（简称为 IEC）。

5.4.2　直接蒸发冷却

直接蒸发冷却（ DEC）原理如图 5-18 所示，它利用循环水直接与空气接触，由于水表面的水蒸气分压力高于空气中的水蒸气分压力，使水蒸发、空气和水的温度都降低，而空气中的含湿量增加，则是一个等焓降温过程，其中空气的显热转化为潜热。直接蒸发冷却过程如图 5-19 所示。室外空气在接触式换热器内与水进行热湿交换后，温度降低，含湿量增加，温度由 t_1 下降 t_2 到。该过程可能实现的最大温降是出口气流达到饱和，即出口气流的干球温度等于湿球温度。可以用冷却效率来衡量直接蒸发冷却器的性能，其定义为空气进出口温差与空气进口干、湿球温度差之比（式 5-2），即：

$$\eta = \frac{t_1 - t_2}{t_1 - t_s} \times 100\% \tag{5-2}$$

直接蒸发冷却过程中，出口空气温度与进口空气干球温度没有明显的相关性，而主要受到进口空气湿球温度影响。在进口空气干球温度不变的情况下，出口空气温度随进口空气湿球温度的升高而升高。出口空气温度比较接近进口空气湿球温度，但要比进口空气平均湿球温度稍高。直接蒸发冷却过程的送风已经接近饱和度，较充分达到了蒸发冷却的目的，但送风的湿度较大，接近饱和。

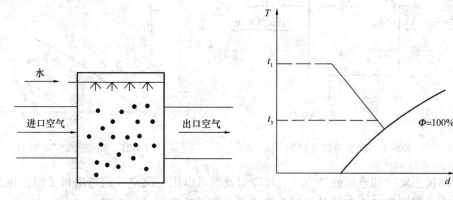

图 5-18　直接蒸发冷却原理图　　　　图 5-19　直接蒸发冷却 $T\text{-}d$ 图

直接蒸发冷却既可以通过机械系统（沼泽冷却器或沙漠冷却器），也可以通过被动式制冷系统（如制冷塔）来实现。无论是机械式制冷还是被动式制冷，直接蒸发制冷都可使气温降低的数值达到湿球温度下降值的 70% ~ 80%，湿球温度下降值也就是干球温度与湿球温度的差值。因此，应用蒸发冷却的标准是环境的湿球温度和湿球温度下降值，而对炎热干燥气候地区来说，这两项指标无疑是非常有特点的。

直接蒸发冷却通常需要较高的室外风速，这是因为冷空气的湿度高。较高的风速可以让外界冷空气对室内温度和内墙面温度产生主导向性影响。在隔热良好的建筑物中，典型的平均室内气温只比蒸发冷却器排出的空气温度高 1 ~ 2℃。

直接蒸发降温这种方式适用于气候炎热干燥的地区，可以提高人体舒适度；但在气候潮湿的地区效率很低，效果亦不明显。在白天，为保持舒适，需要频繁的通风换气（每小时 20 次左右）。喷洒水雾的方法相当普遍。水（雾）滴很容易蒸发，使空气降温。但空地上风速太大或者日照太强，水雾降温效果会非常微弱。在遮蔽阳光的室外空地或温室里面喷洒水雾效果不错。

5.4.3 间接蒸发降温

间接蒸发降温：该方式是通过水分的蒸发降低进入室内的空气或者房屋本身的温度，但室内的湿度并没有提高。比如蒸发水分给屋顶降温，然后屋顶作为热质给室内降温，不会引起室内湿度变化。这种蒸发带走的热量，一定来自被降温的物体才有效。因此，应当避免阳光照射环境下大部分的水分蒸发。

间接降温原理：间接蒸发降温（IEC）利用直接蒸发冷却后的空气（称为二次空气）或水，通过换热器与室外空气进行热交换，实现冷却。由于空气不与水直接接触，其含湿量保持不变，是一个等湿降温过程。图 5-20 为间接蒸发冷却基本原理图，图 5-21 为过程焓湿图。其中温度为 t_1 的一次空气，即室外空气通过间接蒸发冷却器处理后沿等湿线温度下降到 t_2（一次空气的出口温度也等于二次空气的入口温度）。

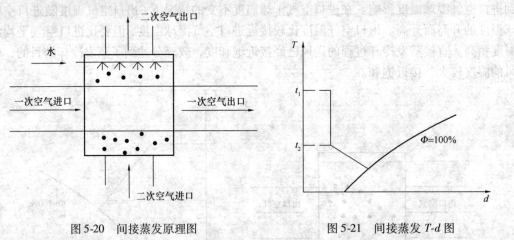

图 5-20　间接蒸发原理图　　　　　　图 5-21　间接蒸发 T-d 图

利用间接蒸发冷却系统处理空气，其冷却效率可以用一次空气的进出口干球温度之差与一次空气干球温度和二次空气的湿球温度之差的比值来表示式（5-3）：

$$\eta = \frac{t_{pi} - t_{po}}{t_{pi} - t_{si,wb}} \times 100\% \tag{5-3}$$

式中　t_{pi}——一次空气入口温度；

　　　t_{po}——一次空气出口温度；

　　　$t_{si,wb}$——二次空气入口湿球温度。

间接蒸发冷却过程的送风干球温度与室外空气的干湿球温度都有关系。在室外空气湿球温度不变的情况下，间接蒸发冷却送风干球温度随着室外空气干球温度升高而升高。同时，若以室外空气作为二次空气，室外空气湿球温度越低，则二次空气经过直接蒸发冷却后温度也越低，使得一次空气和二次空气之间存在的温差越大，从而获得较好的热交换效果。间接蒸发水分降温的形式：一种是双层屋顶，水分放置在中间，需要建造双层且防水的屋顶；另一种简单的方式是带有漂浮隔热材料的水池，晚上有水泵把水洒在隔热材料上，太阳升起时停止洒水。这些材料在白天遮挡水池的同时，与水池一起充当热库。降温只发生在晚上，水分蒸发和散热共同作用，效果也不错。

图 5-22（a）为一干热地区的屋顶水池做法，利用屋顶做水池，并通过通风加快水分蒸发，利用架空的屋顶可以使水池尽可能少地吸收太阳辐射，而是通过吸收屋顶传出来的热量，实现降温。该方法的关键在于减少由于太阳辐射而蒸发的水分。

图 5-22（b）为一利用漂浮植物隔热的蒸发形式。白天水分在漂浮物的遮挡下吸收室内热量和一部分太阳辐射热，夜间可视具体情况将漂浮物移开，水分将以长波辐射的形式向天空散失。这种形式有助于减小室内温差，提高室内环境舒适度。

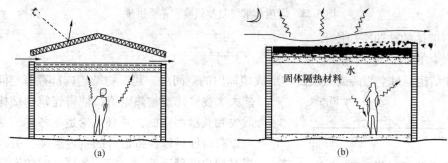

图 5-22　间接蒸发降温形式
（a）屋顶隔热；（b）漂浮物隔热

5.4.4　蒸发降温适用条件及影响因素

1）蒸发降温条件

（1）直接蒸发降温只适合在气候干旱的地区使用；

（2）间接蒸发水分降温在干旱地区产生的效果最好，也可以在气候潮湿的地区使用（湿度不宜过大），而不增加室内湿度。

条件：无论在哪儿，只要湿度较低，蒸发水分制冷就非常有效。蒸发发生在室内或者空气流入的地方时，降温效果最为显著。如果房间里的空气主要来自庭院，则在庭院里利用水分蒸发特别有效。

2）蒸发降温形式

至今为止，有许多科研工作者对传统的被动冷却技术进行了大量的实验研究，在原有的基础上对其不足之处进行了大量的完善工作。在被动冷却技术的传统应用方式的基础上出现了多种改善后的应用方式。主要有屋面被动冷却技术、墙体被动冷却技术和应用于窗、阳台、玻璃墙幕的被动冷却技术等。

（1）带有可移动隔热板的屋顶水池

在水池上设置一层隔热板，在夏季，在日间水池由隔热板覆盖，夜间隔热板移走并且通过夜间使水冷却。建筑物热量通过屋顶由室内传至周围环境并且获得冷却。通过使用带有隔热板的屋顶水池可使得屋顶热减小。冬季，在日间移开隔热板，以便水池里的水吸收太阳辐射热并加热建筑物。水池在夜间盖上隔热板以便水池中热水将其热量传给建筑物。屋面蓄水对屋顶结构要求较高，绝湿层要求较高，否则屋顶会漏水，同时维修不便，因屋面无法直接上人维修。外观如图 5-23，结构如图 5-24。

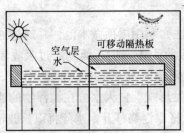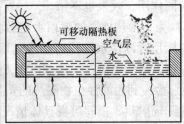

图 5-23　屋顶蓄水（夏季供冷、冬季供暖）

（2）墙体的被动冷却技术

① 墙体内部设置空间层

这种结构通过空心砖或双层砖体形成墙体内的空间层。建筑物结构内部存有空间层有可

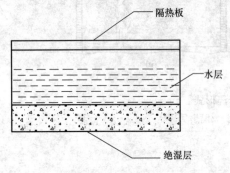

图 5-24　屋顶水池结构剖面

能大大提高建筑物热阻值，使得建筑物结构热量的散失和获得都降低，并且无论是在冬季还是夏季都可以获得能量以保持适合的室内温度。另外还可以提高用户的舒适性——随着冬夏气温的不同通过升高或降低墙体内表面温度。采用建筑物墙体内空间层通风而不是采用密封墙体可以节约大量能源。这种方式现今在许多建筑中都得以应用，可以防止在冷气候条件下墙体结露。采用建筑物墙体内空间层通风要比采用密封墙体节约能量。

② 墙体外表面铺设固体多孔材料

这种结构通过在墙体外表面铺设固体多孔材料构成。墙体外表面铺设多孔含湿材料可以通过含湿材料的蒸发冷却作用降低墙体温度，同时吸收一定量的太阳辐射使得含湿材料的蒸发冷却作用增强。由于建筑物结构中墙体所占面积较大，所以应用这种方式可使得建筑物在整体上得以冷却，但在含湿材料补水方面应多加注意。铺设固体的多孔材料对于雨量丰沛、风速大的南亚热带地区（我国华南地区）在建筑物外表面及城市道路上使用。在气候干旱少雨的地区也可以通过喷淋对多孔材料进行充分地润湿，这些有待于科研工作者进行进一步的研究。这种墙体外表面铺设固体含湿材料的被动冷却方式初始投资较大。

③ 应用于窗、阳台、玻璃幕墙的被动冷却技术

在开放空间和阳台上设置一个简单水帘，在建筑物外表面玻璃幕墙表面设置流动水膜，流过系统的空气被冷却加湿。如果使水和空气充分接触并使水出口处的空气均达到平衡态（饱和），那么系统里的空气达到的温度将接近于出口处空气的湿球温度。图 5-25 显示的是一种在自然通风条件下暴露水帘的蒸发冷却系统。这种冷却方式使得建筑物外表美观，在炎热干旱季节提高建筑物内空气湿度，提高室内舒适性。适用于开放空间或玻璃幕大量存在的建筑物，宜于与其他冷却技术结合使用，但应注意玻璃幕密封问题。

3）屋顶绿化

绿化是人们生活不可或缺的一部分。这是因为绿化在人们生活中能起到以下作用：（1）绿化周边环境和建筑，给人亲近自然的感觉；（2）调节室内热舒适，改善室外道路、场所的热环境，节约能源；（3）有利于夏降热，冬保暖，防噪声，调节温湿度，灭菌，灭虫，

净化空气，减轻大气温室效应。

① 绿化的原理及分类

绿化遮阳能够减少建筑围护结构得热，避免内表面烘烤，防止室内过热。同时还具有蒸腾、贮热和遮挡的特性。绿化改善夏季热舒适的主要途径有：一是降低环境温度（建筑室外气温）；二是遮挡太阳辐射（提供一个遮挡系数 – SC）；三是导风。

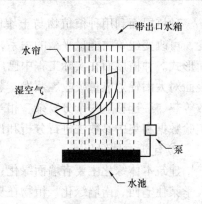

图 5-25　水帘蒸发冷却系统示意图

a. 降低环境温度：可以从根本土解决夏季室内过热的问题，因为在建筑热工计算的室外气候条件中，最主要因素即室外气温和太阳辐射，乔木、灌木、草皮使场地免受夏季太阳直射辐射烘烤。一方面，树叶通过散射和反射作用将太阳辐射热传回大气中，有效地降低树底下的空气温度和地面温度；另一方面，高大乔木和低矮灌木的蒸腾作用就像一台天然的蒸发冷却机器，从周围环境中吸收大量的热量，植物每蒸发 1kg 水，就要从周围环境中吸收 2200 J 的热量，一棵大橡树一个夏季能蒸发 45kg 的水，那么它吸收的热量将超过 99000J。据有关研究，春季和夏季，植物蒸腾作用能吸收到达其位置的大部分太阳辐射热。

b. 遮挡直射阳光：炎热夏季枝叶茂盛的植物能有效遮挡太阳辐射，减弱太阳辐射对传热计算中的太阳综合温度的影响，显著减少通过屋顶、外墙和窗洞的传热量，降低室内内表面温度、改善室内热舒适或减少建筑空调能耗（图 5-26）。

c. 导风：当建筑进气口不能正对夏季主导风向，或者由于城市道路体系改变了城市风向，形成沿街道的通道风，使垂直于道路的建筑立面与夏季风向垂直，很大程度地影响了房间的自然通风，不利于晚上房间散热，这时可以通过配置绿化的方法，改变气流方向，引风入室（图 5-27）。

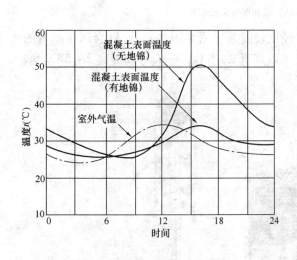

图 5-26　西墙利用植物的遮阳效果

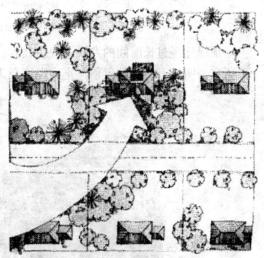

图 5-27　利用绿化导风示意图

② 绿化的形式

通过绿化来达到降温的目的有很多方式，比如建筑周边绿化、屋顶绿化等。

　　种植屋面利用种植植物与土壤所形成的湿润体系，通过吸收、蒸发和蒸腾过程中的相变，可改变建筑物能量平衡的关系，减弱太阳辐射对屋面的作用，是一种良好的隔热保温屋面形式。种植屋面在实际工程中已广泛应用。有关种植屋面热特性的研究中，由于涉及植物表面对太阳辐射能量吸收、蒸发、蒸腾等光合作用和生化作用，以及屋面土壤中水分蒸发扩散等热、湿迁移这一十分复杂、相互耦合的热过程，因而以往对种植屋面热过程研究主要以实验数据和集中参数法进行分析和计算，模型过于简单和粗糙。

　　③ 建筑本体绿化

　　建筑本体绿化主要有墙面绿化、屋顶绿化、空中花园等几种形式。图 5-28（a）为东南大学某住宅西、南墙绿化。植物在夏天可以遮挡阳光辐射，冬天落叶又可以吸收太阳光。但在安装的时候，需要注意不要使植物紧贴在建筑表皮上，而是应该利用构架使植物与建筑表皮之间存在一定的距离［图 5-28（b）］，这样有利于在通风情况下加大围护结构表面换热系数，强化热量的散失，提高降温效果，同时有利于降低植物根系对围护结构的破坏。

(a)　　　　　　　　　　　　　　(b)

图 5-28　构件导风示意图
（a）东南大学某住宅；（b）墙面棚架绿化构造

　　屋顶绿化经过长时间的发展，现在技术已经比较成熟［图 5-29（a）］。联合国环境署的一项研究表明，有绿化的屋顶，室内温度夏天可以降低 2～5℃，冬天可以提高 2～5℃。城

(a)　　　　　　　　　　　　　(b)

图 5-29　建筑绿化形式
（a）日本某建筑屋顶绿化；（b）梅纳拉大厦空中绿化

市绿化专家、南京林业大学教授王浩的研究也表明，在人口密集区，新增 $50m^2$ 的绿化，对人的效应远比远郊新增 $1000m^2$ 绿化带来的效应还大。

空中花园是区别于上面所提的屋顶绿化而言的。它是指在多层或高层建筑中，每隔几层设置一个大的公共空间用于绿化，来改善室内空气品质和热环境的做法。图 5-29（b）为马来西亚雪兰莪州的梅纳拉大厦，杨经文在亚热带季风气候中，利用竖直景观绿化，从地面的土堆开始（覆盖了底部三层），从建筑一侧往上延伸盘旋至顶层（平面中每三层凹进一次，设置空中花园，直至建筑屋顶）。利用植物为建筑提供阴影和富氧环境，提高室内热环境质量。

5.5 土壤降温

在炎热地区，降温是一件很重要的事。夏季，土壤的自然温度往往很高，这使得地表不能够作为冷却源。然而通过一些简单措施，可以将地表温度有效降低，使其低于该地区没有经过处理的自然地面的温度。为了达到降低地表土壤温度的目的，必须减少土壤所吸收的来自太阳的热量，同时通过地表蒸发使其降温。下面介绍两种方法，通过遮阳和水汽蒸发的途径，来达到降地表温度的目的。

①用砂砾和着木条覆盖于地表，是地表形成一个至少 100mm 厚的覆盖层，在较为炎热地区的夏季，还要对覆盖层进行必要的浇灌。

②抬高建筑位置使其高出地面，通过浇灌或者自然雨水所提供的水分，使土壤表层的蒸发作用得以进行。一旦夏季土壤表层温度降低，那么它的年平均温度也同时降低，土壤表层以下的土层温度也会相应降低。

5.5.1 土壤降温机理

1）降温原理及分类

泥土深度达到大约 6m 以下时，夏天和冬天之间的温度差异几乎消失，温度一年四季都保持在一个恒定的状态，这个温度与当地的年平均气温相等（图 5-30）。地面温度与土壤深层处的温差足够大，才能用来降温。即使温差不够大，也要比室外空气凉爽得多。根据热量的传递过程，将其分为以下两类：

（1）与泥土直接耦合：掩土建筑把热量直接散发到泥土中去。该种方式通常是将建筑背靠土丘或者岩土，或者是将建筑建在地下。此时，由于泥土内部的温度较低，建筑内部的热量通常会与泥土进行交换，这种方式称为与泥土直接耦合。

（2）与泥土间接耦合：空气从地下管道进入室内，利用地下管道与泥土间接耦合。该种方式利用得比较多，通常是在地下安装管道，利用压力或者动力，使室外空气从地下管道中经过，在空气流经管道

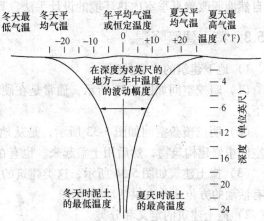

图 5-30 土壤温度随着深度和季节变化的情况

的同时会跟管道外部的低温泥土进行热量交换，形成凉爽的空气（图 5-31）。

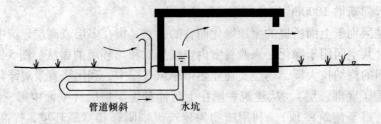

图 5-31　建筑与土壤间接耦合原理示意图

2）适用条件及影响因素

阳光照射会使土壤升温，遮蔽土壤表面可以显著地降低泥土的最高温度。泥土表面直接蒸发水分也可以使泥土降温。两种方法一起使用可以使泥土表面温度下降达 9℃ 左右。因为植物的蒸腾作用远离土壤，所以从植物蒸腾水分对土壤降低温度没什么帮助。树木的叶冠，庭院中高高的挡板，低矮的底层空间上的房屋，都可以遮蔽土壤，加上空气流通可以蒸发水分。

利用泥土降温需要注意以下几点：

（1）任何深度处的土壤恒定温度都近似于当地的年平均气温。

（2）当底土的恒定温度稍低于 33℃ 时，与泥土直接耦合的效果非常好。如果泥土太冷，房屋必须与地面隔离。

（3）在冬天寒冷干旱的地方，使用地下管道效果相当不错。潮湿地区水汽凝结会对健康不利。

（4）潮湿地区墙壁或者地下管道上凝结的水分可能会导致生物生长，这也是一大难题。

（5）与泥土直接耦合的结构会妨碍空气自然流通，而空气流通又是炎热潮湿地区最优先考虑的问题。所以，泥土降温在干旱地区效果最好，但在潮湿地区问题很多。

5.5.2　屋顶覆土降温

在屋面覆盖一定厚度的土壤，利用覆土比较大的热容量而形成的恒温特性和土壤表面的蒸发冷却效果，可以达到减少屋面传导得热、降低空调能耗的目的。因此覆土屋面是一种利用自然能源改善夏季室内热环境的设计手法，具体应用详见 5.4.4 第三部分屋顶绿化。

5.5.3　掩土建筑降温

1）地下建筑的主要类型

（1）暗挖空间如图 5-32 所示，通常是在硬岩地层开挖，通过水平倾斜地道或竖井到达地下。

（2）明挖覆盖空间如图 5-33 所示，是从地面向下挖土（必要时可在岩石中），在挖出的空间中修建构筑物，然后用土盖起来。也有在地面建筑下构筑的。

（3）掩土建筑如图 5-34 所示，这类建筑的外部空间的部分或大部围土，开敞面朝向地面有活动的方位，并有供活动的场地。

2）掩土建筑的定义和分类

覆土建筑也可以称作"掩土建筑"（Earth Sheltered Architecture），主要是指"地下的"

建筑，有时候专指"地面上用土或岩石围护"的建筑。但覆土建筑和地下建筑不完全相同，一般地下建筑大多属于覆土型建筑，而覆土建筑与地平面的关系更加多样化，外部形态也更加复杂。

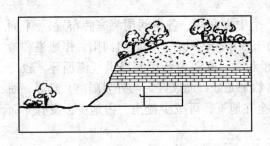

图 5-32 暗挖空间

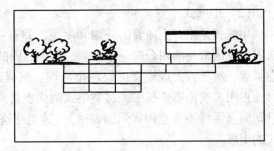

图 5-33 明挖覆盖空间

（1）掩土建筑定义：有 50%～80% 的房顶面积被土掩盖，或其建筑的外围有 50% 的掩土者，房顶可低于也可高于地面；覆土形式可以只包括挡土墙的土平台、也可除门窗外全部掩土；掩土厚度可为 200～500mm、若是土覆盖屋顶则要求厚达 2.7m。

（2）分类：按与地面的关系分为四类，见图 5-35。

由于掩土方式不同，当然结构系统也各异。常用的有采用现浇混凝土、预制混凝土、预应力混凝土、后张混凝土、能承压的木材、钢和薄壳混凝土等结构系统。因为承受土荷重，因此材料断面比传统的地面建筑构件要求大。

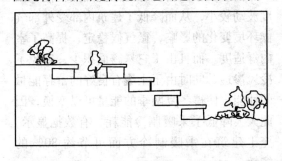

图 5-34 掩土构筑物

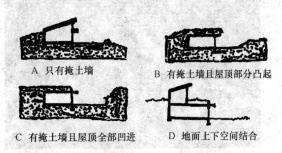

A 只有掩土墙　　　　　　B 有掩土墙且屋顶部分凸起

C 有掩土墙且屋顶全部凹进　D 地面上下空间结合

图 5-35 四类掩土建筑

3）基本形式

主要有两种基本形式：立面式和中庭式。

（1）立面式

这是使用较广泛的一种形式，特别适用于较寒冷的地区。它是三面掩土和有一个暴露的立面，一般朝南开有窗户，屋顶可采用掩土也可采用传统式（但必须要隔热）。该型可与被动式太阳能设计配合以取得最大的热增益，可建成单家独户也可连成群体。尤其两层结构应尽可能联成群体。

单层住房，其主要起居室和卧室一般沿暴露的立面布置，底层空间常不需开窗，用作浴室、贮存室等，并靠后面的掩土墙布置，其采光设计可参照现代公寓式建筑或公共宿舍进行，各单元的生活区靠着走廊。所有窗户都在一面墙上（有拐角的除外），而且窗户比地面公寓式房间更长，以便冬天获得最大的太阳热，夏天则备用屏蔽或窗帘。也可在立面的顶部或屋顶后部设天窗或采光顶，以充分采光和利于自然通风。

一层立面式掩土建筑的主要缺点是内部环道较狭长，大房间多，为此可设计为二层来缓和。

（2）中庭式

中庭式是指有土掩盖的外墙和屋顶，并有一个中央庭院。各房间围绕庭院布置，（平面布置跟我国常见的四合院差不多），其中三面的布置相同，只有一面开启向阳，作通道和考虑景观，对于较大规模者可设两个庭院。气候暖和时，庭院为各房间提供气流循环，较冷时，再用玻璃棚罩盖起来。这类型式的优点是自然采光好，通风好，与外界隔离，幽静，而且朝向灵活（不像立面式强调朝南）。这类建筑全在地下，可减少掩土，占地少，没有立面式的土坡。

（3）混合式

是立面式与中庭式的结合，要求在几面墙上开窗时，可采用此种形式。无论一层或二层，可部分在地面，部分在地下。

4）掩土建筑的优点

与地面非掩土建筑相比，掩土建筑具有自身的优点，如节能、节地、保护环境、良好的隔声性能、保护古建筑文脉、易于与自然景观融合等诸多优点。由于这些优点，使掩土建筑成为目前仍受重视并需大力发展的建筑形式，掩土建筑图例如图5-36。下面就其节能方面重点谈一谈。

图5-36　康奈尔大学老图书馆扩建
部分景观（掩土建筑）

由于土壤具备良好的保温隔热性能，温度波动较小，从而降低了建筑内部受外部气候环境变化的影响，微气候稳定，提高了室内舒适度。而且由于它暴露面积少，避免了冷风渗透，同时由于土壤有良好的蓄存能量的性能，使得冬复两季的能量可以变换，因此大大降低了采暖制冷能耗，有数据显示，掩土建筑在采暖制冷方面可节约80%的能耗。

由于土壤独特的热工性能，厚重的外墙像一块很大的热海绵，"浸透"了大量的太阳热能，冬天白天，它的外表面是热的，热量通过土壤慢慢地向室内传递，保证室内的热稳定性，减少采暖消耗；夏天，其外围的植物相当于一层天然的隔热层，将太阳辐射热阻挡在外。如果设计合理，再加上现代科技的应用，充分利用太阳能、风能和地热能，可以减少建筑在采光、通风方面的能耗，从而减少二氧化碳等废气废物的排放。

5）应考虑到的常见性问题

（1）地形

最理想的地址是有一块5公顷的场地，而且南坡是丘陵，北面是有松林作保护的美丽的风景地。所以迄今多建在郊区或近郊区。坡度要求是：

8%～15%最好建一层掩土建筑；15%～25%最好建一或二层掩土建筑；25%以上要通过特殊建筑技术处理后再建。

（2）朝向

立面式掩土建筑因为要与被动式太阳能设计紧密结合，故一般对建在北半球的此类建筑的朝向要求是正南 ±20° 范围内，向东西方向延长以取得最大的日照为原则。

中庭式掩土建筑在寒冷地区则主要要求背向当地季节风；为了得到最大的日照并应尽量避开高的建筑和树荫；通常按冬至日计算，因为这天是太阳的高度角最低，如果这天阳光能够射在掩土建筑的庭园内，则可保证全年有足够的日照。当然，夏天可采取遮阴措施。

（3）与现有地面建筑的关系

应避开现有地面与地下建筑物的互相影响，主要是应有一个方便施工的出入口，并不能危及相邻地面建筑的基础。

（4）对土壤的要求

应选择土壤承载强度高、排水性能好、离地下水位最高点远的场地，并应避免洪水泛滥区、有腐殖土或膨胀性黏土区选址。

（5）材料和结构

如前已述，凡地面建筑常用的建筑材料在掩土建筑中也适用，只不过要求更严格。现在正在总结制定掩土建筑的材料使用规范。

需注意的是，在平屋顶结构系统中，屋顶的净跨将随所使用的材料而变。剪刀墙的支承应力设计应包括在房屋设计中，对有两层的掩土建筑、土坡墙的最大应力是位于中间层，设计新手往往会忽略此点。

另一类重要结构系统，如拱或薄壳在掩土建筑中也有发展和应用（图 5-37、图 5-38）。

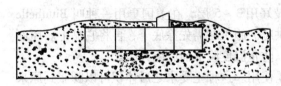　　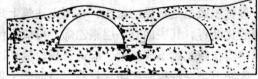

图 5-37　掩土建筑的支撑墙结构　　　　　　图 5-38　掩土建筑的薄壳

总之，关键是要求掩土建筑的设计者必须考虑到由于土坡引起的负荷和应力，具备相应的知识去作材料和结构选择。

（6）采暖通风和空调（图 5-39）

掩土建筑的采暖通风应与所设计的能量系统结合起来研究，因为负荷比地面建筑小得多，太阳能是有效的备用系统。

掩土建筑不设计冷却系统，因为周壁的温度总是低于室温的，多余的热量会自动从室内流进土壤中去。要防凝结，不能让室内的相对湿度太高，为此需有良好的空气循环系统，特殊情况下可利用小型携带式干燥机去控制湿度。

（7）防水

这是掩土建筑应认真考虑的关键问题之一，因为住户最怕漏水。

防水首先必须排水，最简单的方法是将地面做成斜坡将水排走，或者挖壕填以卵面做成截水盲沟，在下沉式的天井底部必须设排水管。排水的另一目的是降低地下水位，以避免地下水对墙面过大的负压力。为此可在地下设置过滤性的卵石层，并在基层设排水暗管。同时

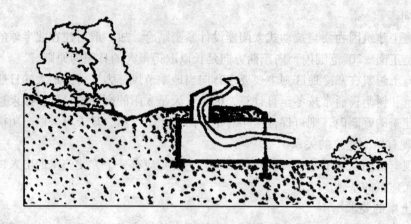

图 5-39　掩土建筑通过屋顶通风

在外墙面做刚性的矿物纤维绝缘层，以防止水分通过毛细管作用浸入墙内。

在掩土前需先作高质量的防水层处理。新的做法是将防水层直接筑在屋面上，然后将隔热层做在防水层表面。这样做不仅可使防水层免受室外温度变化的影响，而且可免受外界冲击的破坏。

当基土是湿敏土时，则在基础外部宜用聚乙烯板做沟以防水分浸润基底土壤。用涂刷法施工的防水层，可在混凝土表面产生一层盐类，使混凝土密实从而起防水作用，也可使用在水泥砂浆中掺入金属粉末的防水砂浆，还可用聚乙烯薄膜做外墙面防水层，但不宜做屋面防水层，因为它不能做好搭接缝。

卷材屋面也是常见的做法，在掩土建筑上最好用 3～5 层，在美国更用一种叫 Bituthelle 的橡胶化沥青，其表面有一层聚乙烯，可成卷供应。施工时需先涂底子，再将它贴上。屋面防水薄膜在施工时不能绷紧，应铺得较松散，以防止温度降低而收缩开裂。

膨润土是一种很好的防水材料，目前已大量使用。这种土受水之后体积可以膨胀到原来体积的 15～22 倍。施工时可抹或铺在屋面上，还可做成预制板材直接钉在墙上。

对两层遮土建筑，所有的喷涂防水层在施工时先喷底层，随后堆土。一般防水处理易出问题的多半在接缝和连接处。因此，必须做好各种交接处的泛水处理。对掩土建筑女儿墙的顶面的防水处理也不可忽视。回填必须夯实，以防土壤沉陷破坏防水层。

无论选择怎样的防水系统，主要抓质量控制。所以要特别注意防水的安装工程。

（8）隔热处理

通常隔热材料是置于防水系统之外。因为多数防水系统都需要一个光滑、干燥和坚固的基础，隔热材料应布置在房顶覆土的最下部和墙的上部。因为这些地方对外部气温的升降最敏感。没有护墙的房屋部分（如南面）应按传统方式隔热。

5.5.4　地下土壤降温

地层降温主要有两种方法：地道风降温和直埋 U 型管降温。下面以地道风为例进行介绍。

1）地道风降温的原理：

地道风降温系统相当于 1 台空气-土壤的热交换器（图 5-40），利用地层恒温的特性来降低建筑物的热负荷，改善室内热环境，由于系统简单、节省能量而引起人们的重视。地道中的恒温高低决定了可利用的温度的根本条件。

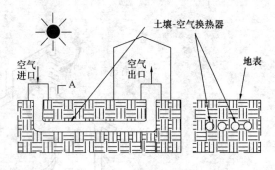

图 5-40 地道风降温原理示意图

2）地道风降温的系统构成

地道风降温系统由地下水平的地道管部分和地上垂直送风管部分组成。根据当地气候条件、建筑类型、使用要求确定进风口与出风口的位置，气流组织形式灵活，有下进上排式、中进上下排式、上进下排式等。

3）地道风降温的基本技术参数

由于地道风受地层温度、当地气候条件、管道材质等不定因素影响，所以计算涉及的因子多，过程较为繁复。通常采用相关软件进行模拟计算，优化设计方案。其中，地道风降温的基本技术参数的设置包括以下几个方面：

（1）地道埋深：地道埋深深度取决于当地地层温度变化，一般地道埋深经济深度为地表下 3～4m，地层恒温平均在 15～21℃；

（2）地道长度设置：长度应根据地道等效直径、风速等确定；

（3）进风口设置：根据风口风速设置合适的进风口高度，进风口的大小按所需风量设置；

（4）送风机设置：按室内所需风量和风速选配；

（5）换气量设置：根据所需要换气的容量（面积、人数）来决定；

（6）风速：大小合理、风速过大会造成温度波幅大，达不到短时间制冷的目的，风速过小会倒吸，一般风速为 3～5 m/s。

4）国外相关技术分析

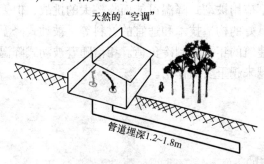

图 5-41 曲形管道降温

加拿大、苏格兰、俄罗斯等寒冷国家意识到"冷"是一种资源，可以"以冷攻热"。在房间内做一个封闭的类似橱柜的封闭空间，从地面通到房顶，并在房顶伸出一个截排风管。在"橱柜"底部设置一个可以通到室外的地道，大约 1.2～2 m 深，房顶排风口处温度较高，与伸出室外地面的管口形成较大的温差，这样空气自然流动起来，从而可以降低室内温度。同理衍生出类似的降温技术还有在地下埋设一条回路管道，在风口安一个小风扇加速冷空气不断进入室内（图 5-41）。

美国亚利桑那州运用"橱柜"式降温原理，把整个房间视为封闭式"橱柜"，在屋顶开天窗形成冷热气流交换（图 5-42）。

145

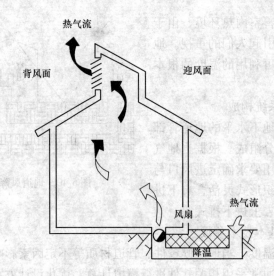

图 5-42　美国亚利桑那州地道风应用

5.6 小　结

　　随着技术和经济的发展，人们对建筑的需求标准也越来越高，能不能用可再生的能源，用尽量少的消耗来满足人类的需求？能不能使我们重归自然，亲和自然，适应自然，而不是征服自然，战胜自然，这些都是当今建筑界亟待解决的问题。很高兴能看到当今被动式建筑设计技术发展得如此蓬勃，被动式降温在建筑降温中应用得如此广泛。

　　本章主要通过讲述被动式降温的原理、分类、设计方法、主要几种被动式降温方法的设计机理以及被动式降温的应用等方面对被动式降温进行了一次较为全面的剖析，从而使读者能够对被动式降温有更清晰的认识，激发读者对被动式降温的兴趣，也期待有这方面爱好的读者能够进行更深入的探索。尽管在某些气候下应用被动式降温可能面临较大的挑战，但无论在哪种气候条件下，通过精心的建筑设计，良好的构造技术和适宜的材料等，被动式降温措施可以实现建筑的制冷或至少大幅度地减少建筑的年平均制冷负荷。相信随着被动式降温技术的进一步发展，其在建筑节能领域会起到越来越重要的作用。

第6章 建筑设备系统与节能

6.1 概　　述

建筑节能设计可分为被动建筑节能设计和主动建筑节能设计。简单地说，被动建筑节能设计在满足生活舒适度需求的情况下，其目标就是要尽量减小设备装机功率。具体来说就是，被动式建筑节能设计主要依靠自然资源来保证和维持建筑室内温度和通风等要求。在理想的状态下，一个成功的被动建筑节能设计的标志是在一年当中的大部分时间里，建筑室内冬暖夏凉、通风良好，只需配备很小的采暖和空调系统功率即可满足人们生活和工作需要。这样，建筑可以降低投资，建筑的品质也可大幅提升。

被动式建筑节能设计的步骤有方案设计与初步设计。在方案设计中，建筑师需要对建筑的方位、体型和朝向进行优化，为充分利用自然风、阳光等自然资源创造条件。在初步设计中，建筑材料也必须优化外墙、楼板、分户墙、屋面、玻璃和窗框的设计。前文已详细叙述了被动式建筑设计技术，本章节主要叙述在被动式建筑节能设计不能满足室内热舒适要求时，与之配合的主动式建筑节能设备定义、原理和经济性等。

建筑内的能耗设备主要包括供暖、空调、通风、照明、热水供应设备等。建筑的设备节能设计，必须依据当地具体的气候条件。首先保证室内热环境质量，同时，还要提高采暖、通风、空调和照明系统的能源利用效率，以实现国家的节能目标、可持续发展战略和能源发展战略。主要可从以下几个方面着手：

（1）合适、合理地降低设计参数

合适、合理地降低设计参数不是消极被动地以牺牲人类的舒适、健康为前提。空调的设计参数，夏季空调温度可适当提高到 25～26℃，冬季的采暖温度可适当降低到 14～16℃。

（2）建筑设备规模合理

建筑设备系统功率大小的选择应适当。如果功率选择过大，设备常部分负荷而非满负荷运行，导致设备工作效率低下或闲置，造成不必要的浪费。如果功率选择过小，达不到满意的舒适度，势必要改造、改建，也是一种浪费。建筑物的供冷范围和外界热扰量基本是固定的，出现变化的主要是人员热扰和设备热扰，因此选择空调系统时主要考虑这些因素。同时，还应考虑随着社会经济的发展，新电气产品不断涌现，应注意在使用周期内所留容量能够满足发展的需求。

（3）建筑设备设计应综合考虑

建筑设备之间的热量有时会起到节能作用，但是有时候则是冷热抵消。如夏季照明设备所散发的能量将直接转化为房间热扰，消耗更多冷量。而冬天的照明设备所散发的热量将增加室内温度，减少供热量。所以，在满足合理的照度下，宜采用光通量高的节能灯，并能达到冬夏季节能要求的照明灯具。

(4) 建筑能源管理系统自动化

建筑能源管理系统（BEMS，Building Energy Manager System）是建立在建筑自动化系统（BAS，Building Automatic System）的平台之上，能源使用状况及节能管理实行集中监视、管理和分散控制的建筑物管理与控制系统。它针对现代楼宇能源管理的需要，通过现场总线把大楼中的功率因数、温度、流量等能耗数据采集到上位管理系统，将全楼的水、电、燃料等的用量由计算机集中处理，实现动态显示、生成报表，并根据这些数据实现系统的优化管理，最大限度地提高能源的利用效率。BAS 系统造价相当于建筑物总投资的 0.5% ~ 1%，年运行费用节约率约为 10%，一般 4~5 年可回收全部费用。

(5) 建筑设备优化选择

空调、采暖等方式及设备的选择，应根据当地资源情况，充分考虑节能、环保、合理等因素，通过经济技术性分析后确定。

目前，常见的建筑设备节能系统主要包括主被动太阳能系统、热泵系统、VRV 系统、VAV 系统、地板辐射供冷/暖系统和蓄冷系统等，现针对这些系统定义、工作原理、特征及使用范围、设计要求和经济性分析几个方面进行说明。

6.2 主动太阳能采暖技术

6.2.1 定义

主动太阳能采暖技术是利用太阳能集热器收集热量，利用末端散热设备，以空气或水作为热媒的采暖系统。因此，存在液体太阳能采暖系统和空气太阳能采暖系统，一般在屋顶设置太阳能集热器，系统包括集热器循环水泵、蓄热水箱、供热水箱、采暖循环水泵、辅助热源、辅助热源热水循环泵、辅助加热换热器和地板辐射采暖盘管或散热器等。太阳能热水器中的热水流过散热装置向房间供热，返回蓄热水箱后由集热循环水泵送到太阳集热器重新加热；夜间或阴雨天太阳能不足时则由辅助热源加热系统，保证室内采暖和生活热水需求。太阳能采暖系统一般需配备其他辅助热源，并设置控制调节装置，根据太阳能集热量与建筑热负荷差值来确定辅助热源的投入比例，以达到室内需要的温度，导致蓄热系统成为太阳能系统良好运行的关键。

从不同的角度可以对主动式太阳能采暖系统作如下分类：

(1) 按使用传热介质的种类，可分为液体太阳能采暖系统和空气太阳能采暖系统。液体太阳能采暖系统就是太阳能集热器回路中循环的传热介质是液体；空气太阳能采暖系统就是太阳能集热器回路中循环的传热介质为空气。

(2) 按太阳能利用的方式，可分为直接太阳能采暖系统和间接太阳能采暖系统。直接太阳能采暖系统是指由太阳能集热器加热的热水或空气直接用于采暖系统；间接太阳能采暖系统是指由太阳能集热器加热的热水并不直接用于采暖，而是通过二次换热后再用于室内采暖的系统。

(3) 按使用散热部件的类型，可分为地板辐射采暖系统、顶棚辐射采暖系统、风机盘管采暖系统和散热器采暖系统等。

（4）按其他系统综合利用的种类，可分为太阳能采暖/空调综合系统、太阳能采暖/热水组合系统。

6.2.2　工作原理

主动式太阳能供暖系统如图 6-1 所示。系统由太阳能集热器、供暖管道、散热设备、贮热设备和辅助热源等组成。通过太阳能集热器收集太阳辐射能，使其中的热媒被加热，热水沿供热管道送往热用户的散热设备，散热设备将热量散给房间。太阳能集热器相当于常规采暖的热源，当集热器的集热量不足时，则由辅助热源进行补充；当集热器的集热量超过用户的需热量时，则将多余的热量储存在贮热器中。

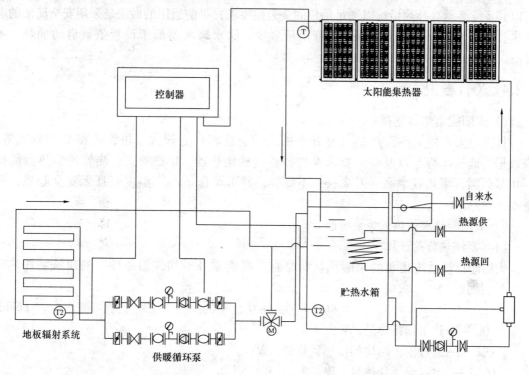

图 6-1　主动式太阳能采暖系统图

由图 6-1 可知，主动式太阳能供暖系统中实际上包括了两套热源系统，一套是太阳能集热系统，另一套是辅助热源系统。因此，根据实践及经济评价表明，如果利用庞大的太阳能集热器只进行太阳能供暖，由于采暖期较短（一般为 3~5 个月），所以每年设备的利用率低，因而投资的回收年限较长。由于目前我国燃料价格便宜且设备昂贵，主动式太阳能供暖尚难以和常规的供暖方式相竞争。但是，如能进行综合利用，采取一定的措施，是会取得良好的效果的。

6.2.3　特征及适用范围

根据利用太阳能的不同方式，太阳能采暖系统可以分为被动式采暖系统和主动式采暖系统。主动式太阳能采暖系统可以不受气象条件的影响，使室内保持稳定的、舒适的温度，故可以独立供暖，近些年来得到了大力的发展。

目前，我国已成为世界上最大的太阳能热水器生产国，但在建筑中大规模应用太阳能热水系统仍存在着认识上、技术上的诸多问题。如在许多住宅小区，物业管理都明令禁止住户在屋顶上安装太阳能热水器。更有甚者，某市就曾出台政策规定禁止任何单位和个人安装太阳能热水器，已安装的也要拆除。导致太阳能建筑理想与现实之间差距的原因如下：

（1）我国绝大部分已建住宅都没有配备生活热水系统，主要依靠居民自己安装燃气或电热水器，由于原有住宅建筑设计对太阳能热水器没有充分考虑，造成居民安装困难，热水器是居民自行安装于屋面，缺乏统筹，破坏屋面美观。

（2）伴随着太阳能热水器与建筑的矛盾，其本身也存在使用上的不便。

（3）由于太阳能供给不稳定的先天缺陷，太阳能不能完全满足全部生活热水的需求，所以其系统必须有补热措施以满足用户的全天候要求，目前通用的做法是采用安全简便的电加热。可补热装置控制不合理，不管用量多少，储水罐水温低于设置值就启动加热，不经济。

6.2.4　设计要求

1）太阳能集热器选择

目前，太阳能集热器产品主要有平板式、全玻璃真空管式、热管式和 U 型管式等，应根据当地气候特点以及安装要求来选择适当的集热器。U 型管式、热管式集热器能抗 −40℃低温，集热效率高、寿命长、不炸管，并可承压、产水温度高且无安全隐患，系统稳定性好。

2）太阳能热水供热采暖系统设计

（1）系统热负荷计算

太阳能集热系统担负的采暖热负荷是在采暖期室外平均气温条件下的建筑物耗热量（ Q_H ），按式（6-1）求取

$$Q_H = Q_{HT} + Q_{INF} - Q_{IH} \tag{6-1}$$

式中　Q_H——建筑物耗热量，W；

Q_{HT}——通过围护结构的传热耗热量，W；

Q_{INF}——空气渗透耗热量，W；

Q_{IH}——建筑物内部得热量，W。

（2）集热器面积的确定

太阳能供热采暖系统集热器面积（ A_C ）按式（6-2）求取

$$A_C = \frac{86400 Q_{HZ} f}{J_t \eta_{cd}(1 - \eta_L)} \tag{6-2}$$

式中　Q_{HZ}——建筑物耗热量指标，W/m²；

f——太阳能保证率；

J_t——当地集热器采光面上的采暖期平均日太阳辐照量，J/（m²·d）；

η_{cd}——基于总面积的集热器平均集热效率；

η_L——管路和贮热装置热损失率。

（3）贮热水箱的设计

① 贮热水箱容积应满足日用水量的需要，符合太阳能热水系统安全、节能及稳定运行

的要求，并能承受水的重量及保证系统最高工作压力相匹配的结构强度要求。太阳能热水系统贮水箱的容积既与太阳能集热器总面积有关，也与热水系统所服务的建筑物的要求有关。贮水箱的设计对太阳能集热系统的效率和整个热水系统的性能都有重要影响，太阳能热水供热采暖系统的贮热水箱容积应根据日用热水小时变化曲线及太阳能集热系统的供热能力和运行规律，以及常规能源辅助加热装置的工作制度、加热特性和自动温度控制装置等因素按积分曲线计算确定。

②一个普通家庭，一般可用 100～200L 的贮水箱。贮水箱的防腐、保温等应符合现行标准《太阳热水系统设计、安装及工程验收技术规范》（GB/T 18713）的要求。

③贮水箱可根据要求从制造厂商购置或在现场制作，宜优先选择专业制造公司的定型产品。安装现场不具备搬运、吊装条件时，可进行现场制作。

④贮水箱的放置位置宜选择室内，可放置在地下室、储藏间、阁楼或技术夹层中的设备间，室外可放置在阳台上。放置在室外的贮水箱应有防雨雪、防雷击等保护措施，以延长其运行寿命。

⑤贮水箱应尽量靠近太阳集热器以缩短管线。贮水箱上方及周围要留有不小于 500mm 的安装、检修空间。

⑥各类太阳能采暖系统对应每平方米太阳能集热器采光面积的贮热水箱、水池容积范围可按表 6-1 选取，宜根据设计蓄热时间周期和蓄热量等参数计算确定。

表 6-1　各类液体工质贮热水箱的容积选择范围

系统类型	小型太阳能供热水系统	短期蓄热太阳能供热采暖系统	季节蓄热太阳能供热采暖系统
贮热水箱、水池容积范围（L/m²）	40～100	50～150	1400～2100

（4）辅助热源的选型与设计

辅助热源的配置要根据建设地太阳能资源条件、常规能源的供应状况及周围环境条件等因素进行综合经济性分析来确定。由于太阳能的供应具有很大的不确定性，为了保证系统的供热质量，辅助加热设备应担负在采暖期室外计算温度条件下的采暖热负荷，其供热能力和供应量能满足建筑物的全部热负荷、能源供应等方面因素，如采用电加热作为辅助能源，电加热器容量（W）按式（6-3）求取

$$W = Q_H / (1000\eta) \tag{6-3}$$

式中　Q_H——系统的总热负荷，W；

　　　1000——单位换算系数；

　　　η——加热设备的热效率，0.95～0.97。

3）太阳能采暖系统设计要求

（1）太阳能供热采暖系统类型的选择，应根据所在地区气候、太阳能资源条件、建筑类型、建筑物使用功能、业主要求、投资规模和安装条件等因素综合确定。

（2）太阳能供热采暖系统设计应充分考虑施工安装、操作使用、运行管理、部件更新和维护等要求，做到安全、可靠、适用、经济和美观。

（3）太阳能供热采暖系统应根据不同地区和使用条件采取防冻、防结露、防过热、防雷、防雹、抗风、抗震和保证电气安全等技术措施。

（4）太阳能采暖系统应设置其他辅助热源，做到因地制宜、经济适用，并符合《采暖通风与空气调节设计规范》和《公共建筑节能设计规范》等相关规范的规定。

（5）太阳能采暖系统在设计时应充分考虑主被动相结合的方案。

（6）太阳能保证率一般控制在20%~60%（太阳能保证率是指太阳能提供的能源占系统热水和采暖所需总热量的比例）。太阳能保证率太低，达不到太阳能节能的效果；太阳能保证率太高，会使初期投资增大，春夏秋带来过热和设备浪费的问题。

（7）太阳能供热采暖系统应做到全年综合利用，在采暖期为建筑物提供供热采暖，在非采暖期为建筑物提供生活热水或其他用热。

（8）太阳能供热采暖系统中的太阳能集热器的性能应符合现行国家标准《平板型太阳能集热器》或《真空管型太阳能集热器》等相关规定，正常使用寿命不应少于10年。其余组成设备和部件的质量应符合国家相关产品标准的规定。

4）太阳能采暖控制系统设计

（1）太阳能采暖系统应设置自动控制系统。自动控制的功能应包括对太阳能集热系统的运行控制和安全防护控制、集热系统和辅助热源设备的工作切换控制。太阳能集热系统安全防护控制的功能应包括防冻保护和防过热保护。

（2）控制方式应简便、可靠、利于操作；相应设置的电磁阀、温度控制阀、压力控制阀、泄水阀、自动排气阀、止回阀、安全阀等控制元件性能应符合相关产品标准要求。

（3）自动控制系统中的温度传感器，其测量不确定度不应大于0.5℃。

6.2.5　经济性分析

主动太阳能采暖系统的经济性是无法与传统的热电联产集中供热和燃煤锅炉房集中供热相比较的。这主要是由于系统的初投资过高，为了实现系统的功能，必须安装循环泵、贮热水箱、集热器支架和一些管件以及为了保证系统安全合理地运行而必需的自动控制系统，这些部件的安装极大地增加了系统的初投资。系统的初投资中又以太阳能集热器的购置费用为最多。

虽然主动太阳能采暖系统的整个采暖期运行费用比较高，总造价昂贵，但以太阳能为热源，既可节省大量的常规化石能源，又可减少温室气体的排放，保护环境，总体利大于弊。如果可以成功解决太阳能集热器集热效率低、能量贮存率低和贮水箱体积庞大等缺点，可以极大地提高该系统的经济性。随着生产技术的发展，太阳能集热器的生产成本和售价会逐渐降低，则主动式太阳能供热系统的初投资和费用年值也可以相应降低，其经济性有望提高。

目前，城镇住宅的建设主体是房地产开发商，据估计太阳能建筑每平方米要比常规建筑增加造价230元，开发商投资建设，最终的受益者是消费者，这种投资方和受益方非同一主体的矛盾的结果就是开发商对太阳能建筑的态度消极。虽然主动太阳能采暖系统的费用年值较高，但是其可以节约一定量的常规能源，故具有较大的社会和环境效益。国家为了推广太阳能建筑设计一体化兴建了一批示范住宅小区，太阳能在这些小区中的利用也处于"叫好不叫座"的尴尬境地。

现举例说明太阳能采暖的经济性。

（1）建筑热工

分析建筑为240灰砂砖墙体砖混结构五层住宅建筑，以10000m²建筑面积为分析基数。

墙体和屋面进行保温后，墙体传热系数不大于 $1.0W/(m^2 \cdot ℃)$，屋面传热系数不大于 $0.8W/(m^2 \cdot ℃)$，建筑经过保温设计后，单位面积热指标 $25W/m^2$。通过被动太阳能利用设计，可满足南向房间夜间部分时段和昼间热环境要求，主动式太阳能采暖系统提供南向房间其余时段和其他朝向房间的采暖供热量。主、被动太阳能联合采暖承担建筑总供热量的 80% 以上，其余部分由辅助加热系统承担。根据采用被动太阳能技术的不同，被动太阳能承担建筑总供热量的 32%~50%，另 30%~50% 由主动式太阳能热水采暖系统承担（占主动采暖系统总供热量的 70%）。

该地区波谷电价取 0.3 元/kWh，波峰电价取 0.5 元/kWh，因电蓄热锅炉和太阳能热水系统的电辅助加热在波峰和波谷期间都有可能运行，故运行费用平均电价取 0.4 元/kWh。煤价取 600 元/吨。

（2）采暖热源方案选择

方案一：太阳能热水系统 + 电辅助加热，主、被动太阳能联合采暖总保证率为 80%，其中主动式太阳能采暖保证率为 48%（为主动系统采暖保证率的 70%，约为 $12W/m^2$）；其余 20%（约为 $5W/m^2$）由电辅助热源承担。

方案二：燃煤锅炉城市集中供热系统，承担被动式太阳能采暖保证率 32% 以外的所有供热量（约为 $17W/m^2$）。

方案三：小区电蓄热锅炉系统，承担被动式太阳能采暖保证率 32% 以外的所有供热量（约为 $17W/m^2$）。

系统初投资包括热源和外网管道系统投资和户内采暖系统投资。

其中，主动式太阳能户内采暖系统采用低温热水地面辐射采暖，其他两种热源可采用散热器采暖或低温热水地面辐射采暖。鉴于传统铸铁散热器已逐渐被淘汰，采用新型散热器的采暖系统与低温热水地面辐射采暖造价接近，因此三种方案的户内系统的初投资相差不大。当不计入热量表和温控阀时，户内采暖系统初投资约为 50~60 元/平方米；增加热量表和温控阀时，其造价随选择的热计量方式和热计量表、温控阀设备价格差异而变，但此价格差异与热源形式无直接关系。

（3）不同方案经济性比较

采用保温 + 被动式太阳能改造方案一，并分别与三种主动系统方案结合，综合以上分析，将采暖总初投资与燃料消耗费用总结于表 6-2。

从表 6-2 可见，太阳能热水与电辅助加热配合的采暖热源虽然在初投资上每万平方米建筑比燃煤锅炉增加约 50~80 万元，但 15 年运行费用却可降低 130~250 万元。

表 6-2 采暖总初投资与燃料消耗费用

热源形式		太阳能采暖系统（热源方案一）	燃煤集中供热（热源方案二）	电蓄热锅炉（热源方案三）
保温 + 被动太阳能方案一增加投资（万元）		65~68	65~68	65~68
热源初投资（万元）		150~160	80~100	80
户内采暖系统投资（万元）	无分户热计量和分室控温	50~60	50~60	50~60
	有分户热计量和分室控温	65~80	65~80	65~80
总投资（万元）		260~300	200~240	200~230

续表

热源形式		太阳能采暖系统 （热源方案一）	燃煤集中供热 （热源方案二）	电蓄热锅炉 （热源方案三）
年燃料费用 （万元）	保温＋被动太阳能利用	8	15～18	30
	保温，无被动太阳能利用	12	25	45
	不保温，无被动太阳能利用	20	40	70
15年系统寿命周 期燃料总费用 （万元）	保温＋被动太阳能利用	120	250	450
	保温，无被动太阳能利用	180	375	675
	不保温，无被动太阳能利用	300	600	1050

6.3 太阳能制冷技术

6.3.1 定义

在太阳能热利用领域中不仅有太阳能采暖和太阳能热水，还有太阳能制冷空调。太阳能制冷空调是一个极具发展前景的领域，也是当前制冷技术研究中的热点。太阳能制冷就是把太阳能转换成热能以后，人们可以利用这部分热能提供制冷需求。

6.3.2 工作原理

应用太阳能驱动实现制冷，是通过采用不同的能量转换方式来实现的，目前提出了以下两种主要方式：其一是先实现光-电转换，再以电力推动常规的压缩式制冷机制冷即压缩式太阳能制冷系统，或以电力驱动半导体制冷器实现制冷的系统，由于目前光电转换技术成本太高，在市场上尚难推广应用；其二是进行光-热转换，以热能制冷。目前研究重点选择后一种方式。

1）太阳能光-电转换实现制冷的原理

首先，利用光伏转换装置将太阳能转化成电能后，再用于驱动普通蒸汽压缩式制冷系统或半导体制冷系统实现制冷的方法，即光电半导体制冷和光电压缩式制冷。其关键是光电转换技术，必须采用光电转换接收器，即光电池。当前硅类电池用得最多，包括：单晶硅、多晶硅和非晶硅等，此外砷化镓电池也较为常见。太阳能电池接受阳光直接产生电力，目前效率较低，约10%左右，而光电板、蓄电器和逆变器等成本却很高，其核心工作原理是光伏效应。

2）太阳能光-热转换实现制冷的原理

太阳能光-热转换制冷，首先是将太阳能转换成热能，再利用热能作为外界补偿来实现制冷目的。光-热转换实现制冷主要从以下几个方向进行：即太阳能吸收式制冷、太阳能吸附式制冷、太阳能除湿制冷、太阳能蒸汽压缩式制冷和太阳能蒸汽喷射式制冷。其中太阳能吸收式制冷已经进入了应用阶段，而太阳能吸附式制冷还处在试验研究阶段。

（1）太阳能吸收式制冷的原理

这方面的研究是最接近于实用化，而且已经有了很多成功的实例。这种系统最常规的配置是：采用平板或热管型真空管集热器来收集太阳能，用来驱动单效、双效或双级吸收式制冷机，工质主要采用 LiBr-H$_2$O，当太阳能不足时可采用燃油或燃煤锅炉来进行辅助加热。系统主要构成与普通的吸收式制冷系统基本相同（图 6-2），唯一的区别就是在发生器处的热源是太阳能而不是通常的锅炉加热产生的高温蒸汽、热水或高温废气等热源。该系统的工作原理是利用太阳能集

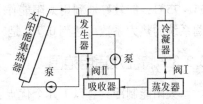

图 6-2　太阳能吸收式制冷系统图

热器采集热量加热热水，再以热水加热发生器中的溶液产生制冷剂蒸汽，制冷剂经过冷却、冷凝和节流降压在蒸发器中由液体汽化吸热实现制冷，之后制冷剂蒸汽被吸收器中的吸收溶液吸收，吸收完成后再由泵加压将含有制冷剂的溶液送入发生器进行加热蒸发，完成一个制冷循环。

（2）太阳能吸附式制冷的原理（图 6-3）

太阳能吸附式制冷系统的制冷原理是利用吸附床中的固体吸附剂（如活性炭）对制冷

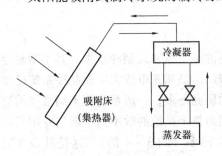

图 6-3　太阳能吸附式制冷系统图

剂（如甲醇）的周期性吸附、解吸附过程实现制冷循环。即当无阳光曝晒加热时，吸附剂在较低温度下对制冷剂进行吸附压缩，导致液态的制冷剂在蒸发器内汽化吸热，因而使包含蒸发器的空间温度下降，达到制冷的目的，此过程一般在夜间进行。当吸附剂处于阳光曝晒的加热状态时，夜间被吸附的气态制冷剂受热脱附，离开吸附床，经过冷凝器时凝结为液体，流回蒸发器中，等待下一循环的蒸发、吸热过程的开始。通常情况是吸附剂装入吸附床（集热器），以接近垂直的角度接收太阳光线的辐射加热，制冷剂装入蒸发器。其系统形式有两种，一种为利用昼夜交替实现自然循环的间歇式太阳能吸附式制冷系统，通常用于夜间制冰，但生产周期较长。为了克服这个缺点，现在已经研究出了另一种连续性太阳能吸附式制冷系统，即利用多个吸附床交替地进行吸附和脱附，并在吸附床之间发生热交换处增加了连续性回热式循环制冷系统。

（3）太阳能除湿蒸发冷却制冷的原理

太阳能除湿蒸发冷却制冷方式分为固体除湿蒸发冷却和液体除湿蒸发冷却两种。由于固体除湿存在系统庞大、再生温度高、系统相对比较复杂等缺点，溶液除湿蒸发冷却制冷越来越受到重视。溶液除湿蒸发冷却空调系统利用溶液除湿剂对湿空气进行除湿干燥，然后将这部分空气送入直接蒸发冷却器，产生冷水或者温度较低的湿空气。制取冷冻水的流程如图 6-4 所示。

常用的除湿剂有氯化锂、氯化钙、溴化锂及它们的混合物。溶液再生温度通常在

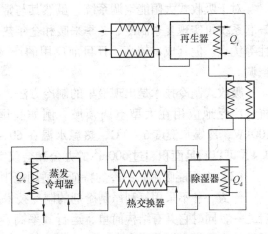

图 6-4　溶液除湿蒸发冷却系统图

55～75℃，能较好地利用太阳能作为系统主要驱动能源。太阳能驱动的溶液除湿蒸发冷却空调系统的热力系数可达到0.7，是一种具有节能和环保双重优势的新型制冷空调方法。

6.3.3 特征及适用范围

太阳能制冷具有以下几个优点：首先是节能，据统计，国际上用于民用空调所耗电能约占民用总电耗的50%，而太阳能是取之不尽、用之不竭的清洁能源。太阳能制冷用于空调，将大大地减少电力消耗、节约能源；其次是环保，根据《蒙特利尔议定书》，目前压缩式制冷机主要使用的 CFC 类工质因为对大气臭氧层有破坏作用应停止使用（美、欧等已停止生产和使用），现在各国都在研究 CFC 类工质的替代物质及替代制冷技术。太阳能制冷一般采用非氟氯烃类物质作为制冷剂，臭氧层破坏系数（ODP）和地球温室效应系数（GWP）均为零，适合当前环保要求，同时可以减少燃烧化石能源发电带来的环境污染。

太阳能制冷的另外一个优势是热量的供给和冷量的需求在季节和数量上高度匹配。太阳辐射越强、气温越高，冷量需求也越大。太阳能制冷还可以设计成多能源系统，充分利用余热、废气、天然气等其他能源。

1）太阳能光-电转换实现制冷的特征及适用范围

光电压缩式制冷的优点是可采用技术成熟且效率高的蒸汽压缩式制冷技术，其小型制冷机在日照好又缺少电力设施的一些国家和地区已得到应用。虽然光电式太阳能制冷系统已经被用于空调和冰箱，但是目前人们对其制冷系统特性的研究不多，一般都直接采用常规的空调或冰箱，压缩机一般都没有考虑光伏系统的特性，因而整个系统的效率尚不能与专用的直流压缩机相比，成本比直接以热能为动力的制冷循环高得多（约3～4倍），这是其最大的缺点。

值得一提的是太阳能发电不仅可以用于制冷空调，还可以用于其他电器，或者并入电网，我国也已经把太阳能光伏发电作为"十二五"重点推广的能源项目之一。随着光伏转换装置效率的提高和成本的降低，太阳能发电必将得到迅速发展，加上制冷空调市场的发展空间仍然很大，光电式太阳能制冷产品将有广阔的发展前景。

2）太阳能光-热转换实现制冷的特征及适用范围

（1）太阳能吸收式制冷的特征及适用范围

对于吸收式太阳能空调系统，虽然其与常规空调比，具有季节性适应好，利于环保，同一套系统可实现夏季制冷、冬季采暖和全年热水供应，因而大大提高了系统的利用率和经济性等优点。但其成本较高，且目前应用的产品大都是大型的制冷机，只适用于单位的中央空调。

吸收式制冷技术是出现最早的制冷方法，技术相对成熟。目前太阳能溴化锂吸收式制冷机已广泛地应用在大型空调领域。例如我国首座大型太阳能空调系统，制冷能力可达100kW，冷媒水温度 6～9℃，热源水温在 60～75℃，能很正常地制冷，COP 初步预算大于0.4，可以满足面积超过 $600m^2$ 的办公和会议室的空调需求。

（2）太阳能吸附式制冷的特征及适用范围

作为一种不采用氟利昂制冷剂的制冷技术，太阳能固体吸附式制冷成为制冷界研究的热门之一，同时它具有结构简单、运行效率高、不消耗常规能源（如煤、电和化石燃料等），而且噪声小、寿命长、安全性好、无需考虑腐蚀问题等优点。

在考虑吸附式制冷系统的实用化方面，须以实际运行经济性为目标函数，考虑日制冰量、循环时间、设备耗材与吸附剂耗量、一次性初投资、区域日照特点、用户经济承受能力等因素，运用技术经济的观点进行吸附式制冷系统的技术经济分析。而目前的太阳能固体吸附式制冷系统制冷效率较低，难以与其他形式的制冷系统相比，虽然不断有各种制冷样机成功的报道，但商业化应用仍有较大差距。笔者认为其实用化至少必须考虑以下三个方面：吸附速度的影响、集热器与工质对的选取和改善吸附床内的传热/传质性能。

（3）太阳能除湿蒸发冷却制冷的特征及适用范围

相对于吸收式制冷方式，溶液除湿蒸发冷却系统有着显著的优势。

① 需要的驱动热源温度低，一般 55～75℃ 均能满足系统运行要求；能有效地利用如太阳能、工业余热、废气余热等低品位热源。

② 空调系统所有装置设备均在大气压环境下运行，无真空密封要求。

③ 系统主要部件少，结构简单。

④ 系统风量大，温湿度容易控制调节，新风量大，空气品质好。

目前，溶液除湿蒸发冷却制冷的研究主要集中在除湿剂，包括混合溶液除湿剂性能、除湿器再生器的设计与传热传质强化、系统结构流程合理设计、溶液独立除湿空调系统等方面。如何解决除湿剂对设备的腐蚀性和强化传热、传质过程，使得设备小型化，是溶液除湿蒸发冷却空调得以推广的关键技术。

6.3.4　设计要求

（1）由于受太阳能集热器的影响，太阳能空调普遍存在着效率低、价格高的问题。太阳能空调中的太阳能集热器可以与太阳能热水器通用。随着太阳能热水器技术的发展，太阳能集热器的效率会逐渐提高，对于原来有太阳能热水器的用户可以进行改造，先制冷再用余热洗澡，使其具有更好的经济性。

（2）集热温度、冷水温度及冷却水温度应各为多少，才能建立一个最为经济合理的太阳能空调系统，也是尚待解决的课题。只有有了合适的集热器和制冷机，才能建立经济合理的太阳能空调系统。

（3）由于太阳能的收集存在时效问题，蓄热技术也必须得到很好地解决。现存的蓄热方法主要采用增加热水容量，增强保温效果。要通过蓄热技术和蓄热载体的研究开发，来实现太阳能空调系统应用的随意性和连续性。

（4）对于居住相对集中的楼房，集热器的安装受到很大的限制，这主要是因为太阳能空调的安装不普遍，楼房的设计没有考虑到太阳能空调。要通过太阳能应用与建筑一体化设计来解决这个问题。

（5）目前，还没有太阳能制冷系统的计算机设计软件、控制芯片、技术标准、统一的配套设备和零部件，这是科技与市场结合的问题。解决这一问题需要太阳能制冷形成一定的规模，占领一定的市场，还需要政府和科技部门给予支持。

6.3.5　经济性分析

太阳能制冷可以显著减少常规能源的消耗，大幅度降低运行费用，但由于太阳能集热器在整个太阳能空调系统成本中占有较高的比例，造成太阳能空调系统的初始投资偏高，在全年的应用时间一般都只有几个月，单纯的太阳能制冷系统显然是不经济的。然而，一些太阳能制冷系统（如太阳能吸收式制冷系统）除了可以夏季提供制冷空调还可以冬季提供采暖以及为全年提供生活热水，同一套太阳能系统可以兼有空调、采暖和热水多项功能，这就大大提高了太阳能系统的利用率，从这个意义上说，太阳能制冷技术也可以具有较好的经济性。

6.4 热泵技术

6.4.1 定义

所谓热泵，就是一种利用人工技术将低温热能转换为高温热能而达到供热效果的机械装置。热泵由低温热源（如周围环境的自然空气、地下水、河水、海水、污水等）吸收热能，然后转换为较高温度的热源释放至所需的空间（或其他区域）内。这种装置既可用作供热采暖设备，又可用作制冷降温设备，从而达到一机两用的目的。

欧洲第一台热泵机组是在 1938 年制造的，它以河水低温热源，向市政厅供热，输出的热水温度可达 60℃，在冬季采用热泵作为采暖需要，在夏季也能用来制冷。目前，欧洲的热泵理论与技术均已高度发达，这种"一举两得"并且环保的设备在法、德、日、美等发达国家业已广泛使用。20 世纪 80 年代来，热泵在我国各种场合的应用研究有了许多发展。针对我国地热资源较丰富的情况，若把一次直接利用后或经过降温的地下热水作为热泵的低位热源使用，就可增大使用地下水的温度差，并提高地热的利用率。而这种技术同时为我国能源使用效率不高、分配不均匀的状况提供了一种有效的解决方法。

热泵机组的能量转换，是利用压缩机的作用，通过消耗一定的辅助能量（如电能），在压缩机和换热系统内循环的制冷剂的共同作用下，由环境热源（如水、空气）中吸取较低温热能，然后转换为较高温热能释放至循环介质（如水、空气）中成为高温热源输出。在此，因压缩机的运转做功而消耗了电能，压缩机的运转使不断循环的制冷剂在不同的系统中产生的不同的变化状态和不同的效果（即蒸发吸热和冷凝放热），从而达到了回收低温热源制取高温热源的作用和目的。由此可见，热泵的定义涵盖了以下几点：

（1）热泵虽然需要消耗一定量的高位能，但所供给用户的热量却是消耗的高位热能与吸取的低位热能的总和，因此，热泵是一种节能装置。

（2）热泵可由动力机和工作机组成热泵机组。利用高位能来推动动力机，然后再由动力机来驱动工作机运转，把低位的热能输送至高品位，用来向用户供热。

（3）热泵既遵循热力学第一定律，又遵循着热力学第二定律。在热泵定义中明确指出，热泵是靠高位能拖动，迫使热量由低温物体传递给高温物体。

6.4.2 工作原理

热泵机组装置主要有：压缩机、冷凝器、蒸发器和膨胀阀四部分组成，工作图如图 6-5 所示。通过让液态工质（制冷剂或冷媒）不断完成蒸发（吸取环境中的热量）→压缩→冷凝（放出热量）→节流→再蒸发的热力循环过程，从而将环境里的热量转移到工质中。压缩机起着压缩和输送循环工质从低温低压处到高温高压处的作用，是热泵（制冷）系统的心脏；蒸发器是输出冷量的设备，它的作用是使经节流阀流入的制冷剂液体蒸发，以吸收被冷却物体的热量，达到制冷的目的；冷凝器是输出热量的设备，从蒸发器中吸收的热量连同压缩机消耗功所转化的热量在冷凝器中被冷却介质带走，达到制热的目的；膨胀阀或节流阀对循环工质起到节流降压作用，并调节进入蒸发器的循环工质流量。根据热力学第二定律，压缩机所消耗的功（电能）起到补偿作用，使循环工质不断地从低温环境中吸热，并向高温环境放热，周而往复地进行循环。

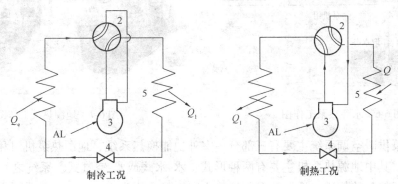

图 6-5　热泵工作图

1— 蒸发器（冷凝器）；2—换向阀（四通阀）；3—压缩机；

4—节流阀；5—冷凝（蒸发）器

6.4.3　热泵的分类

热泵技术分为三类：水源热泵、地源热泵以及空气源热泵。

（1）水源热泵

水源热泵是利用地球水所储藏的太阳能资源作为冷、热源，进行转换的空调技术，如图6-6所示。水源热泵可分为地源热泵和水环热泵。地源热泵包括地下水热泵、地表水（江、河、湖、海）热泵、土壤源热泵；利用自来水的水源热泵习惯上被称为水环热泵。地球表面浅层水源（一般在 1000m 以内），如地下水、地表的河流、湖泊和海洋，吸收了太阳进入地球相当的辐射能量，并且水源的温度一般都十分稳定。水源热泵技术的工作原理是：通过输入少量高品位能源（如电能），实现低品位热能向高品位转移。水体分别作为冬季热泵供暖的热源和夏季空调的冷源，即在夏季将建筑物中的热量"提取"出来，释放到水体中去，由于水源温度低，所以可以高效地带走热量，以达到夏季给建筑物室内制冷的目的；而冬季，则是通过水源热泵机组，从水源中"提取"热能，送到建筑物中采暖。

（2）地源热泵

"地源热泵"的概念，最早于1912 年由瑞士的专家提出，而该技术的提出始于英、美两国。北欧国家主要偏重于冬季采暖，而美国则注重冬夏联供。由于美国的气候条件与中国很相似，因此，研究美国的地源热泵应用情况，对我国地源热泵的发展有着借鉴意义。

地源热泵是一种利用浅层地热资源（也称地能，包括地下水、土壤或地表水等）的既可供热又可制冷的高效节能空调设备。地源热泵通过输入少量的高品位能源（如电能），实现由低品位热能向高品位热能转移，如图6-7所示。地热能分别在冬季作为热泵供热的热源和夏季制冷的冷源，即在冬季，把地能中的热量取出来，提高温度后，供给室内采暖；夏季，把室内的热量取出来，释放到地能中去。通常地源热泵消耗 1kWh 的能量，用户可以得到 4kWh 以上的热量或冷量。

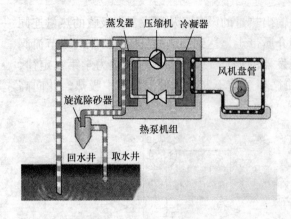

图 6-6　水源热泵工作图

图 6-7　地源热泵工作图

地源热泵供暖空调系统主要有三部分：室外地能换热系统、地源热泵机组和室内采暖空调末端系统。其中地源热泵机主要有两种形式：水-水式或水-空气式。系统之间靠水或空气换热介质进行热量的传递，地源热泵与地能之间换热介质为水，与建筑物采暖空调末端换热介质可以是水或空气。

（3）空气源热泵

由生活常识我们可以知道，热水可以自己慢慢向空气中放热，冷却成冷水，这表明热量可以从温度高的物体传递到温度低的物体——空气。那么可不可以将这个过程反过来进行，将温度较低的空气中的热量向水中转移呢？由热力学第二定律可知：热量是不会自动从低温物体传到高温物体的。这就是说，热量能自发地从高温物体传向低温物体，而不能自发地从低温物体传向高温物体。但这并不是说热量就不能从低温物体传向高温物体。大家都知道，热量总是从高温向低温传递，像水一样从高处流向低处，将空气中低温热能"泵送"到高品位来供应热量需求的设备叫"空气源热泵"（图6-8）。

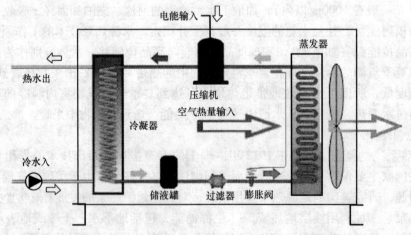

图 6-8　空气源热泵工作图

空气源热泵机组的分类：

从压缩机的类型来分：有全封闭和半封闭活塞式压缩机、涡旋式压缩机、半封闭螺杆式压缩机等；

按机组容量大小分：有别墅式小型机组和中大型机组；

按机组结构来分：有整体式机组和模块化机组；

按功能分：有一般热泵机组、热回收机组、蓄冷热机组。

6.4.4　设计要求

1）空气源热泵

经过工程实例的验证，每一种热源的选用都有各自的情况和适应性，空气源热水机组安装应用及运行过程中应注意下列条件要求：

（1）最冷月地平均气温大于 10℃的地区，可不设辅助加热；

（2）最冷月地平均气温在 0 ~ 10℃的地区，应设辅助加热；

（3）空气源热泵机组常见允许下限值为 - 7℃，常见允许上限值为 43℃。

此外，在空气源热水机组选择和安装时，应综合考虑以下几点因素和条件：

（1）无辅助热源应根据全年最冷月平均气温和设计小时平均秒供热量选型；

（2）有辅助热源系统宜按春分、秋分所在的月平均气温和相应的设计小时平均秒供热量选型；

（3）一个系统中的机组数量不宜少于 2 台，且宜为同一型号。

综上所述，空气热源热泵机组最适宜在长江以南地区（年平均气温在 10℃以上地区）安装应用。最适合应用的领域为：高档酒店式公寓、中小型康复疗养院或医院病房用水，大中小学集体宿舍用水及中小型酒店等。

2）水源热泵

（1）水源热泵空调水循环系统设计

一般的空调水系统，可采用单次泵系统或复式泵系统（一次泵系统与二次泵系统）。系统流量控制可采用定流量控制或变流量控制。复式泵系统中的一次泵、二次泵皆可以采用定流量或变流量控制。为了节约运行费用，二次泵运行应该采用变流量控制技术。深井泵也应采用变流量控制，且最好采用变频控制的方式。

（2）水源热泵用深井水系统设计

地下水是宝贵的资源，地下蓄水层的构造、水质等是影响水源热泵深井水侧系统配置的第一个因素。地下水温是影响水源热泵效率的主要因素。地下水温度既是地下水水源热泵的冷凝温度又是蒸发温度。夏季，地下水作为冷却水，水温越低越好；冬季，地下水作为热泵热源，温度越高越好，但蒸发温度不能过高，否则会使压缩机排气温度过高，压缩机内润滑油可能会炭化。综合考虑，地下水温度 20℃左右时，水源热泵机组的制冷和制热将处于最佳工况点。当采用板式换热器时，板式换热器冷却水、循环水进出口水温的确定，要根据当地的气象条件（主要是指夏季空调湿球计算温度）及一次投资和运行费用的比较决定。一般情况下，冷却水的供水温度要比当地的夏季空调室外计算湿球温度高 4 ~ 6℃，冷却水的温差为 4 ~ 6℃，循环水的出水温度 t_{kl} 比冷却水的供水温度 t_{el} 高 2℃左右，循环水温差取 5℃左右。地下水质是直接影响地下水源热泵机组的使用寿命和制冷（热）效率的第二个因素，也是影响水质处理环节复杂程度的决定因素。要注意水质中的腐蚀性、结垢、混浊度与含砂量。水中杂质在地下处于缺氧状态，与大气接触后会发生改变，必须引起高度注意。

当地下水质不满足要求时，必须进行水质处理。一般深井水在使用前，应进行基本的除砂，去除水中的泥砂等。经过水过滤器和除砂设备后再进入机组。

（3）空调与生活热水同时使用的系统运行设计

在夏季，当常规水源热泵机组工作于制冷工况时，热水出水温度就会偏低。随着空调负荷与热水负荷的变化，二者之间存在不同步现象，导致空调的除热量不等于热水系统的需热量，而二者水温又必须同时控制，这造成了水系统运行管理上的许多麻烦，必须采取如加辅助热源，固定一侧负荷等控制措施。

在冬季，当常规水源热泵机组工作于制热工况时且无冷负荷时，所有空调设备皆需供应热水，空调水与生活水变成一个系统，这样空调系统的供水温度必为热水温度，空调系统设备的放热量就偏大。为了节能，冬季空调水流量应当设计成不等于夏季空调水流量的变流量系统。这一要求导致水泵的初投资增加以及水温差的变化。

3）地源热泵

（1）地表水地源热泵系统

可用作地源热泵空调系统冷热源的地表水包括：湖水、江河水、海水和污水。关于地表水水源热泵在我国各典型气候区的适用性，及地表水地源热泵系统的设计对于具体各种水源的设计又存在一定的特殊性。对于海水，因为各海域水质的不同，应用的换热装置、管材都不尽相同。

（2）地下水地源热泵系统

地下水地源热泵系统的设计，根据各地域地下水的水质条件，如果水质条件较好，可采取开式环路系统；如果水质条件不太好，可采用闭式环路系统，即采用板式换热器把地下水和通过热泵的循环水分隔开，以防止地下水中的泥砂和腐蚀性杂质对热泵机组的影响。

4）地埋管地源热泵系统

地埋管地源热泵系统的设计，根据地质条件的不同，地埋管的敷设方式可分为水平埋管、垂直埋管和螺旋形埋管三类。水平埋管又分单层和多层，串联和并联埋管。垂直埋管根据地质情况又可采用单 U 管或双 U 管。

设计中应注意的问题：在系统的设计过程中，对于设计者而言，尽量采用新技术、新能源、节能环保系统及材料是无可厚非的，但在具体的应用上，应该充分考证具体环境下的适用性。在海水利用方面，均采用间接的方式将海水作为冷热源，基本上对环境不会造成破坏，但对于系统所在附近海域由于热泵系统的放热和取热对海洋生物是否会造成一定的影响和破坏，还有待研究。污水热泵系统相对环境而言没有什么影响，值得大力推荐和应用，只是因为污水水质的不同，在技术上还存在特殊性，设计时需要特殊考虑和处理。在地下水的设计方面，从理论上来说，抽水后地下水经过地源热泵机组的能量交换能够全部回灌到同一含水层，很多成功的工程经验也印证了这一点，但实际工程中未能达到全部回灌要求或根本未进行回灌的工程也不在少数。热源井设计和施工时，应同时留出观测井或观测孔，抽水、回灌井计量仪表，有些城市为加强对地下水的保护，可在达到上述监测手段的基础上，对抽水、回灌量及水质进行在线监测，有利于地下水地源热泵系统合理取水并避免对地下水的破坏和污染，同时回灌技术也还需要进一步发展和完善。在地埋管地源热泵系统的设计中，各地方的地质情况均不尽相同，所以最好对该地域进行现场取样测试，掌握数据资料，以使设计满足使用要求。对于在住宅建筑中的应用，除非同时设计空调和采暖系统且利用其他能源平衡冷热量的高档社区外，一般只设采暖的住宅小区不适合采用。

6.4.5　经济性分析

吸收式热泵及化学热泵装置均以热能为驱动能源，可以使用与各型锅炉相同的初级能源，由于其增热型的性能系数是大于1的，故与锅炉相比肯定是节能的，而其增温型主要用于余热的回收，与传统的供热设备不具有可比性。现主要进行蒸气压缩式热泵装置与锅炉的能耗及经济性比较。

（1）热泵效率

热泵的性能系数是与工作工况密切相关的，仅提热泵的性能系数有多高而不考虑工况是没有任何意义的，而在相同工况条件下热泵的极限性能系数是逆卡诺循环的热泵性能系数，参照制冷中热力完善度的概念，将热泵的性能系数与相同条件下逆卡诺循环的热泵性能系数之比称为热泵的卡诺效率，简称热泵效率。热泵效率主要与两个因素有关，一是热泵循环的内部损失的大小，即压缩机机械损失、工质流动损失和散热损失等，而另一项为在高温端和低温端换热器中的不可逆传热损失。传热损失除与热泵换热器（蒸发器和冷凝器）的设计和制作水平有关外，主要与载热介质有关，如以水为载热介质的冷凝器和蒸发器的传热温差一般仅为5℃左右，而空气冷凝器和蒸发器的传热温差要高达10~15℃。故以水为载热介质的热泵的效率一般要大于相同温度范围工作的空气源热泵。

由于压缩机性能（图6-9），大型热泵系统热泵性能效率较高和流程损失相对较小，其系数与高低位热源温差的关系，热泵效率一般要大于小型热泵，显示了在一定供热温度条件下，热泵高低位热源的温差与热泵性能系数的关系。图中分别作出了理想逆卡诺循环热泵（效率 $\eta = 1.0$）即为0.3，0.4，0.5和0.6的热泵的性能系数随温差的变化曲线。可以看出，随着高低位热源温差的增加，热泵性能系数降低。目前常规小型的空气-空气热泵的效率一般仅为30%~40%，较大型的空气-水热泵的效率约为50%，而高效的水-水热泵系统的效率甚至可达60%以上。

（2）热泵装置的经济性分析

为了简化，本文仅从成本、效率、能源价格等方面进行经济分析，而忽略安装、运行管理、设备维修等费用。图6-10为某燃油锅炉运行费用与热泵运行费用（电价为0.5元／

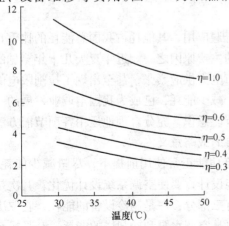

图 6-9　热泵性能系数与高低温
热源温差的关系

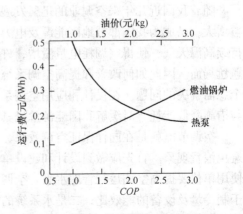

图 6-10　热泵与燃油锅炉运行费用比较

kWh）的比较。可以看出，当油价上升时燃油锅炉的运行费用是线性上升的，而热泵性能系数增加时热泵运行费用是以双曲线趋势下降的，即当热泵性能系数较高时继续增加热泵性能系数并不能使热泵运行费用有很显著的下降。从技术角度讲，热泵效率越高越好，即在同样工作条件下要求最高的热泵性能系数，但为了减少不可逆损失，要求用高效的压缩机和大的蒸发冷凝换热面积及回热设备，必然导致设备成本的增加。图6-11为以某型燃油锅炉为基准，设燃油价为2.0元/kg，给出了在同电价条件下热泵的等经济性曲线。

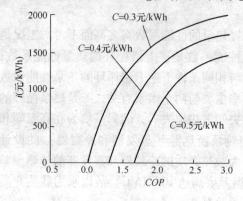

图6-11　热泵等经济曲线

图6-11中i为热泵装置的单位成本，即$i=$热泵成本/额定供热功率，C为电价，图中曲线表示与某燃油锅炉具有相同供热成本，曲线右下侧的区域供热成本小于此锅炉。可以看出，在同样的电价条件下，热泵装置的成本越高，则要求它的COP值越高才能达到相同的经济性。当热泵成本高到一定程度时，它的COP值再高也无法使系统达到与锅炉相同的经济性，而在热泵COP较低时，只要能降低其成本就可能达到较好的经济性，由此可看出控制热泵装置成本对热泵应用的巨大影响。电价对热泵经济性的影响也可从图

6-11中看出，即电价越低等经济性线越往左上移动，热泵经济性好于锅炉的区域就越大。当然，能源价格受到社会经济各方面的因素影响，不容易在技术上进行评估。在目前中国的电、油价条件下，热泵装置成本如能控制在1000元/kW左右，热泵性能系数达到2.0左右就与现有的燃油锅炉具有相当的经济性，这也是目前空气源热泵在空调供热领域获得广泛应用的基础。

6.5　空调系统节能技术

6.5.1　定义

随着我国近几年来空调业的迅猛发展与空调的普遍应用，其能耗占我国总能耗的比重日益增大，已成为我国部分地区能源及电力供需矛盾的主要原因之一。近年夏天几十年罕见的持续高温天气，使得空调耗电量激增，许多大中城市电力供应紧张，甚至出现了拉闸限电的尴尬局面。因此如何改善和提高空调系统运行效率，减少能耗，已成为我国空调业发展的一个急需解决的问题。在设计和应用空调系统时提高节能意识，充分合理地运用各项节能方法与措施降低能耗，对缓解我国能源危机具有十分重要的战略意义。

空调节能就是在同样保证空调效果、不影响建筑功能正常使用前提下，尽量减少能耗，避免浪费现象。首先应做到设计和建设单位重视节能设计，要使空调系统设计优化；其次是使用单位要提高空调运行管理水平。空调能耗主要有三部分：一是制冷设备的能耗，它取决于制冷量及设备的能效比；二是水系统的能耗，主要是空调水泵和冷却塔的能耗；三是风系统的能耗，它主要是风机盘管空调末端设备的能耗。

6.5.2　工作原理

（1）改善建筑围护结构的特性

要求建筑设计尽量减少建筑体形系数和窗墙面积比，尽量避免使用大玻璃窗全玻璃幕墙，选用保温隔热性能良好的墙体与屋面材料。玻璃可以选用吸热玻璃、反射玻璃、双层中空玻璃，以提高玻璃隔热性能，减少太阳辐射透过率。增加窗户的遮阳设施，遮阳设施可以是内外百叶窗帘等。

（2）合理确定室内设计参数

在满足人体舒适条件下，尽量提高夏季的室内设计温度和相对湿度。如果夏季室内设计温度取值太低，会增加空调的冷负荷。

（3）室内局部热源就地排除

由于使用功能的需要，有些建筑室内层高比较高，上部会汇聚污浊高温气体，如体育馆、影剧院等，还有些建筑上部灯光负荷较大，散热量也大，类似上述情况可考虑在热源附近设置局部排风机，将热量直接排至室外，减少空调冷负荷。

（4）减少新风负荷

控制和正确使用新风量是空调系统有效的节能措施，在满足卫生、补偿排风、稀释有害气体浓度、保持正压等要求前提下，不要盲目增大新风量，也可以采用 CO_2 浓度控制器控制新风进风量。

（5）灯光照明散热控制

在满足规范要求下，室内照度不宜过大，以降低室内照明总功率，从而减少灯光散热量，减少空调冷负荷。

6.5.3　新能源和新技术

1）变频技术的应用

变频技术是实现空调压缩机节能的有效手段之一。传统空调系统依靠启、停压缩机工作来实现室内温度的调节，这种方式需要较多额外的能量来克服压缩机转子由静到动的较大的转动惯量，而且还将会加剧压缩机运动部件的磨损。与之相比，采用变频技术的压缩机可通过变频器调节压缩机转速来适时地改变制冷剂的流量，以改变制冷量（制热量）的供给。通常以较大功率制冷（制热）以迅速接近设定温度后，变频压缩机转入低速、低能耗运行保证室内温度在较小范围内波动，提高了舒适度，同时节省了频繁启停的功耗，实现了节能，与传统压缩机相比节能可达 20%。据统计，在日本 95% 的家庭使用变频空调，而在中国也有稳定的消费市场，部分地区市场占有率可达 50%。变频压缩机技术的重点在其控制技术，几种常见的技术简单介绍如下：

（1）全数字直流变频。直流变频压缩机的变频器首先是将交流电变为直流电，然后根据室内温度变化调节频率，采用 PWM（脉冲宽度调制）和 PAM（脉冲幅度调制）数字复合变频控制。

（2）超宽变频。利用微电脑控制技术，快速测量环境温度的变化并做出判断，精确维持恒定温度，最终实现节能。

（3）模糊控制技术。基于模糊控制技术、自动感知室内外温度变化、室内人群活动等情况，实现变频空调的最佳控制。

（4）稀土永磁电机。采用稀土永磁材料转子电机，使压缩机可以在极宽的电压和频率范围内高效运转。此时，变频器的使用使得空调系统中水泵、风机的无级调速成为可能，这也将实现空调系统的节能。据有关研究表明，变风量空调将比传统空调节能约70%，而变水量空调的节能将近80%，这是十分可观的节能效果。

变频技术是空调行业中较为有效和先进的节能技术，将得到推广应用。但是，变频压缩机的设计和制造的要求较高，既要解决其低速运转时的振动和润滑油供给问题，又要解决其高速运转时的轴承负荷、摩擦和磨损问题。

2）太阳能制冷空调

在空调行业，太阳能既可用来供热，也可用来制冷。供暖方面，太阳能主要与地板采暖和吊顶辐射结合，通过制取热水实现供暖；制冷方面，一般将太阳能进行光热转换，以热驱动制冷，或可进行光电转换，以电制冷，但后者的效率太低。利用太阳能集热器可将太阳能转换为热能，集热器大体分为平板集热器和真空管集热器两种。近年来正在发展的太阳能制冷新技术如下：

（1）太阳能吸收式制冷。传统的以热制冷，如以溴化锂吸收式制冷较为成熟。目前，单级溴化锂吸收式系统要求90℃左右的热源温度，这对太阳能集热装置的要求较高，若采用两级系统则只需65~75℃的热源温度，其适用范围较广，但效率会降低。另外，如果采用高效太阳能集热装置，获得130~150℃的热源并结合辅助热源驱动双效溴化锂吸收式机组，虽然这种方式的太阳能利用比率较低，但比单独的燃油、燃气驱动的吸收式机组在经济性方面有较大的提高。这类系统适用于太阳能资源较为丰富的地区，对节约能源和丰富能源结构有重大意义。

（2）太阳能吸附式制冷。除了吸收式以外，太阳能还可驱动吸附式制冷。吸附式制冷适用于小制冷量系统，硅胶-水系统只需65℃以上的热源驱动即可，日运行时间长，无污染并且节约能源。活性炭-甲醇系统还可用太阳能来驱动制冰。另外，利用太阳能驱动吸附硅胶转轮，可用于转轮除湿空调中。这种系统还可与传统空调结合形成混合式除湿空调系统，充分满足除湿和降温的双重要求，适用于湿度大、需要通风的场所，效率同比可提高30%。若能实现工作过程中的持续性、小型化、紧凑化和高效性，太阳能驱动吸附式制冷将有更好的应用前景。

3）地源热泵

地源热泵作为低品位能源技术利用的一种，在冬天将温度相对稳定的地能作为热源提高蒸发温度，在夏季作为冷源降低冷凝温度，可比传统空调性能提高近40%，其应用符合国家目前节能减排和环境保护的可持续发展政策，是我国制冷空调行业新的发展方向。

地源热泵根据利用的不同形式地能分为以下三种：

（1）土壤源热泵。地埋管通过中间流体与浅层岩土换热，也可使用直接膨胀式将制冷剂与岩土直接换热，系统可靠、稳定、效率高。但系统的效率受土壤性质，尤其是土壤含水量的影响较大，长时间运行后土壤性能将出现下降。同时，地埋管的回填材料对其换热的好坏有着较大的影响，掺入导热系数较大的材料，如砂子、树脂等将增大回填材料的导热系数，进而加强管内流体与土壤间的换热，提高系统的利用效率。

（2）地下水热泵。采用埋管与地下水换热，地下水的温度常年基本保持不变，波动较小，这对热泵的运行是十分有利的。地下水热泵存在地下水回灌等问题，其应用应该建立在获得准确的地下水水文资料的基础上进行，并要考虑避免埋管被腐蚀和地下水污染等问题。

（3）地表水热泵。此类系统的热源采用地表的池塘、湖泊或海洋的地表水，初期投资小。但是其应用受到水文条件的限制，对其换热设备的设计要求较高，需要有效、经济的解决污染、阻塞等水源技术问题。另外，此类系统的应用还要求对生态环境的影响进行分析、监督。

4）蓄能技术

通常空调制冷负荷在高峰时占到整个电力负荷的40%，这加剧了用电高峰期的电力供需矛盾。使用蓄冷空调系统是有效缓解昼夜负荷峰谷差的手段之一。蓄冷空调系统在晚间低谷电时，将制冷机组产生的冷量以一定的方式储存起来，白天再将所储存的冷量释放出来，实现了电力负荷的移峰填谷，兼具经济效益和社会效益，符合国家政策的要求。另外，蓄冷空调系统避免了制冷机组在极端恶劣的工况下低效率的工作，降低了机组的安装容量，使泵、风机等设备的容量和能耗也相应地降低，而且由于夜间环境温度较低使冷凝温度下降，系统的制冷效率得到提高。

传统的蓄冷技术包括水蓄冷和冰蓄冷。水是最简单的显热蓄冷材料，已经得到较长时间的研究和应用，其系统简单、安全，但是显热蓄冷方式的蓄冷密度较低，水泵输送冷冻水的能耗较大。冰蓄冷是常用的相变蓄冷方式，利用水/冰的相变来储存和释放冷量，其蓄冷密度可达水蓄冷的数倍，同时蓄冷槽体积小，供冷温度低且供冷稳定。但制冷机组在制冰工况时蒸发温度低，导致制冷机组性能下降和能耗增大，制冰设备和管路比较复杂，运行维护费用高。近年来，发展了几种新型的蓄冷技术，简单介绍如下：

（1）共晶盐蓄冷。日本某公司研究室研制出适用于空调系统的优态盐蓄冷材料，采用十水硫酸钠为主要成分，添加一定的添加剂后相变温度约为 8～10℃，因此适用于常规制冷空调机组，其蓄冷密度约为水蓄冷的 3～4 倍，但材质易老化，蓄冷能力会下降。

（2）冰浆蓄冷。采用动态制冰法制取一定浓度的浆状冰水混合物，在保证其流动能力的基础上，这种冰浆既可作为蓄冷介质，又可作为冷量输送介质，其冷量输送密度约为冷冻水的 4～6 倍，因此相同输送冷量条件下所消耗的泵功减少。这种蓄冷方式的缺点在于其制备过程复杂，且一般需要消耗额外的机械功。

（3）水/油蓄冷材料。这类系统中，采用水作为传热流体，石蜡等油类物质作为相变蓄冷介质，利用水、石蜡间的密度差分开、调配流体。空调蓄冷所用石蜡为十四烷，其融点为 5.8℃。

（4）水合物浆体材料。一些铵盐溶液在常压下即可生成类似于冰浆的笼状水合物浆体，但生成装置比冰浆生成装置简单。多采用四丁基溴化铵水合物浆体作为空调用蓄冷和冷量输送介质，其相变温度为 0～12℃且易于调节，蓄冷密度约为冷冻水的 2～4 倍，显示出较好的应用前景。

（5）微乳液和微胶囊乳液。将石蜡制备成细微颗粒，混入水中可制成潜热型微乳液，其相变温度与所使用的石蜡有关，蓄冷能力高，其流动黏性也只比冷冻水稍大。但微乳液易粘结、阻塞。在微乳液基础上开发出的微胶囊乳液将悬浮的细微相变颗粒用封装薄膜包上，相变材料间彼此隔绝避免粘结，而且封装还起到了保护材料避免体积变化带来的影响。

另外，相变蓄能材料还可以应用在建筑体上。将相变材料填充在墙体中制成相变蓄能墙，可改善建筑围护结构的蓄热和隔热性能，对外界的温度波动产生较大的衰减和延迟作用，使建筑的逐时负荷均匀化，减少空调设备的初投资和运行费用。蓄热电加热地板利用夜间低谷电加热相变材料，以潜热的形式将电能储存起来，白天再放给房间供暖，这样的系统简单、舒适性好且有利于电力的移峰填谷，节能降耗。

5）分布式冷热电联产

一般化石燃料的燃烧将化学能转变为热能，高品位的热能将被用来发电，剩下的余热烟气等可用来供热和供冷，实现冷、热、电三联供。这种能量的梯级利用，使一次能源的利用率得到显著提高，可达70%～90%，远大于一般集中式电站的30%～50%。

一般来说，三联供系统中使用的为热驱动式制冷机组，可以是吸收、吸附式制冷剂和吸收、吸附式除湿机，有效地实现以热制冷。但由于电动蒸气压缩式制冷系统更加成熟和可靠，因此在三联供系统，特别是微型三联供系统的研究中较多使用的还是电制冷方式。利用发动机或其他原动机代替常规的电动机驱动压缩机制冷，将发动机产生的余热回收利用，提供热水，还有余力进行少量的发电。这样的微型冷热电联供系统可在户式供能中得到应用。在这种系统中，往复式内燃机、燃料电池和斯特林机被认为是较有前途的原动机，已在美国、欧洲、日本和中国等地有较多的应用。CCHP技术从微型、小型到中大型均可被广泛地应用在各类场所中，其应用高效、清洁，得到了政府的支持和鼓励，但仍然存在一些不利因素，其部件和系统仍需进一步的完善，设计利用要求较高的水平，而且其初装费用较高。

6.5.4 设计要求

暖通空调系统的设计对空调系统的节能有着重要的影响，然而，在实际工作中往往得不到一些设计部门和设计人员的足够重视，加之工程设计周期普遍较短，设计收费与设计产生的经济效益不挂钩，以及一些技术性问题没有完全得到解决等原因，一些设计单位只求数量，忽视质量，使得设计施工完的系统不仅投资大，运行能耗也相当惊人。目前在暖通空调设计时，大多设计人员还是沿用估算值来确定负荷。即使计算，也只是用现有程序计算，计算后没有针对具体的情况加以调整。这一现象往往造成负荷过大，而加大投资和能源浪费。设计人员为了赶进度，没有视具体的情况进行全面分析得出最佳方案，结果风管弯头过多，局部阻力损失过大，压力不平衡使风量分配不均，引起不同房间冷热不均，达不到要求的室内环境。

1）优化设计方案

暖通空调设计方案的选择是一个直接关系到暖通空调工程项目的成败和经济效益优劣的重要问题。在对设计方案进行经济性比较分析时，必须综合考虑暖通空调设备的废气、废水、废渣和噪声等污染治理的费用。在设计方案比较选择时必须对工程设计项目的环境条件的特点、实际需求和环境条件的变化趋势等情况进行深入调查研究，对各种技术方案的特点、适用条件和范围进行客观深入的分析，对暖通空调各种技术发展的方向和趋势有深入的了解，尤其必须对各种设计方案的可行性、可靠性、安全性、投资、能耗、运行费用、调节性、操作管理的方便性、环境影响、舒适性和美观性等技术经济评价因素进行客观准确的计算和综合对比分析。只有这样才能对各种设计方案进行科学的比较和优选，避免因片面性和主观性带来的失误和经济损失，产生不必要的能耗。

2）选择合理有效的节能技术

（1）围护结构首先要将墙体和屋面做好内外保温，控制好窗墙比，通常外窗的耗热量可占建筑物总耗热量的 35% ~ 45%；在保证室内采光的前提下，合理确定窗墙比十分重要。一般规定各朝向的窗墙比不得大于下列数字：北向 25%；东、西向 30%；南向 35%。其次提高门窗气密性和降低房间换气次数，设计中应采用密闭性良好的门窗。加设密闭条是提高门窗气密性的重要手段，当房间换气次数降低 0.2 ~ 0.3 次/h，建筑物的能耗可降低 8% ~ 10%，根据门窗的具体情况，分别采用不同形式的密封条，如橡胶条、塑料条或橡塑结合的密封条，其形状可为条形或冲浪形，塞紧并固定。

（2）空调冷热源中央空调能耗主要包括三部分，即空调冷热源、空调机组及末端设备、水或空气输送系统。这三部分能耗中，冷热源能耗约占总能耗的一半左右，是空调节能的主要内容。对于冷水机组可以通过计算机对楼宇内外环境温度、湿度实时测量及对楼宇热惯性的预测，确定最优化的设备启、停时间。此项措施预计可使主机、水泵、冷却塔风机平均每天减少运行时间。同时根据楼宇冷负荷变化，通过变频装置调节冷冻水、冷却水的流量及风机类设备的风量，也可使主机负荷下降，从而控制机组运行台数。针对热水系统如果采用的是锅炉系统，首先根据供暖需求量，通过开关锅炉的台数进行控制；其次根据室外温度对供水水温重新进行设定，减小能量消耗；第三采用变频泵调节供水量，以适合负荷变化。如果使用的是热交换器系统，首先根据空调负荷的大小，通过变频泵调节供水量；其次通过一个室外恒温器，当负荷减少时重新设定供水温度，当热水泵不运行时，通过流量开关联锁把两通阀关闭。采用人工冷、热源进行预热或预冷运行时新风系统应能关闭，其目的在于减少处理新风的冷、热负荷，节省能量消耗；在夏季的夜间或室外温度较低的时段，直接采用室外温度较低的空气对建筑进行预冷，是节省能耗的一个有效方法，应该推广应用。

（3）空调水系统的节能主要体现在用电上，一般空调水系统的输配用电，在冬季供暖期间约占整座建筑物动力用电的 25% ~ 30%，夏季占 15% ~ 25%。因此水系统节能具有重要意义。目前，空调水系统在设计上可采取下列措施：根据水泵的特性曲线选定水泵型号，同时结合水泵的铭牌数据进行校核；每个水环路进行水力平衡计算，对压差相差悬殊的回路采取有效措施，避免水力、热力失调。通常，空调系统冬季和夏季的循环水量和系统的压力损失相差很大，如果勉强合用，往往使水泵不能在高效率区运行，或使系统工作在小温差、大流量工况之下，导致能耗增大，所以一般不宜合用。但若冬、夏季循环水泵的运行台数及单台水泵的流量、扬程与冬、夏系统工况相吻合，冷水循环泵可以兼作热水循环泵使用，积极推广变频调速水泵，冬、夏两用双速水泵等节能措施；大流量、小温差的现象普遍存在，设计中供、回水温差一般取 5℃，经实测，夏季冷冻水供、回水温差较好的为 3.5℃，较差的只有 1.5 ~ 2℃，造成实际水流比设计水量大 1.5 倍以上，使水泵电耗大大增加。因此，可采用"大温差"技术达到节能的目的，即当媒介携带的冷量加大后，循环流量将减小，可以节约一定的输送能耗并降低输送管网的初投资。虽然该技术近几年刚刚发展起来，具体实施的项目并不多，但由于其显著的节能性，随着我们技术上的不断成熟，大温差系统必然会得到广泛应用；我国采用大温差技术的典型工程有：上海万国金融大厦、上海浦东国家金融大厦等。

（4）空调机组和末端设备变风量空调系统是以节能为目的发展起来的一种空调系统形式。众所周知，变风量空调系统是通过改变送风量也可调节送风温度来控制某一空调区域温度的一种空调系统。该系统是通过变风量末端装置调节送入房间的风量，并相应调节空调机

（AHU）的风量来适应该系统的风量需求。变风量空调系统可根据空调负荷的变化及室内要求参数的改变，自动调节空调送风量（达到最小送风量时调节送风温度），以满足室内人员的舒适要求或其他工艺要求。同时根据实际送风量自动调节送风机的转速，最大限度地减少风机动力，节约能量。它的设计是真正基于逐时负荷的设计，系统可根据需要随时调节分配到各区域的送风量或供冷、供热量，系统总送风量（冷、热负荷）为各时段中所有区域要求的风量（冷、热量）之和的最大值，而不是通常定风量空调系统设计中所有区域在各时段要求的风量（冷、热量）的最大值之和。前者通常只占后者的70%～90%。因此，变风量空调系统可显著减少系统总送风量和装机容量，达到节能和减少投资的目的。

与普通集中式空调相比，变风量系统有其优越性。首先是节约能源：由于变风量空调系统是通过改变送入房间的风量来适应负荷的变化，所以风量的减少带来了风机能耗的降低。区别于常规的定风量或风机盘管系统，在每一个系统中的不同朝向房间，它的空调负荷的峰值出现在一天的不同时间，因此变风量空调器的容量不必按全部冷负荷峰值叠加来确定，而只要按某一时间各朝向冷负荷之间的最大值来确定。这样，变风量空调器的冷却能力及风量比定风量风机盘管系统减少10%～20%，所以适应于各房间温度要求不一致的工况。变风量空调系统属于全空气系统，与风机盘管系统相比有明显的好处是冷冻水管与冷凝水管不进入建筑吊顶空间，因而免除了盘管凝水和霉变问题。另外，系统的灵活性较好，易于改、扩建，尤其适用于格局多变的建筑。

6.5.5 经济性分析

建筑节能对于推进我国城市现代化建设具有重要的战略意义。目前，全国各地电力资源十分紧张，但工业和民用能源需求却在迅速增长。在世界能源危机不断凸显的情况下，减少建筑能耗势在必行。在建筑工程中暖通空调系统正逐步得以应用，用于暖通空调系统的能耗也将进一步增大，同时，我国目前现有空调系统的能耗巨大。因此，在暖通空调设计中应注意改善围护结构的热工性能和热设备的保温性能；空调系统方案要节约能源，充分回收能量，并尽可能利用天然能源，同时采取自控节能等有效途径，在设计上合理选择采暖、通风与空调相结合的节能系统，采用科学的空调方式有效地降低负荷。

建筑节能是指加强建筑用能管理，采取技术上可行、经济上合理以及环境和社会可以承受的措施，以减少建筑用能从生产到消费各个环节的损失和浪费，更加有效、合理地利用用能源。根据国际惯例，建筑用能一般是指民用建筑用能，它主要包括建筑供暖、空调、照明、电梯、炊事等方面的用能，其中，供暖、空调用能占民用建筑用能的2/3左右，因此，民用建筑节能的重点应是暖通空调节能。民用建筑暖通空调节能有其客观必要性和规律性，节能工作必须遵循这些规律，才能达到预期的目的。探讨民用建筑暖通空调节能的经济原理，对于指导我国民用建筑暖通空调系统节能工作的开展以及深化供热体制改革具有非常重大的现实意义。

6.6 温湿度独立控制技术

6.6.1 定义

传统的空调系统温湿度的控制方式是夏季普遍采用热湿耦合的控制方法。通过表冷装置，使温度达到露点温度后（等湿冷却）；空气中的水蒸气饱和凝结（湿度降低，温度随之降低），然后再通过加热，以达到湿度与温度的控制要求。这种空调方式简单易行，能够满足各种功能房间对于温湿度的要求。不过这种方式也存在一定的不足：

（1）以小温差送风的系统，需要通过再热的方式控制空气的温湿度精度，存在冷热抵消、浪费能源现象。

（2）湿工况下冷却盘管的热阻加大，降低了冷却盘管的冷却效率；另外，湿工况容易滋生细菌，从而产生"空调病"。

（3）由于以冷却盘管冷却方式除湿，这就要求冷却盘管中的冷媒温度必须低于空气的露点温度，冷水机组冷水温度控制在 $7\sim12℃$，甚至更低。冷水输出温度愈低，冷水机组的 *COP* 值愈低。

温湿度独立控制系统通过把温度与湿度的控制分离开来，针对不同的地域，分别设置了不同工况下的设计方案。温度湿度独立控制的空调系统，就是向室内送入经过处理的新风，承担室内湿负荷，根据气候差异，一般夏季对新风进行降温除湿处理，冬季对新风进行加热加湿处理，有的地区新风全年需要降温除湿。在温湿度独立控制空调系统中，新风不仅承担排除室内二氧化碳和 VOC 等卫生方面的要求，还要起到调节室内湿环境的作用；采用另外独立的系统夏季产生 $17\sim20℃$ 冷水、冬季产生 $32\sim40℃$ 的热水送入室内干式末端装置，承担室内显热负荷。采用两套独立的系统分别控制和调节室内湿度和温度，从而避免了常规系统中温湿度联合处理所带来的能源浪费和空气品质的降低；由新风来调节湿度，显热末端调节温度，可满足房间热湿比不断变化的要求，避免了室内湿度过高过低的现象。

6.6.2　工作原理

温湿度独立控制空调系统基本上由两部分组成：处理显热、处理潜热，即降温、除湿。潜热的处理一般通过机组的新风机组处理，而显热由房间的末端装置通过高温冷源消除。温湿度独立控制空调系统由两个系统组成：处理显热的系统与处理潜热的系统，两系统独立调节，分别控制室内的温度与湿度，系统构成见图6-12。

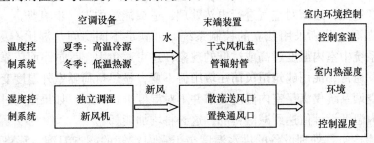

图 6-12　温湿度独立控制空调系统

显热处理系统由高温冷源（夏季）或低温热源（冬季）、末端装置和水输送管路组成。显热系统的冷水供水温度不再是传统的降温减湿空调系统的 $7℃$，可提高到 $18℃$ 左右，这为天然冷源的使用提供了可能。即使采用机械制冷方式，随着蒸发温度的提高，制冷机的能效比也有大幅度的提高。消除余热的末端装置可采用干式风机盘管、辐射板等多种形式。根据研究结果，当室内设定温度为 $25℃$ 时，采用屋顶或垂直表面辐射方式，即使平均冷水温度为 20℃，辐射表面仍可排除显热 $40W/m^2$，这基本满足多数类型建筑排除围护结构和室内设备发热量的要求。由于不存在凝水问题，使用干式风机盘管时可采用灵活的结构和安装方式。潜热处理系统由新风处理机组、新风管路和送风末端装置组成。由于没有控制温度的要求，新风的处理可采用各种节能高效的方式。新风系统可以根据人员变化情况采用变风量送风方式。当采用冷却除湿方式处理新风时，空气处理过程如图 6-13 所示。

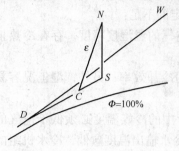

图 6-13　空气处理过程

夏季新风（W 点）处理到低于室内空气含湿量的 D 点，风机盘管将室内空气（N 点）等湿冷却至 S 点，新风与风机盘管的出风混合于热湿比线上 C 点，沿热湿比 ε 线至 N 点。当夏季采用吸收除湿方式处理新风时，新风状态处于饱和湿度线上方。风机盘管、辐射板等末端处理显热可采用 16～20℃ 的冷水，用天然冷源或冷水机组供冷均可。

6.6.3　温湿度独立控制技术的特征

按不同的室内空气温湿度控制方式，空调系统可分为温湿度联合控制系统和温湿度独立控制系统两类。温湿度联合控制系统是指空气的显热负荷和潜热负荷用同一处理系统承担负荷，即空气的温度和湿度都由同一设备控制，温湿度联合控制系统是传统的空调技术。目前，大多数空调系统都采用这种系统。温湿度独立控制是由新风系统担负换气和除湿任务，由独立的温度控制系统担负显热负荷，即温度、湿度分别由独立系统控制。这是一种新的系统形式，目前处于推广应用阶段。这一方式的主要优点是：

（1）夏季排除显热负荷的系统可使用温度较高的冷源，避免常规空调系统中用低温冷源（7～12℃）处理高温空气所带来的高品位冷源的损失。一般空调系统中，显热负荷占总负荷的 50%～70%，露点温度以上未用高温冷源排走，却与潜热除湿一起采用 7℃ 冷冻水，造成能源利用品位的浪费。经过降温减湿处理后的空气，虽然湿度能够满足要求，但不可避免地会引起温度过低，还需对空气进行再热处理，造成能源的进一步浪费。

（2）由于温湿度分别采用独立的控制系统，可满足不同房间热湿比不尽相同的要求，避免常规空调系统中室内湿度过高或过低的现象，还可避免因湿度过高而依靠降低室温所带来的冷量损失。通常，民用建筑湿负荷一般维持不变，显热负荷随室外温度变化会有大幅度的变化，一般空调系统仅满足室内温度要求并不对湿度进行控制。如果湿度过高则需要通过进一步降低室内温度设计值达到减湿目的，这必将增加能耗。

（3）由于室内空气处理设备的供水温度高于室内空气的露点温度，管路不存在结露的危险，设备均为干工况运行，没有霉菌滋生，卫生条件好。传统空调系统中起降温减湿作用的风机盘管长期处于湿工况运行，盘管表面潮湿甚至积水盘积水，成为霉菌滋生繁殖的场所，严重影响着送风的品质。

6.6.4　设计要求

1）新风送风状态点的确定

新风承担室内湿负荷（潜热负荷），而由其他设备排除其余显热，因此对新风的送风温

度要求并不严格，只需按下式确定送风含湿量，

$$\omega_0 = \omega_r - L/(\rho G) \tag{6-4}$$

式中　ρ——空气密度，kg/m^3；

　　　G——人均新风量，$m^3/$（h·人）；

　　　ω_r——室内设计含湿量，g/kg；

　　　ω_0——新风送风含湿量，g/kg；

　　　L——人均湿负荷，g/（h·人）。

　　例如，当室内含湿量设定值为 12.6g/kg，人均湿负荷为 150g/（h·人），人均新风量为 30m³/（h·人），则根据式（6-4）计算得到的新风的送风含湿量为 8.4g/kg。

　　2）冷源的选择

　　在温湿度独立控制空调系统中，只需要 17～20℃的冷水来带走显热负荷，此温度的冷源可由多种方式提供：天然冷源（如土壤源换热器、水源热泵等），人工冷源（比如离心式冷水机组）。由于天然冷源的利用往往受到地理环境、气象条件以及使用季节的限制，有些场合还不得不采用人工冷源。对于温度湿度独立控制空调系统，冷水机制备高温冷水，和常规制取低温冷水的工况比，冷水机组的蒸发温度显著提高、耗功减小，可以有效地提高机组的性能系数 COP。与常规的冷水机组相比，高温冷水机组最大的特点为压缩机处于小压缩比工况下运行。这就需要对常规冷水机组（蒸气压缩式制冷系统或吸收式制冷系统）采取相应措施来提高蒸发温度，降低冷凝温度，满足输出高温冷水的要求。一方面可提高蒸发器的 K 值或增加蒸发器、冷凝器面积来提高蒸发器和冷凝器的传热性能，另外需要改善压缩机的性能来达到目的。

　　3）新风机组处理形式

　　在温湿度独立控制空调系统中，新风机组处理出足够干燥的新风，承担室内湿度控制的任务。根据除湿方式的不同，可分为冷凝除湿和溶液除湿两种方式。普通新风机组通常把空气处理到室内状态的等焓点（或等含湿量点），绝对湿度比室内空气绝对湿度高（或相等）。要想把新风处理到更低的绝对湿度，一般要求表冷器排数更多，供水的温度更低（5℃供水），需要仔细校核计算。而且经过冷凝除湿，空气温度很低，低温送风降低室内舒适性，如果再热，冷热抵消造成能源浪费。溶液热回收型新风机组不是普通意义上的新风机组，它是集冷热源、全热回收段、新风加湿、除湿处理段、过滤段、风机段为一体的新风处理设备，独立运行满足全年新风处理要求，无需额外的冷却塔等辅助设备。从能源利用角度看，溶液热回收型新风机组是一种能量热回收装置，高效节能；从空调安全角度看，它能提供清洁、健康、安全的空气；从空气热湿处理功能看，它可以高效除去新风中水分，能够实现室内温湿度独立控制和精确控制；能够实现室内空气干工况运行，消除室内空气处理湿表面，避免滋生细菌，有利于保障室内良好的空气品质，克服"病态建筑综合征"。溶液热回收型新风机组汇集上述所有这些特点和优势于一身而成为整体式新风机组，因此，只要是需要新风的场合均可选用，如各类民用建筑、公共建筑、工业建筑等，对空气品质要求较高的场合该机组更显优势。

　　4）显热末端装置

　　温湿度独立控制系统显热末端装置的任务主要是排出室内显热余热，主要包括室外空气通过围护结构传热、太阳辐射通过非透明围护结构部分的导热热量、通过透明围护结构的投

射、吸收后进入室内的热量，以及工艺设备散热、照明装置散热以及人员散热。用于去除显热的末端设备主要由干式风机盘管和辐射末端两种方式，下面分别介绍两种末端的设计选型办法。

（1）干式风机盘管

温湿度独立控制空调系统中风机盘管在干工况下运行，在设计选型时需要注意。如果样本上给出了干工况下的运行参数，可参照样本选择。在大多数情况下，国内生产的普通风机盘管仅有湿工况下的参数，不能根据该工况下的制冷量选定盘管型号。这是由于干工况下风机盘管的供回水温度由传统的 $7 \sim 12℃$ 变为 $17 \sim 20℃$，盘管表面的平均温度升高，和室内空气的温差减小，使得盘管实际供冷量和一般设备样本中的数据有很大差别，需要根据实际情况仔细校核计算，尤其不能按照样本供冷量选型。一种简单的核算办法是通过风机盘管的供热工况进行反算得到风机盘管的 KF，进而计算其在干工况下释放的冷量：一般风机盘管样本给出了在标准工况下的冷、热量，可根据标准供热量及供回水温度由下式反算出 KF，如式（6-5），将求得的 KF 带入式（6-6）。

$$Q_\mathrm{h} = (2 \sim 2.2) KF\Delta t_\mathrm{m,h} \tag{6-5}$$

$$Q_\mathrm{c} = KF\Delta t_\mathrm{m,c} \tag{6-6}$$

根据供冷工况下设计供水温度，得到干工况下实际供冷量。

式中　Q_h——标准工况下供热量，W；

　　　Q_c——干工况供冷量，W；

　　　K——传热系数，$W/（m^2 \cdot ℃）$；

　　　F——传热面积，m^2；

　　$\Delta t_\mathrm{m,h}$——供热工况的对数平均温差，℃；

　　$\Delta t_\mathrm{m,c}$——供冷工况的对数平均温差，℃。

（2）辐射末端

一般而言，辐射末端装置可以大致划分为两大类：一类是沿袭辐射供暖楼板的思想，将特制的塑料管直接埋在水泥楼板中，形成冷辐射地板或楼板；另一类是以金属或塑料为材料，制成模块化的辐射板产品，安装在室内形成冷辐射吊顶或墙壁，这类辐射板的结构形式多种多样。毛细管属于第二类情况，它本身是一种优良的干式末端，其主要优势为热效率高、调节速度快、占用空间小、可灵活配合各种装修方式、更适于冷负荷较大和调节要求高的场所。但由于目前产品主要依靠进口，造价偏高。由于供水温度的限制，一般辐射末端的供冷量不超过 $80W/m^2$，因此建筑的围护结构及室内发热量不能太大。

6.6.5　经济性分析

和常规空调系统相比，温、湿度独立控制空调系统最大的区别就是新风处理方式不同。普通新风机组通常只包括表冷器、加湿器、风机等，需提供另外冷、热水才能对空气进行相应的处理，而提供冷、热水则需要冷机、锅炉、冷却塔、冷冻水泵、冷却水泵及水管等一系列设备。按冷量折算，设备初投资约为 $800 \sim 1500$ 元/kW，如果系统需要供热，还要加上锅炉等的造价。系统运行综合 COP 一般小于 3。温、湿度独立控制空调采用溶液热回收型新风机组处理新风，该设备不是普通意义上的新风机组，它是集冷热源、全热回收段、新风加湿、除湿处理段、过滤段、风机段为一体的新风处理设备，独立运行满足全年新风处理要求。该新风机组内置溶液式全热回收装置，热效率高，有效降低了新风处理能耗；内部热泵系统中蒸发器的冷量和冷凝器的排热量均得到了有效利用，机组运行综合 *COP* 可达 5 以上，而且无新、排风的交叉污染问题。

余热消除末端装置处理显热负荷的设备和常规系统相比，由于不需要除湿，所需冷水的温度可从 7℃ 提高到 17℃ 即满足要求。冷水温度提高后，则盘管表面温度也提高了，需要增加换热面积才能满足要求，考虑到所需处理负荷减小的因素，盘管实际换热面积增加接近 1 倍。处理相同的冷量，按照所需盘管面积增加 1 倍计算，增加投资约为 200 元/kW。如果存在土壤源换热器等"免费"冷源的话，则冷机减小的投资和节省的运行费将远大于盘管增加的投资。如果实际工程中没有"免费"冷源的话，利用现有的制冷机提供 17℃ 冷水，*COP* 至少可提高 10%（*COP* 按 3.3 计算），输配系统能耗不变。当电价分别为 0.6 元/度、0.8 元/度和 1.0 元/度时，余热末端装置的投资回收期分别为 3.2 年、2.4 年和 1.9 年。

6.7　辐射供冷/暖技术

6.7.1　定义

辐射供暖（供冷）是指提升（降低）围护结构内表面中一个或多个表面的温度，形成热（冷）辐射面，依靠辐射面与人体、家具及维护结构其余表面的辐射热交换进行供暖（降温）的技术方法。辐射面可以通过在围护结构中埋入（设置）热（冷）媒管路（通道）来实现，也可以在天花板或墙外表面加设辐射板来实现。由于辐射面及围护结构和家具表面温度的升高（降低），导致它们与空气间的对流换热加强，使房间空气温度同时上升（降低），进一步加强了供暖（降温）效果。在这种技术方法中，一般来说，辐射换热量占总热交换量的 50% 以上。

6.7.2　工作原理

红外线是整个电磁波波段的一部分。波长在 0.76~100μm 之间的电磁波，尤其是波长在 0.76~40μm 之间的电磁波能量集中，热效应显著，所以称为热射线或红外线。GAZ IN-DUSTRIE 的燃气辐射管发出的红外线波长在 3.5~5.5μm 之间。当红外线穿过空气层时，不会被空气所吸收，它能穿透空气层而被物体直接吸收，并转变为热量。不仅如此，红外线还能够穿过物体或人体表面层一定的深度，从而从内部对物体或人体进行加热，这就是辐射供暖的基本原理。辐射热量能被混凝土地板、人和各种物体所吸收，并通过这些物体进行二次辐射，从而加热四周的其他物体。红外线辐射供暖，房间底层温度高，工作环境温暖舒适，上层温度低，因此其热利用率更高。

6.7.3　特征及适用范围

水媒辐射采暖中，被使用得最多的是低温地板辐射供暖系统，比如在北美、欧洲、韩国已有近 30 年历史。随着建筑保温程度的提高和管材的发展，低温地板辐射供暖系统的使用日益普遍。据 20 世纪 90 年代统计，西欧国家住宅建筑中装设地板供暖系统的占到 20%~50%。

1）辐射供暖的主要优点

（1）节能。由于较之传统的采暖方法，地板供暖系统供水温度低，加热水而消耗的能量少，热水传送过程中热量的消耗也少。地板采暖主要依靠辐射传热，室内作用温度比采用散热器时要高 $1\sim2℃$。再者，由于进水温度低，便于使用热泵、太阳能、地热及低品位热能，可以进一步节省能量。综上所述，一般认为，地板采暖比传统的采暖方式节能 20% ~ 30%，这还没有计入地暖用塑料管，以塑代钢所省的能量。在目前能耗主要靠燃煤的情况下，节能 20% 以上意味着能够减少大量烟尘、有害气体的排放。

（2）舒适性强。辐射采暖提高了室内平均辐射温度，使人体辐射散热大量减少，增加了人体舒适感。特别是地板埋管的水媒辐射采暖，由于混凝土热容量大，采用间歇采暖时升温波动小，短时间开窗通风对室温影响也不明显，间歇采暖时的舒适性强。由于室温可以比采用散热器时低，室内空气就不那么干燥。

（3）实现"按户计量、分室调温"可以节省室内面积，使空间布置显得方便和灵活。

（4）造价与散热器造价基本持平，技术已相对成熟。由于化学建材的研究水平、生产水平迅速发展，目前国内已能大批量生产合格的交联聚乙烯、聚丁烯、铝塑复合管等地暖系统使用的管材，以及配套的阀门、接头、卡钉等零部件，且掌握了施工运行技术，积累了工程经验，这就为地暖的大量使用奠定了基础。

由于地暖的上述显著优点，近年来在我国开始采用后，立即迅速普及，受到用户的好评，1999 年被建设部列为先进技术予以大力推广。

在辐射供暖大量被使用的同时，能否使用辐射供冷，自然是人们考虑的。安装了水媒辐射供暖系统的，当然希望能将管路系统用于夏季供冷。实际上，在住宅或者办公建筑等建筑物中，夏季用地板供暖系统来供冷，完全可以部分或全部地解决夏季降温问题。据国外的研究报道显示，一般可降低室温 $3\sim5℃$。在炎热干燥地区，降温幅度可能有较大的提高。

2）辐射供冷的优点

（1）节能。通常认为比常规空调系统节能 28% ~ 40%。例如 C. Stetiu 使用美国全境各地气象参数对商用建筑进行规模计算的基础上得出结论，辐射供冷的耗能量可以节省 30%。注意，这里的比较是在都使用电力（不包括使用自然冷热源）的前提下进行的。

（2）舒适性能。一般认为，舒适条件下人体产生的热量，大致以这个比例散发：对流散热 30%、辐射 45%、蒸发 25%。辐射供冷在夏季降低围护结构表面温度，加强人体辐射散热份额，提高了舒适性，美国、日本、欧洲对此都做过大量的研究测试，其结论是一致的。此外，辐射供冷没有吹冷风的感觉，不存在"空调病"，以及使用分体式空调时室机有噪声的问题。大量研究均证实，对于穿普通鞋袜的人，地面温度 20℃ 左右无不舒适感。辐射供冷解决了空调冷风吹向人体引起的身体不适，尤其是在人睡眠时。

（3）转移峰值耗电，提高电网效率。高温时段空调用电集中，这是很多城市伤脑筋的事情，而辐射供冷的峰值耗电是全空气系统的 27% 左右，所以其调峰作用明显。特别是吊顶或地板埋管式辐射供冷系统的蓄冷作用强，可以主要利用夜间低谷电力制冷，进一步增强了转移峰值耗电的作用，在实行峰谷电价的地区，可大大节省运行费。

（4）提高节能性，减少环境污染。由于辐射供冷时所用冷媒温度高，所以为低温的地面、水、地下水、太阳能、地热（冷）等自然冷热源的使用提供了可能性，进一步提高了节能性，能够减少环境污染。由于冬、夏两季共用一套室内系统，又可推进冷热一体化的热泵装置的应用。对于采用顶板或地板埋管的辐射供冷系统来说，由于其蓄热性强，更便于同建筑物被动冷却、混合冷却之类的方法结合使用，一方面节省能耗，一方面还可部分地弥补辐射供冷系统冷量低的缺点。

（5）提供了一种末端系统形式。为目前冬季供暖、夏季供冷的居住建筑提供了又一种可能的末端形式，改变了原来只能选用风机盘管或小型集中送风系统的情况。特别是地板供冷结合新风机组送少量干燥的新风，既改善了室内卫生条件，提高了空调降温效果，又降低了室内露点温度，可以进一步降低供冷水温度，从而满足气候较潮湿地区的空调降温需要。

（6）有利于系统形式和布置方式的优化。空调送风系统，特别是采用全新风的空调系统，其风管截面大，占用建筑空间大，有时还有与建筑的梁相碰，难以布置。采用地板供冷，有利于系统形式和布置方式进一步优化，减少建筑层高。

一般认为地板供暖或顶板供冷的舒适性好、对流传热强。但为了简化系统，也可用地板供冷或顶板供热，一般都是使用同一系统冬天供暖、夏天供冷的。Olesen 在总结欧洲研究经验和工程实例的基础上，从舒适性、供冷能力、控制和设计方面客观地评价了地板供冷这一技术方法，肯定了其可行性，分析了使用条件，给出了部分设计用数据。按照多数国家标准和国际标准（例如 ASHRAE 1992；ISO 1994），对于静坐或站立的人，推荐地面温度在18～29℃范围内，对于从事体力劳动的人，地面温度还可以降低，此时供冷量可达到约 $50W/m^2$ 左右。由于人体与地面间辐射换热的角系数数倍于吊顶供冷，因此地板供冷能力并不一定低于吊顶供冷能力。国内对于地板供冷也作了一些初步的研究探讨。由于空气露点温度较高时，会限制地板供冷能力，影响室内卫生条件，必须通过控制系统避免结露发生。对于温度较高的地区，可以结合使用置换通风或其他送风方式送一部分干燥空气，或使用除湿机进行局部除湿。

需要指出的是，辐射供冷像辐射供暖一样具有"自调节"功能。当室内辐射负荷加大，例如日射直射辐射量较大时，地板或者房间墙壁内表面温度升高，特别是不设外遮阳的窗户和玻璃幕墙的内表面升温更大，这将大幅度提高冷顶板或冷地板与房间围护结构其余表面的辐射换热量。由于辐射热交换与表面绝对温度四次方之差成单调增减的函数关系，所以温差较大时，供冷量的增高是客观的。研究表明，当玻璃穹顶温度达到50℃时，通常供冷能力较低的地板供冷，其供冷能力可升高至 $100～150W/m^2$。

3）辐射供冷的缺点

（1）表面温度低于空气露点温度时，会产生结露，影响室内卫生条件。

（2）由于露点温度限制，加上表面温度太低，会影响人的舒适感，所以限制了辐射供冷的供冷能力。

（3）在潮湿地区，室外空气进入室内会增大结露的可能性，因此要求门窗尽可能密闭，影响自然通风能力。

（4）不同时使用风系统时，室内空气流速太低，如果温度达不到要求，更增加闷热感。

由于以上原因，辐射供冷经常要与某种形式的送风结合，例如在欧洲就大量使用置换通风，将室外新风经过除湿处理后送入室内，既解决了新风问题，又降低了空气湿度，避免了结露的危险。送风还可以承担一定的室内冷负荷，使得辐射供冷在负荷较大的场合也能使用。

适用范围：飞机库、轨道交通设施、机场融雪、汽车组装车间、冶金铸造车间、机加工车间、石油机械厂房、体育馆、高尔夫练习场、展厅及体育馆等，厂房、车间、体育馆、展厅等高大空间。它可适用于 3 ~ 50m 高度的供暖。

6.7.4 设计要求

辐射供暖中，地板辐射供暖是一种性能良好的供暖方式，目前逐渐在标准较高的住宅和其他民用建筑中被广泛应用。但在应用时应注意其适合条件。其中一个重要的问题就是地板表面平均温度的限制，即真正体现低温辐射的特征。

《采暖通风与空气调节设计规范》规定，经常有人停留地面的表面平均温度宜为 16 ~ 24℃。北京市建设设计研究院的《设计技术措施》规定，人长期停留区域的地板表面平均温度不宜超过 26℃。上述《设计技术措施》给出了计算地板表面平均温度 t_{EP} 的近似公式：$t_{EP} = t_N + 9(q/100)0.909$。

住宅是典型的经常有人停留的场所，根据上述规定和计算式，可以得出以下数据：

室内设计温度 t_N（℃）	所允许的地板最大散热量 q（W/m²）
18	90
20	65
22	40

目前，在许多地板辐射供暖工程中，一律采用相同间距的 DN20 供暖管，并且未采取有效控制水温的技术措施。此种带有随意性的做法是不可取的。按地板表面平均温度所限定的地板最大散热量，当地面层为水泥、陶瓷砖、水磨石或石料，室内设计温度 $t_N = 18℃$，如果采用间距为 300mm 和 DN20 供暖管，平均水温应不超过 40℃，采用间距为 300mm 的 DN15 供暖管，平均水温应不超过 46℃。

室内设计温度 $t_N = 20℃$ 时，只能采用间距为 300mm 的 DN15 供暖管，平均水温应不超过 42℃。

室内设计温度 $t_N = 22℃$ 时，只能采用间距为 300mm 的 DN15 供暖管，平均水温应不超过 35℃。

所以，对采暖负荷较大的住宅北向房间，应验算地板表面平均温度所限定的地板最大散热量是否能满足负荷的要求。尤其是在室内设计温度较高时更为突出。因此，国外许多较高标准的住宅，既设置地板辐射采暖，又同时设置散热器。

6.7.5 经济性分析

1）辐射供冷技术与经济性比较

举例说明，以河北省建筑面积为 $100m^2$ 的房间为例，方案 1 采用常规冷水机组空调系统，方案 2 采用地板辐射供冷系统，两种方案的技术与经济性比较见表 6-3。从表中可以看出，方案 2 的技术与经济性优于方案 1。

表 6-3　两种方案的技术与经济性比较

方案	施工期（d）	施工难度	维护难度	室内设备使用寿命（a）
方案 1	3	高	高	15
方案 2	4	中	低	50

续表

方案	室外设备使用寿命（a）	系统造价（元）	日运行费（元·d^{-1}）
方案1	15	(2.8～3.2)×104	22～40
方案2	15	(2.2～2.6)×104	9～18

2）地板辐射供暖与散热器供暖经济性比较

（1）室内系统

表 6-4　室内系统一次投资比较

方案	施工期（d）	施工难度	维护难度	室内设备使用寿命（a）
方案1	3	高	高	15
方案2	4	中	低	50

方案	室内设备使使用寿命（a）	系统造价（元）	日运行费用（元·d^{-1}）
方案1	15	(2.8～3.2)×10^4	22～40
方案2	15	(2.2～2.6)×10^4	9～18

　　按照《全国统一安装工程预算定额河北省综合基价》计算，并参照其他实际工程的计算结果，低温地板辐射供暖系统和散热器供暖系统的单位建筑面积室内工程造价基本相同，为 60～70 元/m^2，根据房屋建筑地区不同，有 10%～15% 的偏差，所以对于室内供暖系统，结论是两种供暖系统的造价大致相等（不考虑使用地板辐射供暖系统而引起的土建造价升高的因素）。

　　（2）室外管网

　　对于散热器供暖系统的室外管网系统，最小管径为 DN32，最大管径为 ϕ219×6，DN32 焊接钢管的价格为 2480 元/吨，ϕ219×6 的螺旋缝高频焊接钢管的价格为 2800 元/吨。对于整个室外管网系统，平均价格为 2640 元/吨，而钢材总用量为 79.7 吨，所以整个室外管网的钢材造价为 21 万元。对于低温辐射供暖系统的室外管网系统，最小管径为 DN40，最大管径为 ϕ325×8，DN40 焊接钢管的价格为 2430 元/吨，ϕ325×8 的螺旋缝高频焊接钢管的价格为 2800 元/吨。对于整个室外管网系统平均价格为 2615 元/吨，而钢材总用量为 126168 吨，所以整个室外管网的钢材造价为 33 万元。

　　比较以上两种供暖系统的室外管网主材的造价，不难看出，低温辐射供暖系统的造价远高于散热器供暖系统的造价。

　　（3）换热站

　　参照《河北省建设工程材料价格》和《全国统一和安装工程预算定额河北省综合基价》，以及本设计在工程中的实际应用，应用于低温地板辐射供暖的换热站总造价为 102 万元，而应用于散热器供暖系统的换热站的总造价为 69 万元，由此可以看出在换热站的投资上，低温地板辐射供暖系统的投资要大于散热器供暖系统。

　　根据以上经济性比较，得出以下结论：

　　① 低温地板辐射供暖系统的一次投资中室内系统投资与散热器供暖系统持平，室外供暖管网及换热站两项投资较散热器供暖系统高 33.3%。

② 低温地板辐射供暖系统的年运行费用较散热器供暖系统节省 10%，而循环水泵的电耗高出 6.611%，两项相抵，每个供暖季低温地板辐射供暖系统比散热器供暖系统运行费用（主要为电费及燃煤费）高 3.6%。

③ 根据结论 1 和结论 2，可认为低温地板辐射供暖系统与散热器供暖系统比较，投资大，用电量大，运行费用高。但低温地板辐射供暖系统在利用低品位的余热、地热及水源、地源热泵系统及低温水供热系统的回水再利用等方面还是大有可为的。另外室内人体舒适性也较好，但该系统不易维修，使用年限具有不确定性。可认为对新建燃煤或燃气供暖系统，不宜大量使用该方式供暖。

6.8 冰蓄冷技术

6.8.1 定义

冰蓄冷技术是利用夜间电网低谷时间，利用低价电制冰蓄冷将冷量储存起来，白天用电高峰时溶水，与冷冻机组共同供冷，而在白天空调高峰负荷时，将所蓄冰冷量释放来满足空调高峰负荷需要的成套技术。这从能源合理分配的角度来说节约了能源，因为发电站是根据用电的多少来决定开启多少负荷的发电机组的。大型的机组的频繁开启、关闭对机组有巨大损害，且增加很多麻烦。如果可做到机组不停机，就会将天然能源利用得更充分。

6.8.2 工作原理

冰蓄冷是一种利用相变热蓄冷的方法，其蓄冷能力与水蓄冷相比大大增加。在水蓄冷系统中，一般蓄冷温差为 5℃（7～12℃）。若取水的质量热容为 4.2kJ/（kg·K），则每公斤水的蓄冷量约为 21kJ。与此同时，冰的相变热为 335kJ/kg，如蓄冷器的容积相同时，冰的蓄冷量约为水蓄冷量的 17 倍。另外，与水蓄冷相比，冰蓄冷释冰时提供的冰水温度低，在相同的空调负荷下可减少冷媒水供应量或减少空调送风量，因此可减少冷媒水泵或送风机的功率，缩小管道和风管的尺寸，同时低温冷媒水还具有较强的除湿能力，可降低空调区域内相对湿度。

6.8.3 特征及适用范围

1）特征：冰蓄冷就是将水制成冰储存冷量。与水蓄冷相比，冰蓄冷不仅利用了水几度温差的蓄冷量（4.18kJ/kg），而且还利用了其溶解热（335kJ/kg），从而使蓄冷能力提高 10～20 倍，不仅使蓄冷所需之体积大大缩小，而且冷损失也大大降低。冰蓄冷还为采用低温送风以及闭式水系统，创造了极有利的条件，这对高层建筑采用冰蓄冷进行节能具有特殊的意义。总结特征如下：

（1）实现电力"削峰填谷"，转移电力高峰负荷，平衡电力供应；

（2）减少电厂侧空气污染物的排放，减少建筑物侧 CFC 和燃烧物的排放；

（3）提高电厂侧发电效率从而提高能源的利用效率；

（4）降低总电力负荷，减少电力需求，缓解建设新电厂（机组）的压力；

（5）提高城市基础设施的档次，有利于招商引资；

（6）节省用户对空调系统的投资、改造、运行维护等费用，降低用户空调系统的运行费用。

2）使用范围：写字楼、宾馆、饭店、机场、候车室、商场、超市、体育馆、展览馆、影剧院、医院、化工石油、制药业、食品加工业、精密电子仪器业、啤酒工业、奶制品工业。现有空调系统能力已不能满足负荷需求，需要扩大供冷量的场合，可以不增加主机，改造成冰蓄冷系统最有利。

6.8.4　设计要求

（1）蓄冰槽容量不宜过大，会使蓄冰槽因自重变形，必须增加槽的壁厚并进行加固，还会给制作安装和运输带来困难，同时也增加了费用。在蓄冰槽的扩散管的排布上，会因扩散管的排布过密而浪费大量的空间，还会影响冻冰及融冰的效果。

（2）冷冻站通常位于大厦的地下部分，而地下部分又往往是停车库、站房、办公集中的部位；使用面积非常紧张、造价昂贵；在蓄冰槽的设置及排布上应尽量使用可利用的空间位置。

（3）乙二醇溶液100%的价格大约是7100元/吨，价格昂贵。在系统中，如果因为检修或系统渗漏会造成很大的不必要的经济损失，同时对环境造成污染。在施工中，管道及设备用设立牢固的支、吊架，同时系统应进行严格的严密性试验。如果有可能，应该在乙二醇溶液充注前进行水溶液的试运转，观察整个系统的运转情况，进行系统的测点及电动阀门的动作配合实验。

（4）蓄冰槽在安装过程中，槽与下面的支撑必须进行隔冷处理，以免局部形成冷桥，槽的本体必须进行绝热保温设计以减少冷损失。乙二醇溶液在蓄冰过程中通常在 $-5.56℃$ ~ $-2.19℃$ 范围内，与周围环境的温差大；如果隔热效果不好，在平时的运行中会造成非常大的浪费。所以蓄冰槽的本体的保温厚度应大于标准工况的冷冻水的保温厚度，保温层应严密尽量减少冷损失。

（5）蓄冰槽无论是立槽还是卧槽，在设计中必须考虑载冷剂（即25%的乙二醇溶液）的分配均匀性。在槽的入口和出口设均流管。本工程采用了DN200扩散管，均流管供、回各一根，在系统冻冰及融冰过程中流向相反。将载冷溶液均匀有效地传给槽内蓄冰球。

（6）在蓄冰槽的设计中还考虑入孔以便填充蓄冰球，在填充蓄冰球时，对高于2m的卧槽或立槽，应预先在槽中充入1/3槽的水以减少填球时的冲击使球均匀地填充（由于冰球的密度比水小，冰球浮于水面有利于冰球的扩散）；同时水不宜过多，不利于冰球填满整个冰槽（造成冰槽底部无冰球）；槽的底部设卸球孔，也可作排污用。

（7）在系统设计中还应考虑到：乙二醇溶液受球内介质相变时的影响而体积膨胀，在系统中它的相变膨胀量是2% ~ 9%。为此系统应设置膨胀水箱，而且还应设置溶液补给箱作为膨胀水箱外的溢流箱，在系统亏液或浓度降低时进行补液。

设置溶液补给箱有以下作用：①既可方便地给系统补充乙二醇溶液，又便于检查乙二醇溶液浓度。②当蓄冰球相变时，体积膨胀使膨胀箱中的溶液容纳不下而溢流至补给箱。③在系统检修或维护中的补液及乙二醇液体的回收再利用，有利于减少运营成本，以达到环保要求。

（8）蓄冷系统的水处理：乙二醇水溶液系统管路为防止腐蚀，需加防腐剂使钢管内形成保护膜，防腐剂须符合环保要求。

（9）阀门的选择上应注意的问题：电动调节阀、开关阀门的密闭性能应严格要求；在整个系统冻冰及融冰的过程中，乙二醇侧在一定阶段内会运行零下温度，如果板换的乙二醇侧关闭不严有泄漏，会造成板换冷冻水一侧结冰，冻裂设备。电动阀门必须有方便的手动调节装置。

6.8.5 经济性分析

（1）经济效益

节省空调设备费用，减少制冷主机的装机容量和功率，可减少30%～50%。对于用户，利用峰谷分时电价，大量减少运行费用30%～50%。

（2）社会效率

节省能源，减少污染物排放，减少国家电网投资，具有成本优势。对于用户，利用峰谷分时电价，大量减少运行费用；节省空调设备费用，可减少制冷主机的装机容量和功率30%～50%。

（3）减少相应的电力设备投资，如变压器、配电柜等。

（4）技术优势

节能效果明显，系统冷量调节灵活，过渡季节不开或少开制冷主机；具有应急功能，停电时利用自备电力启动水泵融冰供冷，维持空调系统运行可靠性；使用寿命长；瞬间达到冷却效果；地下室、地面多种地方摆放；可独立运行，即使个别蓄冰筒出现问题，对系统没有影响；防腐蚀能力强，采用瑞士进口导热塑料盘管比金属盘管有更好的防腐蚀能力；机组运行效率高，结冰厚度小，蒸发温度较高，提高运行效率；可靠性极高，每个蓄冰筒盘管均在工厂内进行高压检测，不会泄漏。

（5）环境优势

降低设备噪声，减少污染物排放，节约能源。

第7章 建筑节能综合设计实例

7.1 英国贝丁顿零能耗居住区

7.1.1 项目概况

7.1.1.1 建设背景与发展过程

在英国伦敦南部的城市萨顿（Sutton），有一个社区正因"低碳经济"的兴起而成为全世界人们关注的焦点。它是由伦敦最大的非营利性福利住宅联合会 Peabody 信托开发组织和环境评估专业公司生态区域开发集团联手打造，并由英国著名生态建筑设计师比尔·邓斯特（Bill Dunster）完成的生态社区，即"贝丁顿零能耗发展居住区"（BedZED，见图7-1）。

英国的贝丁顿零能耗发展居住区，是英国最大的生态环保小区，也是世界上第一个完整的生态村，被誉为人类的"未来之家"。该社区于2000年开始动工，并于2002年建成，占地1.7hm²，包括271套公寓和2369m²的办公、商用

图7-1 项目模拟图
图片来源：《社区未来发展方向——英国贝丁顿》

面积。贝丁顿生态村是设计理念和环保技术综合利用的典范，自2002年开始入住以来，蜚声世界，此项目被誉为英国最具创新性的住宅项目。

7.1.1.2 建设及使用现状

世界自然基金会为贝丁顿零能耗发展居住区在项目的设计和运作过程中提供了资助与大力支持，同时，萨顿市政府也以低于正常价格的地价作为鼓励，为其提供了用地。

建筑师比尔·邓斯特的设计理念是在不牺牲现代生活舒适性的前提下，建造节能环保的和谐社区。其目的是向人们展示一种在现代繁杂的城市环境中，实现一种可持续的节能环保舒适的居住方案以及减少能源消耗，来达到建筑、人、环境、资源的和谐统一。

7.1.2 方案设计概述

贝丁顿社区位于英国伦敦的南部，距市中心有大约20分钟的车程。其所在区域属于典型的温带海洋性气候，受盛行西风的控制，全年温和湿润，温差较小，一年当中气温通常最低不低于 −10 ℃，最高不超过32 ℃。英国的冬季雨水较多，且日照时间较短，阴冷的天气使得英国有接近半年的时间需要采暖；然而英国的夏季要舒适得多，夏季气温温和，盛夏7月的平均温度在20℃左右，早晚较凉，相对较为干燥，且日照充足。当地主要气候参数见

表7-1。针对这些特点，在贝丁顿零能耗发展居住区项目中，建筑师通过各种措施来减少建筑的热损失及对太阳能的充分收集利用，以期实现不用传统采暖方法的目标。

表 7-1　当地主要气候参数

最冷月	平均温度（℃）	17.2
	平均相对湿度（%）	77
	平均风速（m/s）	3.9
最热月	平均温度（℃）	5.5
	平均相对湿度（%）	83
	平均风速（m/s）	4.8
水平面年总辐射值（kWh/m²）		955

在建筑的规划和设计上，首先，选用比较紧凑的建筑体型，以减少建筑散热面积；其次，围护结构的构造措施及窗户的气密性设计利于保温隔热；再次，清洁能源的有效利用为建筑运行提供部分能源；最后，空中花园的设计使该住区在外观上实现了真正的"绿色"。

BedZED 项目的所有住宅都是朝南的，并且各建筑物紧凑相邻，以减少建筑的总散热面积。建筑物的南北朝向为 BedZED 充分使用太阳能提供了可能。BedZED 的布局设计为连排住宅，并且采用了退台的建筑形体（图 7-2），减少了建筑之间的相互遮挡，以获得最多的太阳热能以及自然光照。在房间的布置上，办公室在底层南向住宅平台下的阴影区内，避免了夏季阳光直射，减少了空调的使用。联排住宅的南北向间距经过了设计师的精心设计安排，以保证每栋建筑南向的房屋都有充足的日照时间（南向的房间全为住宅空间，工作空间放在了北向）。此外，考虑到小区院落对自然光照的接收，在 BedZED 区块之间设置了一些间隔，这不仅为住户提供了私有花园，而且也保证了相对的私密性。冬天的时候，即使太阳入射角度较低，小区住户也能获得充分的日照以及自然光线。

图 7-2　退台的建筑形体
图片来源：《英国贝丁顿零碳社区》

7.1.3　建筑节能综合设计策略

"这是一个全方位的永续发展社区，我们要创造一个全新的生活方式，设计一个高生活品质、低能耗、零碳排放、再生能源、零废弃物、生物多样性的未来。"BedZED 的设计师比尔·邓斯特这样来形容 BedZED。在 BedZED 项目中，我们看到建筑师将废物、阳光、空气和水等充分利用，与现代人、建筑物、资源、环境等一起进行永续的对话，给了我们世界上最美好的一面。

贝丁顿零能耗发展居住区的"零能耗"得益于两大特色：其一是建筑物都是在节能的基础上按照节能环保的原则设计的；其二是社区能耗来源于内部的可再生能源，并且强调对阳光、废水、空气和木材的可循环利用，不向大气释放二氧化碳。内部可再生能源的循环利用见图 7-3。

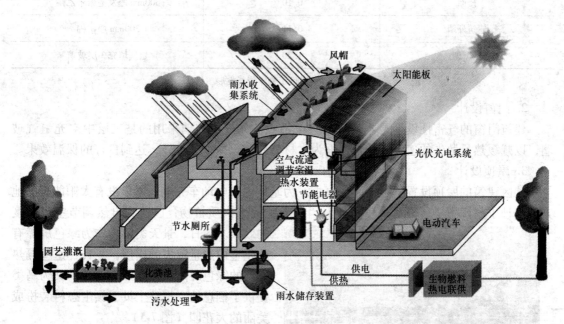

图 7-3　项目设计图

7.1.3.1　围护结构设计

1. 外墙设计

虽然冬天的英国非常寒冷，但是 BedZED 的设计却匠心独运，充分利用各种措施减少建筑热损失，整个社区没有采用任何的中央暖气系统。通过加厚外墙，使屋顶、墙和地面形成超级绝缘外套，保证冬天住房的舒适温度，热水和做饭等日常活动中产生的热能，足以保持室内的温暖。这种厚墙在夏天可阻挡室外热量传入，避免了空调的使用；在冬天又尽可能地减少热量散失，保持室温。该墙体的壁面材料为导热材料，该材料在天热的时候储存能量，在天凉的时候释放热量。其外墙具体做法见图 7-4，壁厚超过 500mm，是一种夹心构造。整个墙壁共分三层，外面的两层分别是 150mm 厚的混凝土空心砌块和 150mm 厚的石砖，中间夹着一块 300mm 厚的岩棉。混凝土空心砌块和石砖都具有高蓄热这一性能，它能把室内热量储存起来，保证吸收的热量在五天

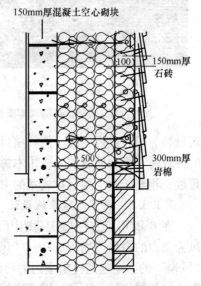

图 7-4　墙体构造图
图片来源：《贝丁顿零碳社区》

内不会消散，而且保证室内温度不会有太大波动，具有良好的保温功能。表 7-2[50]（此上标为参考文献序号，下同）列举了 BedZED 建筑外围护结构导热系数及其做法。

表 7-2　外围护结构导热系数及其做法

构　　件	导热系数（U value）W/m² · K	推荐实现方法
屋顶	0.10	300mm 厚泡沫聚苯乙烯
楼面	0.10	300mm 厚发泡聚苯乙烯
建筑外墙	0.11	300mm 厚矿棉
门、窗	1.20	氩气填充 3 层玻璃

表格来源：《英国贝丁顿零能耗发展项目》

2. 门窗设计

建筑门窗的气密性设计是本设计的一个重点。如外窗玻璃采用的是三层中空充氩气玻璃，以减缓热量散失的速度；外窗窗框为木材材质，以减少热传导，达到良好的保温效果。

3. 屋顶设计

社区建筑的屋顶设置了很多光伏电板，为基地内的电动车充电；屋顶没有太阳能板的地方都栽种了耐阴耐旱、根系较浅的名为"景天"的半肉质植物，以达到自然调节室内温度的效果。冬日，景天类植物作为绿色屏障有防止室内热量流失的作用；夏日，这些隔热降温的绿色屏障上还会开满鲜花，又为鸟类提供了栖息地，把整个贝丁顿生态村装扮成美丽的大花园（图 7-5）。

图 7-5　住户花园
图片来源：《探访英国"零碳社区"》

7.1.3.2　材料运用

BedZED 项目为了减少对环境的破坏，在建造材料的选择和应用上，制定了"当地获取"的政策，并且选用比较环保的建筑材料，甚至使用了大量回收或再生的建筑材料。在该项目完成时，其 52% 的建筑材料在场地 56.3km 的范围内获得，15% 的建筑材料为回收或再生的。例如项目中 95% 的结构钢材都是再生钢材，是从其 56.3km 范围内的拆毁建筑场地回收的。选用木窗框而不是 UPVC 则减少了大约 800t 的制造过程中的 CO_2 排放，相当于整个项目排放量的 12.5%[50]。

7.1.3.3　自然通风系统设计

在 BedZED 项目中，还采用了自然通风系统来使通风能耗达到最小化。经特殊设计的以风为动力的自然通风管道——"风帽"（WindCowl）（图 7-6），它可随风向的改变而转动，"风帽"的一个通道排出室内的污浊空气，并且其热交换模块利用废气中的热量来预热室外寒冷的新鲜空气；而另一通道则将新鲜空气输送进来。"一个烟囱将房屋内的废气排出，而其他的烟囱则将新鲜空气吸进来。再结合其他高科技设备，如果在房屋空置期温度急剧下降，那么自动恒温装置将启动备用的滴流式热源，使得室内可以保持恒温 18℃，这便会保证房屋无论春夏秋冬哪个季节都能保持舒适的温度。"设计师比尔·邓斯特解释。根据实验，在此热交换过程中，可以挽回最多有 70% 的通风热损失[52]。

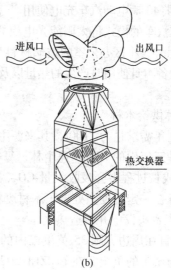

图 7-6　自然通风管道——"风帽"

图片来源：《英国贝丁顿零能耗发展项目》

7.1.3.4　清洁能源利用

BedZED 低能耗的一个主要原因是其有一套组合热力发电站——通过燃烧木材废物发电，为社区居民提供生活用电。而且在这一过程中产生了大量热能，用来提供小区居民日常所用热水。其次，是充分考虑对太阳热能的收集和利用，家家户户都装有太阳能光电板，来实现不用传统采暖设施就可达到舒适的目标。对于不可避免的能源需求，小区采用了太阳能、生物质能等两种清洁能源的使用方案。

1. 太阳能

由于英国夏季温度适中，冬季寒冷漫长，有大约半年为采暖期。针对这一特点，BedZED项目对太阳能进行了充分有效的利用。每家每户都设双层低辐射真空玻璃的玻璃阳光房，玻璃材料都是双层低辐射真空玻璃，夏天玻璃打开后做敞开式阳台（图 7-7），利于散热；冬天关闭阳光房的玻璃可以充分保存从阳光中吸收的热量。同时，建筑还采用了三层玻璃的大落地窗采光、采暖，可以最大限度地吸收阳光带来的热量。向阳面的部分玻璃窗和屋顶安装了透明太阳能板（图7-8），来收集和利用太阳热能。由小区内的777m^{2}太阳能光电板产生的峰值电量

图 7-7　开敞阳台　　　　　　　　　　　图 7-8　屋顶太阳能光电板

图片来源：《英国贝丁顿零碳社区》

为109kWh，可供40辆电动汽车充电使用[52]。由于英国对电力汽车的多种鼓励措施，这种用太阳能电力供应汽车的模式将太阳能光电板的投资回收周期从通常的75年缩短到BedZED中的6.5年[52]。另外，小区办公室的玻璃材料为三层真空玻璃，可以最大限度地保存热量，以避免各种办公设备本身使用时产生的热量以及额外吸收阳光导致过热的现象。

2. 生物质能

（1）速生林供给木材

木材的预测年需求量为1100t，其来源主要是周边地区的木材废料和邻近的速生林。整个小区需要一片三年生的70hm² 速生林，每年砍伐其中的1/3，并补种上新的树苗，以此循环[50]。树木在成长过程中会吸收大量CO_2，在燃烧过程中会等量释放出来，因此它是一种清洁能源，并且在一定程度上处理了木材废料并且保护了环境。

（2）利用废木头发电并制造热水

BedZED项目在周边方圆35英里以内的地区获取到树木修剪废料，往常这些废料被丢弃并填埋而成为城市的负担。在BedZED中却充分对这些废料加以利用，即利用废木头发电并制造热水。这样做既在一定程度上解决环境污染和垃圾处理问题，又可以缩短运输路程，减少汽车长途跋涉时尾气的排放量，保护了环境。

7.1.3.5 热电联产系统

BedZED社区采用热电联产系统（combined heat and power system，简称CHP）为社区居民提供生活用电和热水。BedZED社区的热电联产发电站并不是使用通常情况下的天然气和电力，而是上文提及的废旧木材。废旧木材的使用流程为：首先碎木材片从储藏区自动流入干燥机，然后再从干燥机进入气体发生器，在受限空气流里加热后，通过气化过程转化为含有氢、一氧化碳和甲烷的可燃气体[52]，给小区提供能源。发电过程中产生的热量得以保存并用来制造热水。小区热水的利用过程为热水通过小区一系列供暖管道系统输送进每家每户，每户人家在门厅过道的位置上都安装了一个热水筒，热力发电站产生的热水就存入到这个筒里，寒冷季节可起到供暖的作用。该组合热力发电系统还与国家电网相连，在生态村用电量较低时，产生的多余电能可以输送进国家电网。

7.1.4 用后监测

据测算，英国的人均生态足迹（Ecological footprint，EF）达到61900m²，即需要61900m² 土地才足以提供一个人生存所需资源。而BedZED社区理想的情况下可以达到19000m²，实际上目前小区的人均生态足迹大约为43600m²，虽然还没有达到理想的状态，但是小区的创新也为未来的进步奠定了基础；从量化的节约能量上来看，根据入住第一年的监测数据，小区居民节约了热水能耗的57%、电力需求的25%、用水的50%和普通汽车行驶里程的65%。而环境方面的收益更多，每年仅CO_2排放量就减少147.1t，节水1025t[55]。

贝丁顿小区的用后反馈成功地证明了减少能源和自然资源的消费，与提高居民的生活质量可以齐头并进，它引领了建筑住区界的节能热潮，带动整个社会向可持续发展跨进了一大步。

7.1.5 评价

与传统的生态项目的高造价带来的低收益相比较，BedZED在经济、环境上的成功是巨大的和令人鼓舞的。尽管这些效益最终将被量化，但对于其中的几项确实很难给出货币单位的数值。政府部门已经意识到可持续发展社区将运行得更好，并在相当长的时间内可以节约公众资金，因此正在提倡实现这些目标。

7.1.5.1 投资回报收益评估

将 BedZED 与通常方案在投入产出比上进行比较，其总平面布置比通常的项目每公顷增加一些套数（住宅和非住宅），这些建筑的标准也很高。这意味着总造价和每平方米造价都较高。不过，正如表 7-3[59] 所能显示的：增加的住宅以及更高的标准所增加的造价会由增加住宅的利润所补偿。因此，从整体上说，业主和开发商将得到与一般批量住宅的建造商近似的投资回报率。业主和居民还将获得更高质量的最终产品和更多的便利。

表 7-3 一般开发项目与零能耗项目投资回报收益比较

注：单位英镑	一般开发项目的方案评估表	零能耗选项的评估表	注：单位英镑	一般开发项目的方案评估表	零能耗选项的评估表
总售价	19180000	31820000			
每公顷住宅数	98	126	总成本	14768600	24501400
建设成本	5826920	14829870			
营销	41237	684130	毛利润	4411400	7318800
购置成本	8529310	8987392			
总成本	14768600	24501400	利润率%	23	23

表格来源：《走向零能耗（From A to Zed）》

7.1.5.2 环境综合效益评估

据统计，小区的环境优美（图 7-9），环境效益显著，单是 CO_2 排放就每年减少 147.1t，每年节约水 1025t[50]。

1. 预应力混凝土板的环境影响

BedZED 使用再生粉碎混凝土代替原生骨料，减少了对环境的影响。表 7-4 列举了与现浇板相比，预制及预应力混凝土板（图 7-10）所节省的环境影响，数据由 BRE 提供[59]。

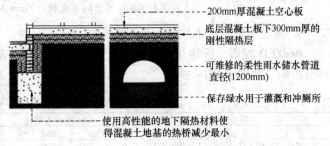

200mm 厚混凝土空心板

底层混凝土板下300mm厚的刚性隔热层

可维修的柔性雨水储水管道直径（1200mm）

保存绿水用于灌溉和冲厕所

使用高性能的地下隔热材料使得混凝土地基的热桥减少最小

图 7-9 街道实景图　　　　图 7-10 BedZED 使用的预应力混凝土板

图片来源：《贝丁顿零碳社区》　　图片来源：《走向零能耗（From A to Zed）》

表7-4 预应力混凝土板所节省的环境影响

生态指数	5940
生态过程的 CO_2 排放（kg/100 年）	392600
生产过程的能耗（十亿焦耳）	3270
生态足迹（ $hm^2/$ 年）	297

表格来源：《走向零能耗（From A to Zed）》

2. 回收钢材的环境影响

在 BedZED 中 95% 的结构钢构架在当地取材，从拆除的建筑中直接回收利用。表 7-5 列举了回收钢材所节省的环境影响，数据由 BRE 提供[59]。

表7-5 回收钢材的环境影响

生态指数	1000
生态过程的 CO_2 排放（kg/100 年）	8158
生产过程的能耗（十亿焦耳）	2580
生态足迹（ $hm^2/$ 年）	13

表格来源：《走向零能耗（From A to Zed）》

3. 三层玻璃断热桥门窗的环境影响

BedZED 中窗户选用内充氩气的三层玻璃窗，窗框选用木材材质（木材窗框与其他材料比较如图 7-11 所示）以减少传热。

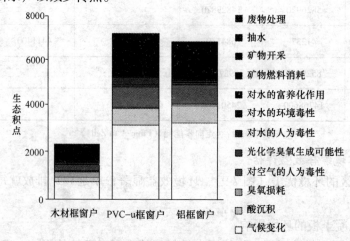

图7-11 不同材质窗框的生态积点

图片来源：《走向零能耗（From A to Zed）》

4. 回收木壁柱、木地板的环境影响

BedZED 收集、拆卸并按标准尺寸切割回收木材。表 7-6 列举了回收木壁柱、木地板的环境影响，数据由 BRE 提供[59]。

表7-6 回收木壁柱、木地板的环境影响

环境效益	回收木壁柱	回收木地板
生态指数	380	69
生态过程的 CO_2 排放（kg/100 年）	63640	2370
生产过程的能耗（十亿焦耳）	1060	39.5
生态占地份额（ $hm^2/$ 年）	174	1060

表格来源：《走向零能耗（From A to Zed）》

5. 使用生态涂料的环境影响

在 BedZED 使用生态涂料代替丙烯酸类涂料，减少了对环境的影响。表 7-7 列举了使用生态涂料的环境影响，数据由 BRE 提供[59]。

表 7-7 使用生态涂料的环境影响

环境效益	生态涂料
生态指数	385
生态过程的 CO_2 排放（kg/100 年）	33750
生产过程的能耗（GJ）	750

表格来源：《走向零能耗（From A to Zed）》

除上述外，BedZED 在其他很多方面取得了较好的环境效益。

7.1.6 结语

BedZED 由于采取了建筑隔热、智能供热、天然采光等设计，综合使用太阳能、风能、生物质能等可再生能源，这个小区与周围普通住宅区相比可节约相当大的供热能耗以及电力消耗等。这些策略为我们今后的设计提供了一定的思路和参考。在全世界对能源问题高度关注的今天，BedZED 的建成和杰出表现让我们看到了希望。

目前，贝丁顿社区的居住人口有近 300 人，既有教师、医生和警察等公共部门的工作人员，也有退休老人和低收入者。在这里，很多人逐渐改变了以往不够环保的生活习惯，居民们使用可洗涤的尿布或可循环产品的情况远远高于其他居住区。这种既环保又有品质的生活，使这个小小的生态住宅区意外地吸引了近 2000 名有意购房者。贝丁顿社区让我们看到了延续这一节能环保理念的可行性，它的成功表明，建设环保的和谐社区，不能只停留在美好的愿望上，必须要考虑到与市场的关系，要使参与各方都能够得到利益。在利益机制的诱导下，使经济活动当事人主动去参与社区的建设。贝丁顿的建设细节其实并无多少高深技术，只是整合了各领域最新的成熟技术，把环保生态理念运用到小区的设计建设中，带入普通人的日常生活。

7.2 陕西延安枣园村新型窑居

7.2.1 项目概况

7.2.1.1 建设背景

窑洞民居是我国黄土高原地区独有的一种传统乡土居住建筑，按建筑材料通常可分为"土窑"和"石（砖）窑"两种类型。土窑，是指在土崖旁边或在下沉式院落侧壁挖掘而成的拱形洞口，经简易装饰而成的居所。石窑或砖窑，是指用砖或石材砌筑而起的拱形构筑物，根据结构形式和建筑布局的不同又可将其分为沿山坡而建的靠山式窑洞和独立式窑洞两种。在陕北，乡村居住建筑中约 90% 为传统窑居建筑，老百姓最喜爱的是砖或石材箍起的靠山窑，约占总数的 70% 以上。图 7-12 是土窑和砖（石）窑的常见形式。

传统窑居建筑中蕴涵着丰富的生态建筑经验，除冬暖夏凉（节约能源）、节约土地、窑顶自然绿化等基本特征外，在利用南向大面积窗玻璃自然采光的同时获取太阳辐射热能，也

（a）　　　　　　　　　　　　　（b）

图 7-12　传统窑居常见形式
（a）"嵌入式"土窑；（b）砖石窑洞

符合被动式太阳能建筑设计的基本思想。而这些都是中国传统优秀地域建筑文化的核心部分。但是，这种传统窑居建筑普遍存在着空间形态单一、功能简单、保温性能失衡、自然通风与自然采光不良以及室内空气质量较差等问题。黄土高原地区乡村人口大约 5000 万，随着城镇化进程的加快，人们对提高居住环境条件的需求日益提高。大多数居民依旧采用传统的方法在建造传统的旧式窑居，而少部分先富起来的青年人开始"弃窑建房"，形体简单、施工粗糙、品质低下、能耗极高的简易砖混房屋已随处可见，造成的结果是：建筑能源资源消耗成倍增长，生活污染物和废弃物的排放量急剧增大，城乡人居环境、自然生态环境质量每况愈下，正在重复城市人居环境所走过的先污染、再治理的老路。

本项目通过对传统窑居建筑进行全面客观的现场测试、调查和评价，将蕴涵于黄土高原传统窑洞民居中的生态建筑经验转化为科学的生态设计技术，并在延安枣园村进行了新型窑居的建筑设计以及示范项目的建设。

7.2.1.2　自然环境状况

枣园村位于延安市区西北 7km 处的西北川地区，该地区大陆性气候显著，气候偏冷且有较大的气温日较差和年较差。年平均气温为 9.4℃。最冷月为 1 月，日平均气温 -6.3℃；最热月为 7 月，日平均气温 22.9℃。气温平均日较差为 13.5℃，年较差为 29.2℃，日平均温度 ≤5℃ 的天数为 130 天。该地区较为干旱，全年降水量约为 526mm，且集中在 6 月至 9 月。一年中 8 月份相对湿度最大，可达到 66% ~ 78%。1 月相对湿度最小，约为 45% ~ 60%。该地区太阳能资源丰富，年日照时数可达 2400 多小时，仅次于西藏和西北部分地区，为太阳能的利用提供了非常有利的条件。

7.2.1.3　建设概况

枣园村地处一连山和二连山的山坡上，坐北朝南，北面为高山，山脚下南面是西川河及川地。枣园村山地、坡地上植被稀少，水土流失严重，具有典型陕北黄土高原地形地貌特征。枣园村南为延园，是中共中央书记处 1943 年至 1947 年的所在地，面积约 80 多亩，这决定了枣园村的与众不同。

该村在 1997 年共有 160 户，632 口人，绝大部分住户居住在砖石窑洞之中，且分布在山坡地上，占地 4.5km²，其布局为自然形成，土地浪费较严重。村落排水无组织，生产、生活垃圾随意倾倒，村容村貌不整，卫生条件差，居住环境低下，整体建设水平较低。图 7-13 为枣园村入口处原貌。

图 7-13　枣园村原貌

示范项目的准备工作开始于 1996 年下半年，于 1998 年 4 月，完成了示范项目的整体规划与设计方案。同年，枣园村示范项目开始投入建设。至 1999 年年底，已完成第一批 48 孔（16户）和第二批 36 孔（6户，每户为 3 开间双层窑居）新窑居的建设工程。至 2000 年 8 月，第三批新型绿色窑居建造完成，共建 32 孔，8 户村民住进了新居（每户为 2 开间双层窑居）。2001年又有 104 孔新型绿色窑居投入建造。图 7-14 为枣园村新型窑居示范项目部分窑居的规划建成图。

图 7-14　新型窑居规划（建成）图

7.2.2　设计实施方案

7.2.2.1　整体规划

在满足现代生活的前提下，依山就势，合理利用土地资源，提高综合效益。调整和改善居住用地格局以减少道路及基础设施的经济投入。尽可能理顺现有道路秩序，完善道路层次，充分利用地形地貌，进行护坡、整修和道路走线的调整，使村中主干道连接各基本生活单元并能通行机动车辆。

在住区规划方面，将居住生活用地分为 3 个区域，20 多个基本生活单元，如图 7-15 和图 7-16 所示。按照村落—基本生活单元—窑居宅院的结构模式灵活布局，按照公共—半公共—私密的空间组织形式组织生活系统，并强调在各层次之间相互联系的同时保持相对独立的完整性。

在景观绿化方面，以园林化居住环境为目标，形成了点、线、面有机结合，平面与立面结合的绿化系统。在窑居院落中采用在窑顶种植经济作物的立体绿化形式，不但可以美化环境，改善微气候，还可促进发展庭院经济。在地面采用渗透性草石结合的生态铺面，则避免了大面积硬化。村口空间节点强调了"绿色住区"的可识别性特征。废弃物和污染物的有组织处理，使枣园村成为自然生态环境和人工环境良性循环且具备现代生

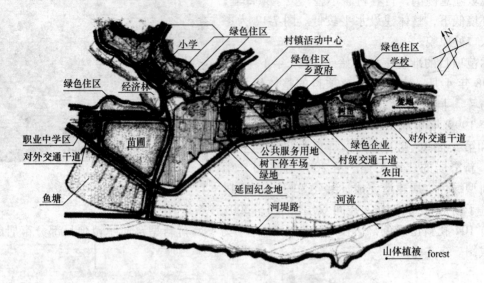

图 7-15 延安枣园绿色示范住区用地结构图

图片来源：《绿色建筑体系与黄土高原基本聚居模式》

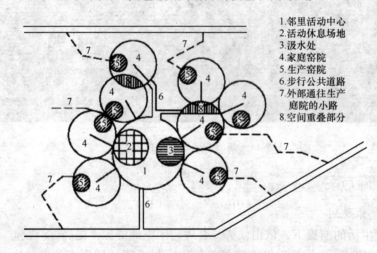

1. 邻里活动中心
2. 活动休息场地
3. 汲水处
4. 家庭窑院
5. 生产窑院
6. 步行公共道路
7. 外部通往生产
   庭院的小路
8. 空间重叠部分

图 7-16 基本生活单元模式图

图片来源：《绿色建筑体系与黄土高原基本聚居模式》

活质量的窑居住区。

7.2.2.2 单体设计

绿色窑居住区的建设，直接关系到每一户居住者的直接利益，将影响到他们今后的生活。所以项目建设的每一个阶段，都充分听取了居民的想法，采纳其合理的建议。在建设项目前期，项目组提出了四种不同类型的窑居方案后，将住户召集在一起，详细介绍了每一个方案的构成、特征及造价，让每户根据各自的经济条件、家庭成员构成、个人喜好去挑选。这一过程中，居民表现出极大的热情，展示出了高度的创造力。这一次与居民成功的合作，让大家深感：居民参与绿色住区的研究可大大提高项目的适宜性和可实施性。

　　图7-17、图 7-18、图 7-19 和图 7-20 为典型户型的单体平面、剖面及局部设计。相比于传统窑居，在平面布局上，缩小了建筑南北向轴线尺寸，增加了东西向轴线尺寸。同时避免在外围护结构设置过多的凹入和凸出，减小了体形系数，有助于减少采暖热负荷。房间平面布置按使用性质进行划分，厨房、卫生间和卧室应分开，室内功能分区明确，满足现代生活的需求。同时，错层窑居、多层窑居与阳光间的结合形成了丰富的群体窑居外部空间形态。

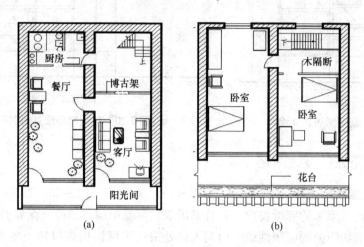

图 7-17　典型新型窑居平面设计

（a）一层平面；（b）一层平面

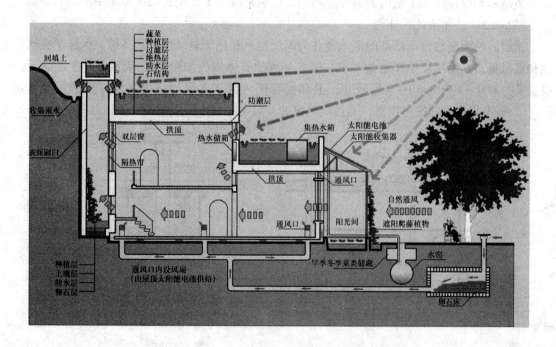

图 7-18　新型窑居建筑剖面设计原理图

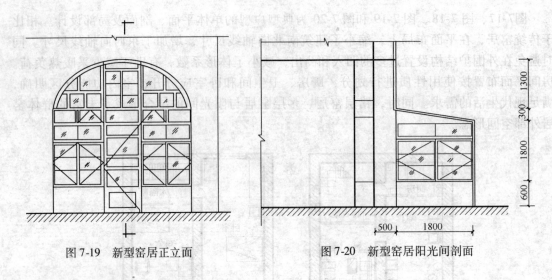

图 7-19　新型窑居正立面　　　　图 7-20　新型窑居阳光间剖面

7.2.3　建筑节能综合设计策略

7.2.3.1　保温系统设计

以玻璃窗替代了原来的麻纸窗户，并且采用双层窗或单层窗加夜间保温的方式提高保温性能，同时注意增加门窗的密闭性能。门洞入口处采用了保温措施以防止冬季冷风的渗透。在北向增加窗户，但窗户面积非常小，而且采用了双层窗并设置保温装置。

7.2.3.2　采光设计

多路采光设计保证了室内表面亮度均匀，特别是改善了传统窑洞底部阴暗潮湿的弊病。

7.2.3.3　换气系统设计

错层后的天窗与窑洞后部的通风竖井为风压通风和热压通风创造了条件，保证了换气次数和新风量，并满足夏季降温的要求。竖井通风的具体做法如图 7-21 所示，即在窑居后部设置宽为 800 ~ 1000mm 的通风竖井，上部留有排风窗，下部与室内相通。依据伯努利定律[60]，利用竖井上部的可控窗，通过调整窗的开启角度，来控制室内的通风效果。

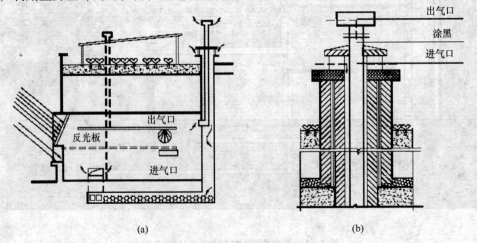

(a)　　　　　　　　　　(b)

图 7-21　通风竖井构造示意图

图片来源：《绿色建筑体系与黄土高原基本聚居模式》

7.2.3.4 热水与采暖系统设计

运用主动式与被动式太阳能采暖设施保持舒适的冬季室内热环境。全村已安装太阳能热水器 160 台，为村民的生活提供了方便，同时节约了烧水所需的常规能源。共有 40 户新建窑居附加了阳光间，增加了房屋采光度并充分利用太阳能采暖。阳光间式窑居太阳房在冬季采暖期根据日波动周期的特点，其运行过程可分为两个阶段：第一阶段为晴天白天，阳光间处于集热状态。太阳光线经透明围护结构进入阳光间，经被照射表面扩散和吸收，除表面温度升高，表面之间相互的长波辐射进行热量交换外，表面附近的空气也被加热；当阳光间内气温高于窑洞内部气温时，往往是门窗打开，使阳光间与室内之间冷热空气自然循环；太阳能在被转换为热能后，又逐渐被输运扩散到窑洞内部；在室内气温升高的同时，部分热量会储存于室内储热墙等物体内。这一阶段的特征是，阳光间与窑洞形成一连通的室内空间。第二阶段为夜间（或阴雪白天），阳光间与室内处于降温状态。在这一阶段，阳光间与窑洞之间的门窗关闭；对于窑洞室内空间来说，阳光间实际成为其与外部空间之间的一"加厚"保温空气间层；此时，阳光间已不被视作是"室内空间"，阳光间气温与室内气温有一差值；室内热量经共用门窗传至阳光间，然后又传至室外。在周而复始的日周期循环中，两个阶段相继出现，达到了利用太阳能采暖的目的。

7.2.3.5 自然降温系统设计

厚重型被覆结构具有良好的保温蓄热能力，与竖井地沟共同构成了具有除湿、换气功能的自调节空调系统。该示范项目中共有 3 户进行了地冷地热技术的试验。具体做法是在院内挖一个带有地下埋管的卵石床，其构造如图 7-22 所示，埋管与室内墙壁上的排气扇相通，利用排气扇进气或出气，使室内环境既能在夏季降温又能在冬季得热，在改善室内空气质量的同时，调节室内温度。

7.2.3.6 防潮设计

在窑顶采用"双层结构"防水技术。所谓"双层结构"，是指同一土层内，由两种水平状的颗粒材料所形成的夹层土，如土中夹有水平的砂或炉渣。经过理论计算和实践检验，其结论为：在土层表面下 500mm 处设置一层 100mm 厚的砂层（或炉渣），可以减缓和阻止雨水下渗速度和总量，从而达到

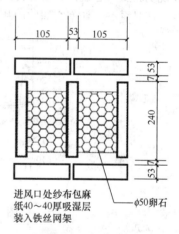

进风口处纱布包麻纸 40～40 厚吸湿层装入铁丝网架
$\phi50$ 卵石

图 7-22 地沟进出风口构造图
图片来源：《绿色建筑体系与黄土高原基本聚居模式》

图 7-23 新型窑居外观

图 7-24 新型窑居室内状况

防渗漏目的，使得窑洞四壁及窑顶砂层以下土壤的含水量大为降低，最终从湿源上解决了窑居内的潮湿问题。此外，室内有序组织的自然通风能保持夏季室内温度场的均匀分布，进一步防止了壁面与地面泛潮。图 7-23 和图 7-24 为新型窑居建筑外景和内景。

7.2.4 实际效果测评

新型窑居较好地解决了传统窑居内部相对阴冷、潮湿的问题，营造了良好的室内环境，提高了窑居建筑的舒适度。

7.2.4.1 室内空气温度

图 7-25 给出了新型窑居夏季室内空气温度的实测数据。可以看出，新型窑居室内温度可以维持在 25℃以下，这是比较舒适的热环境状况；同时，测试期间室内温度波动很小，保持在 24～25℃之间，因而能达到类似于空调控制的效果，但是这种自然状况比空调送风更加舒适。图 7-26 和图 7-27 给出了新型窑居与传统窑居冬季室内空气温度的实测数据。可以看出，新型窑居内部温度可以达到 15℃以上，最低温度约 10℃，而传统窑洞的室温最高值在 10℃左右，最低值约 5℃。虽然两次测试的时间不同，但由于两个测试时段室外温度水平相当，也可以说明新型窑居设计方案比传统窑居具有更好的保温效果。同时，从测试数据还发现，无论是冬季还是夏季，新型窑居室内相对湿度都要低于传统窑居，这表明新型窑居室内比较干爽。

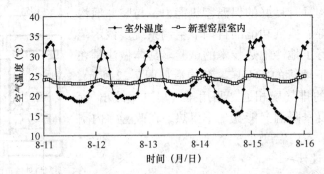

图 7-25　新型窑居夏季室内空气温度实测

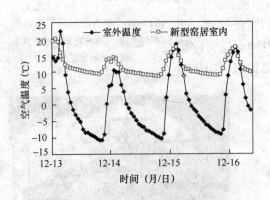

图 7-26　新型窑居冬季室内外空气温度实测

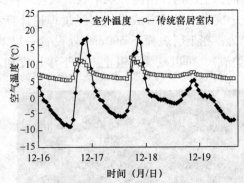

图 7-27　传统窑居冬季室内外空气温度实测

7.2.4.2 太阳能采暖

图 7-28 显示了新型窑居内部太阳能采暖的效果，由于设计了附加阳光间和直接受益窗等太阳能集热部件，可以提高室内温度，在一层的附加阳光间内部，温度可以达到 22℃左右。

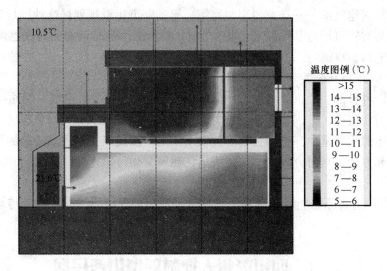

图 7-28　新型窑居太阳能采暖效果

7.2.4.3　自然采光

图 7-29 为同一时刻（下午 1 点）传统窑居与新型窑居室内采光情况的实测结果。以采光系数作为分析指标，可以看出，新型窑居室内采光系数比传统窑居要高，特别是靠近窗口的位置，由于用玻璃窗替代了麻纸，透光率提高，同时由于窗框的面积相应减小，新型窑居室内采光得到了总体的改善。

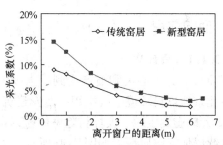

图 7-29　新型窑居与传统窑居室内采光状况

7.2.5　项目总结

该项目是在传统窑洞的基础上，从建筑平面、空间组织、太阳能利用等方面进行综合改进后所形成的新型窑居建筑。它在维持传统窑洞能源消耗水平的同时，显著地改善了室内热环境和空气质量，使放弃了窑洞并搬进砖房的农民又自愿返回窑洞，也使新型窑居具有了如下三方面的生态和社会效益。

7.2.5.1　节能减排效果

旧式窑洞供暖耗煤量为 $15kgce/m^2$，普通混凝土房屋需要 $25kgce/m^2$，而新型窑居建筑采暖耗煤仅为 $5kgce/m^2$ 左右。每个家庭约 $100m^2$ 的新窑居每年可减少 CO_2 排放 2.4t。

7.2.5.2　示范推广效应

由于新型窑居建筑同时具备了现代住宅和传统窑洞民居的诸多优点，使许久以来被人们认为是"落后、低级"象征的传统窑洞民居获得了新生，而建设和拥有新型窑居住宅已经成为这一地区的"时尚"。在绿色窑居建筑示范项目的影响和启发下，运用绿色窑居的设计思想、借鉴绿色窑居示范工程的设计方法和空间形态，延安市房地局组织开发了"延安市经济适用窑住宅小区"，项目包括窑居建筑总计 350 余套、800 余孔，在竣工前已销售一空。绿色窑居建筑日益受到人们欢迎和重视，延安市杨家岭村于 2002 年开工，2003 年建成了号称世界最大的窑居建筑群——杨家岭窑洞宾馆。据延安市建设规划局统计,自延安枣园村建成第一个绿色窑居建筑示范基地以来,截止 2011 年春季,陕北延安的村民已经自发模仿建成新型窑居住宅约 5000 多孔。

7.2.5.3 媒体和社会关注

中央电视台科教部、北京科教电影制片厂以及国内外 40 多家报纸、网站等媒体都对该项目进行了采访和报道。美国华盛顿州立大学建筑系已经将延安枣园绿色窑居示范工程作为建筑学本科学生的实习基地。该项目初步建立了中国传统民居生态建筑经验的科学化技术化及再生的思路和方法,对研究解决中国传统居住建筑文化持续走向生态文明和现代化提供了一条途径。

综上所述,黄土高原零能耗新型窑居建筑是一个利用现代科学技术改善传统民居的成功实例。

7.3 四川彭州大坪村新型川西民居

7.3.1 项目概况

7.3.1.1 项目简介

本项目是为了心灵和财产受到巨大损失的灾区居民而开展的一项生态民居设计研究课题,由北京地球村环境中心组织,西安建筑科技大学绿色建筑研究中心研究创作并实施。汶川 5.12 大地震发生后,大坪村除整体村寨自然环境基本保留完整外,单体房屋均破坏严重,无法继续居住,震后情景如图 7-30 所示。为了帮助大坪村居民原址重建家园,快速恢复生产,在经济复苏、保护生态环境的基础上,实现人与自然和谐共生的可持续发展,本项目提出了如下目标:通过对大坪村 44 户居民进行整体原地易址重建,来提高大坪村居民的生活品质,使建筑更加有机地融入自然环境,创造出能够促进人与人之间交流沟通的场所,营造具有绿色生态理念与现代生活气息、乐和而诗意栖居的"乐和家园",并为全村乃至其他更多村落中的居民提供一种恢复重建的理想示范。

图 7-30　大坪村受灾状况

7.3.1.2 地域与自然气候状况

大坪村是四川省彭州市通济镇中一个自然风光旖旎而灵秀的地方，与汶川的直线距离不足 30 公里。

通济镇，位于东经 103°49′，北纬 30°9′，坐落在彭州市西北 25km，成都以北 65km 处，地处川西龙门山脉之玉垒山脉的天台山、白鹿顶南麓，湔江之滨。东与葛仙山镇、楠杨镇、丹景山镇接壤，南邻新兴镇以湔江为界，西临小渔洞镇，北靠龙门山镇、白鹿镇。全镇面积 73.5km²，历来为彭州市西北山区"三河七场"的中心。

通济镇海拔为 805 ~ 2484m，大坪村所在地约 1400m。这里气候温和、雨量充沛、四季分明、无霜期长、日照短，平坝、丘陵、低山、中山、高山区气候差异明显，年平均气温为 15.6℃。全年无霜期 270 多天，气候温湿，雨量充沛，降雨主要集中时段在 6 ~ 9 月，年平均降雨量 960mm 左右。全年主导风向为东北风，年平均风速为 1.3m/s，年瞬间最大风速 21m/s。

7.3.1.3 人文环境

大坪村共有居民 283 户，900 多人，分属 11 个村民小组，基本为世代栖居的本地原住汉族居民。村民大都信奉佛教，有祭祀佛祖与先辈的习惯，是典型的川西山区村庄。

7.3.1.4 经济因素

大坪村虽处自然环境优美之地，但受地理条件、观念等限制，当地经济发展相对缓慢。该村 76% 的村民以务农为主；13% 的村民靠家人外出打工为生；6% 的村民主要经营手工艺品；2% 的居民以运输为主业；2% 的村民由于家中无劳动力，靠政府救济。当地村民种植的农作物主要有玉米、土豆、洋姜，而这些作物所带来的收入仅够平日开销。村民的主要经济收入是靠种植中药材黄连获得。据调查统计，全村年收入在 3000 元以下的住户占 7%；3000 ~ 5000 元的占 16%，5000 ~ 7000 元的占 27%，7000 ~ 10000 元的占 23%，10000 元以上的占 27%。

7.3.2 灾后生态民居重建

7.3.2.1 聚落布局

重建前的大坪村，村落布局以蜿蜒的山路为引导，在自然力长期作用下形成自然形态。众所周知，自然力长期作用于地貌景观造成的曲线线势区别于人工刻意建造的态势，具有统一协调、自然均衡的审美效果。大坪村正是在这种自然力长期作用下产生了特殊的线性"飘积"① 聚落形态。该村在灾后选择了原址重建，规划中摒弃了城市住宅区行列式集中布局的规划方法，引申"生态飘积"原理用于新民居规划。以大坪村十队、十一队的谢家坪聚落为例（图 7-31），将新民居选址在自家原有民居附近的平整地带，顺应自然力作用，按照山体山势，布局于山路两侧。这种选址和布局方式，不仅有利于抗震，还体现了传统民居中建筑与自然和谐共处的生态理念，同时避免了集中式布局带来的污水、污染物集中处理的生态难题。由于分散布局，人、生物等的污水污物排放对环境而言分散化解，无形中减小环境压力，对缓解和保护山区自然生态环境具积极作用，真正意义上体现了"天人合一"的

---

① 飘积（drifts）理论：由美国造园学家约翰·格兰特与卡洛尔·格兰特提出，即风力是影响植物种子传播和繁殖的重要因素，因此在自然景观中的自然植物群落的形状是自然力作用的结果，该现象称为飘积形体或飘积线势。

共存理念。其他聚落布局形式在实践"生态飘积"理论时，应注意避开山嘴、山丘、边坡边缘及易滑坡地带。

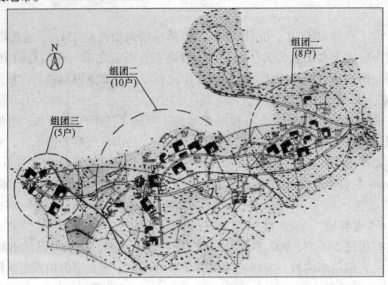

图 7-31　新建大坪村谢家坪聚落布局

7.3.2.2　建筑方案

设计方案建立了基本模块与多功能模块的基本单元，如图 7-32 所示。基本模块有：主房（堂屋）模块，次房（厢房）模块；多功能模块有：厨房（餐厅），卫生间（储藏），阳光间（挑台）。

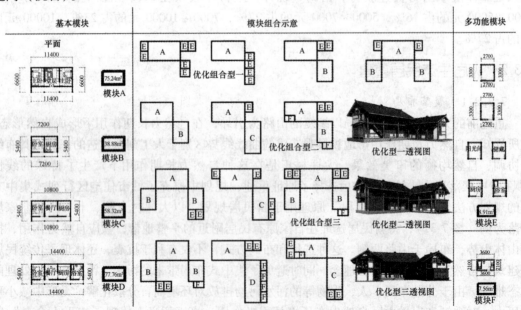

图 7-32　平面模块组合

利用两种类型的不同模块，即可组合出多种满足村民需求的民居。以此为基础，优选出三种基本民居形式，来分别适应三口之家（120m²）、四口之家（150m²）及五口之家

（180m^2）的居住需求，如图 7-33、图 7-34、图 7-35 所示。此外，还优选出两种带有旅游接待功能的标准发展户型，作为风景旅游经济发展的示范户类型。

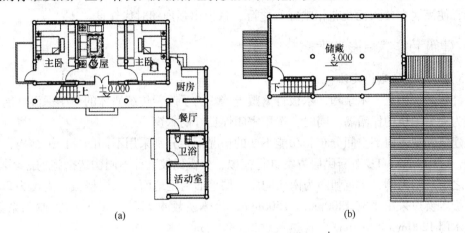

图 7-33　三口之家平面图

（a）首层平面；（b）二层平面

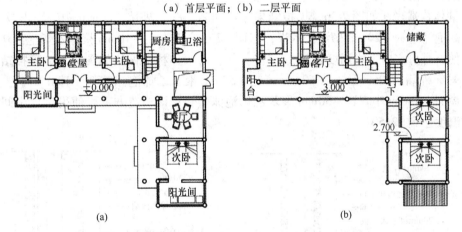

图 7-34　四口之家平面图

（a）首层平面；（b）二层平面

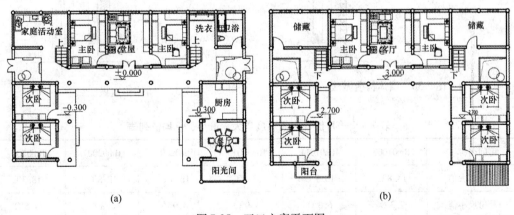

图 7-35　五口之家平面图

（a）首层平面；（b）二层平面

主房与厢房高低错落，搭接有序，多功能体部则穿插自然，相辅相成，共同构筑出大坪村独特的空间神韵；加之建筑局部土墙灰白清雅，木构明晰俊秀，竹篱活泼灵性，玻璃窗明净映彩，使民居在"人面桃花相映红"之际，透射出强烈的时代气息。

7.3.3 建筑节能综合设计策略

7.3.3.1 围护结构设计

设计依然采用土—木结构，木板竹篱敷土墙。为了改善传统墙体的冬季保温性能，将墙体改进为夹聚苯板的保温墙。同时，选用密闭性良好的木窗。

在建筑外观、内部空间分布和功能不变的情况下，分别采用不同的外围护结构、屋面构造方法，运用 DOE2.1E 对新民居方案进行模拟，分析比较五种不同构造措施的热环境特性。以五口之家户型为例，建筑朝向为南北向。一层地面为土地面，二层楼板、内墙为 20mm 柳沙松木板。窗户采用木窗 1300mm × 1500mm，传热系数 4.7W/（$m^2 \cdot K$），遮阳系数 0.6。门采用木门 1200mm × 2000mm，传热系数 2.7W/（$m^2 \cdot K$）。

通过温度对比来选择室内热环境最佳的建筑围护结构的构造方法。建议采用其中两种，其一（墙体构造做法如图 7-36，模拟结果显示如表 7-8），外墙：20mm 柳沙松木板 +30mm 聚苯乙烯泡沫塑料 +20mm 柳沙松木板；屋面：35mm 小青瓦 +10mm 聚苯乙烯泡沫塑料；该方案可使一月份室内平均温度达到 10.7℃。其二（墙体构造做法如图 7-37，模拟结果显示如表 7-9），外墙：30mm 泥土 +10mm 篱笆 +50mm 聚苯乙烯泡沫塑料 +10mm 篱笆 +30mm 泥土；屋面：35mm 小青瓦 +50mm 聚苯乙烯泡沫塑料；该构造方案可使得二层中间房间室内平均温度达到 12.5℃。

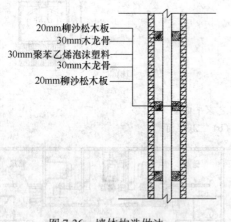

图 7-36　墙体构造做法一　　　　图 7-37　墙体构造做法二

表 7-8　一月份各房间温度最大、最小、平均值列表

房间名称	Rm01003	Rm01011	Rm01013	Rm02002	Rm02007	Rm02007
一月份最大值	14.8℃	15.7℃	13.9℃	18.4℃	18.8℃	18.3℃
一月份最小值	7.3℃	6.3℃	5.9℃	4.9℃	4.8℃	4.5℃
一月份平均值	10.9℃	10.6℃	9.7℃	11.0℃	11.0℃	10.7℃

表 7-9　一月份各房间温度最大、最小、平均值列表

房间名称	Rm01003	Rm01011	Rm01013	Rm02002	Rm02007	Rm02009
一月份最大值	14.8℃	15.3℃	13.7℃	16.4℃	18.4℃	17.8℃
一月份最小值	7.9℃	7.2℃	6.7℃	7.0℃	6.9℃	6.5℃
一月份平均值	11.4℃	11.2℃	10.2℃	12.5℃	12.4℃	12.0℃

7.3.3.2　采光设计

新方案设计中除满足光环境舒适性要求外，为节约照明能耗，降低了房间的开间和进深，且增加了开窗，所以取得了比旧民居更好的采光环境。运用 Ecotect 软件建立五口之家模型（图 7-38），模拟分析表明一层房间（图 7-39）内部采光系数达到 6.0% 以上，整个建筑里的采光系数平均值达到 38.66%，照度值达到了 1611.13lux，采光系数和照度值都增加了 76%。这与房间在各个方向都开窗有关。但从实地考察来看，当地居民传统的做法中，堂屋后墙基本不开窗。因此

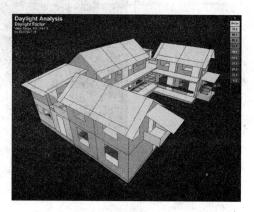

图 7-38　五口之家室内采光模型

如若延续传统习惯，则实际一层采光状况弱于模拟结果。二层（图 7-40）由于受到屋顶出檐的影响，采光系数和照度平均值有所下降，分别为 32.86% 和 1369.36lux，照度均匀度为 0.16。

7.3.3.3　自然通风组织

门窗设计考虑了夏季自然通风，在平面布局上有利于利用室外风压形成穿堂风，在堂屋空间组织上有利于形成竖向热压对流（图 7-41），适宜于大坪村夏季湿度较高的气候特点。并在堂屋顶棚、卧室的前廊顶棚、卧室吊顶等处预留通风口（图 7-42）。冬季关闭通风口，保持室内温度；夏季打开通风口，室内外空气流通。

运用 Airpak 模型模拟五口之家在 1.5m、4.5m 的高度，分析该建筑方案的夏季自然通风效果。结果（图 7-43）显示，在夏季全部开窗的情况下，二层房间风速稍高于一层，在室外风速为 1.3m/s 时，两层平面各房间风速分布较为均匀，室内风速在 0.1～0.6m/s 之间。一层房间中，中间堂屋房间通风效果最好，西侧厢房的两个房间通风效果一般，室内风速小于 0.1m/s。二层西侧房间通风好于一层，东侧和南北向房间室内风速较高，室内通风较好。在堂屋和厨房空间组织上有利于形成竖向热压对流，适宜于大坪村夏季湿度较高的气候特点，模拟分析结果表明，在夏季 90% 情况下，室内热环境可满足基本热舒适需求。建筑半围合的院落内会产生一定的气旋，通风效果较好。新方案设计在自然通风上相比于传统的老民居提高很多。

7.3.3.4　夏季遮阳设计

立面设计中采用挑檐（图 7-44）来解决夏季遮阳问题，一般出挑水平长度在 2m 以上，有的达到 2.5m。出挑长度主要取决于挑檐对室内光线的遮挡及屋顶的高度。

7.3.3.5　低碳材料

当地因盛产竹木，而被居民广泛用于墙体围护构造。虽然建筑被竹木围合，能与周边群

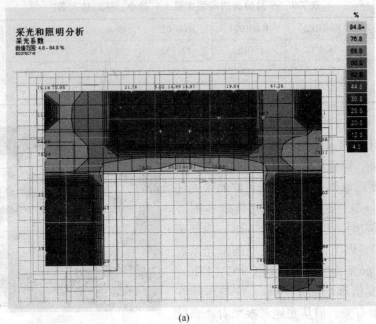

(a)

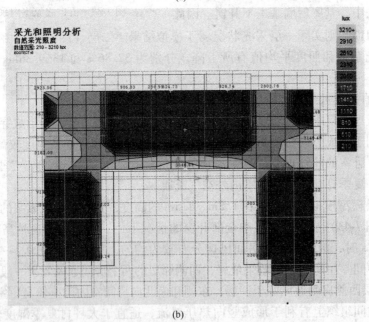

(b)

图 7-39　新民居一层光环境模拟分析

（a）一层采光系数；（b）一层照度值

山形成和谐统一的氛围，但因竹笆墙体较薄，且保温隔声效果较差，常被大量应用于厨房单体围护。因此在设计中将土、竹结合起来使用，即在竹篱上抹土作围护墙，局部如有需要也可单用竹笆墙作为隔墙。此种墙体除操作简单外，也可使居民根据自己的喜好在其上制作图案。另外以抹土作为隔墙，可有效提高房间保温、隔声效果，减少建造成本，降低对大气的二氧化碳排放，从而对大坪村地区生态环境起到保护作用，实现人与环境的可持续发展。

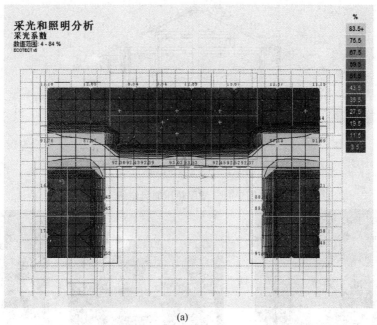

(a)

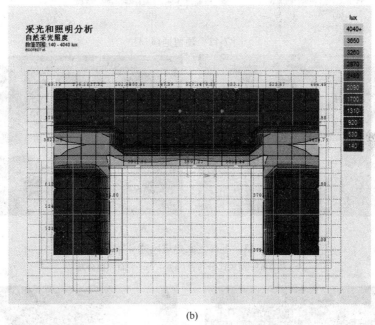

(b)

图 7-40　新民居二层光环境模拟分析

（a）二层采光系数；（b）二层照度值

7.3.3.6　可再生能源利用

当地盛产黄连植物秸秆，每户村民均饲养牲畜，可作为沼气原料，为村民提供部分炊事能源，同时又可以为照明、用热等提供方便。设计中将猪圈、旱厕、沼气池一体化设计。

在尊重传统建筑原形特征的条件下也考虑了阳光间的设计，在正房中采用了直接式和附加阳光间（图 7-45）等太阳能利用技术，最大限度地利用太阳能进行采暖与采光。这些被

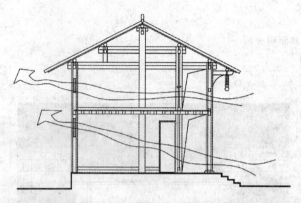

图 7-41　堂屋热压通风组织

（a）　　　　　　　　　　　　　　（b）　　　　　　　　　　　　　（c）

图 7-42　预留通风口

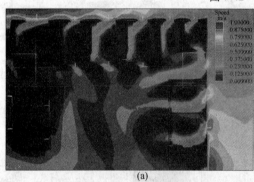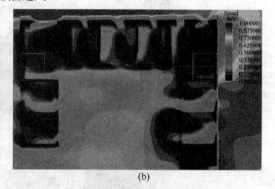

（a）　　　　　　　　　　　　　　　　　　　　　　　（b）

图 7-43　五口之家建筑风速分布图

（a）1.5m 平面风速分布；（b）4.5m 平面风速分布

（a）　　　　　　　　　　　　　　　　　　　　　（b）

图 7-44　建筑挑檐解决夏季遮阳

动式太阳能利用，可以有效地改善冬季室内热环境，减少对自然林木作为取暖能源的砍伐，为村民综合使用太阳能创造较好的条件。考虑到阳光间会增加房屋造价，因此，方案设计中阳光间可以在居住者经济条件改善后随时加建。

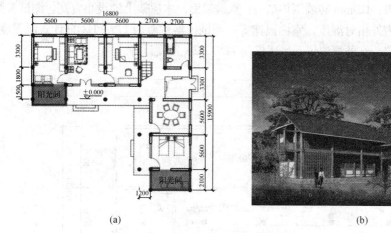

(a)   (b)

图 7-45　新民居附加阳光间

（a）平面图；（b）效果图

7.3.3.7　节能器具

通过采取节能器具，如节能灶的推广与应用，以及开发利用可再生能源，如太阳能、沼气等降低村民生活中的能源消耗成本。

7.3.4　室内环境测试数据与分析结果

示范工程完工后，课题组成员对新、旧民居冬、夏两季的室内热环境进行了对比测试，并对新建民居夏季室内光环境进行了测试。以一栋新建的木结构建筑（图 7-46）和一栋地震中尚存的

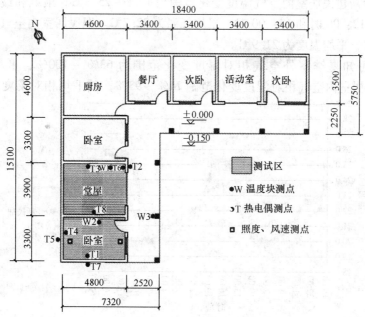

图 7-46　新民居测试对象平面图及布点

旧建筑（图7-47）作为研究对象。新民居为单层，采用传统的穿斗式木构架结构体系；墙体构造分为两部分，1.5m 以下采用 200mm 黏土砖砌筑，1.5m 以上采用 20mm 柳沙松木板 + 30mm 聚苯乙烯泡沫塑料 + 20mm 柳沙松木板；双坡屋面，木屋架上铺设小青瓦。旧民居为单层，采用砖木结构，穿斗式木结构体系；120mm 砖墙围护结构；双破屋面，木屋架上铺设小青瓦。测试参数包括室内外空气温度，室内外相对湿度，室内风速等。测试仪器主要为 175 – H2 自计式温湿度计、热舒适仪、热电偶测温仪、红外测温仪、风速仪及 TES1332A 照度计等。

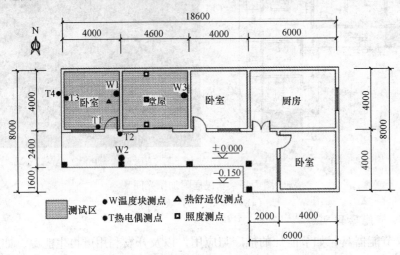

图 7-47　旧民居测试对象平面图及布点

7.3.4.1　夏季新、旧民居测试

夏季测试时间为 2009 年 7 月 22 日—25 日。

由图 7-48 可知夏季测试期间室外空气温度变化较大，范围在 19.1 ~ 28.2℃之间，平均温度为 23.2℃；新建民居室内空气温度变化范围为 19.8 ~ 25.3℃，最低和最高温度分别出现于 7：00 时、12：00 时和 13：00 时，平均气温为 22.7℃。旧民居室内空气温度变化范围在 19.8 ~ 24.0℃，平均温度为 21.9℃。

由图 7-49 可知夏季室外空气相对湿度变化范围为 63% ~ 100%，平均相对湿度为 87.1%，新建民居室内空气相对湿度变化范围 74% ~ 93%，其平均相对湿度 85.6%，与旧

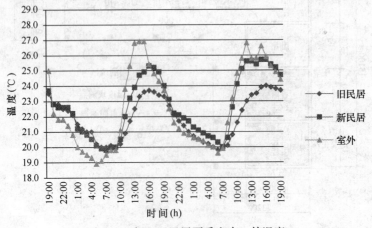

图 7-48　新、旧民居夏季室内、外温度

民居室内空气平均相对湿度 88.4% 相比降低了 2.8 个百分点。

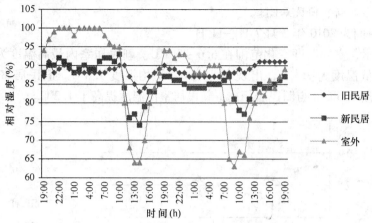

图 7-49　新、旧民居夏季室内、外相对湿度

由图 7-50 可知，新建民居室内照度值从窗口随进深方向呈现递减趋势。尽管方案设计中减小房间进深，但为尊重当地人生活习惯，建筑后墙不开窗，因此造成该种现象。

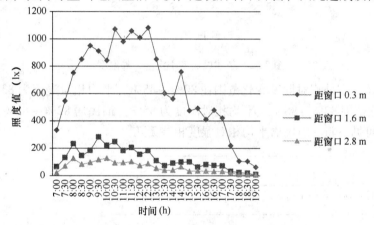

图 7-50　新建民居夏季室内照度值

由图 7-51 可知夏季新民居室内风速在 0.045 ~ 0.148m/s 之间变化，平均风速 0.092m/s，通风

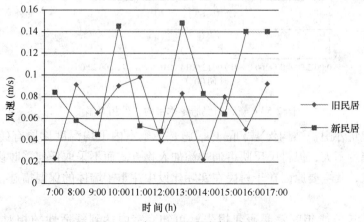

图 7-51　新、旧民居夏季室内风速

状况良好。旧民居室内风速 0.022～0.098m/s，平均风速 0.067m/s，低于新民居室内风速。

7.3.4.2 冬季新、旧民居测试

冬季测试时间为 2010 年 2 月 7 日—11 日。

图 7-52 显示，室外温度变化范围在 6.6～8.1℃。新民居室内最高温度为 8.3℃，出现在 16：00，最低温度为 7.4℃，出现在 8：00，平均温度 7.8℃。旧民居室内温度 6.4～6.9℃，平均温度 6.6℃。与旧民居相比，新民居室内温度提高了 1.2℃。

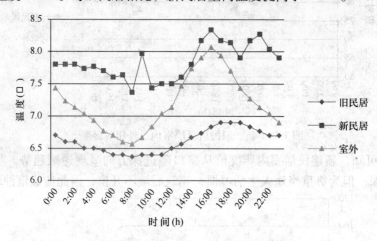

图 7-52 新建民居冬季室内、外温度

图 7-53 显示，室外相对湿度变化范围在 80%～85%，平均相对湿度为 83%。新民居室内相对湿度变化范围 82%～88%，平均相对湿度为 85%。旧民居 82%～85%，平均相对湿度 84%。由此可见，新、旧民居平均相对湿度相差无几。

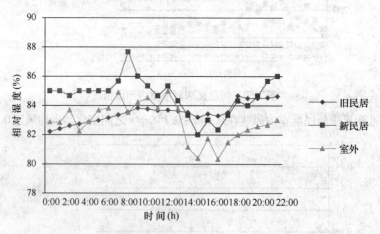

图 7-53 新、旧民居冬季室内、外相对湿度

通过改进建筑外围护结构保温、隔热措施，冬季室内平均温度比原有砖木民居有所提高，虽然提高幅度不大，但村民反映可通过添加衣物方式而不采取任何采暖设施越冬。之所以未达舒适要求，其主要原因在于村民在实际建设中注重了墙体的保温措施，忽略了屋顶部分的保温措施。

由《中国建筑节能年度发展研究报告》可知，室内达到舒适性的相对湿度为 30%～

70%。无论冬、夏季，室内空气相对湿度都超出舒适范围。夏季新民居室内相对湿度低于旧民居，缘于建筑设计中注重室内自然通风的组织。冬季新、旧民居内相对湿度相差不大，原因在于：其一，大坪村所处山区，室外空气相对湿度过大；其二，木、竹等材料的吸湿性能大于砖砌体材料。

7.3.5　能源消耗

如果以采取主动式空调与采暖措施达到室内舒适所需能耗为标准，那么按照新民居在实际建设过程中采取的外围护结构构造措施，即外墙采取木板＋木龙骨＋聚苯乙烯泡沫塑料＋木龙骨＋木板，屋面采取屋架上直接铺瓦，其空调与采暖能耗至少降低 50% 以上。表 7-10 所示为新民居（以四人户为例）与旧民居建筑能耗模拟结果对比。

表 7-10　新、旧民居建筑能耗模拟结果

	新民居	旧民居
建筑面积（m²）	193	90
采暖（kWh）	19916	24060
制冷（kWh）	6413	3638
总能耗（kWh）	26329	27698
单位面积采暖（kWh/m²）	103	267
单位面积制冷（kWh/m²）	33	40
单位面积总能耗（kWh/m²）	136	308

新民居建设前，通过调查发现当地村民主要以薪柴、电力等能源方式为主，以供炊事、热水、取暖之用。新民居建成后，从 2009 年 7 月与 2010 年 2 月对大坪村村民的能源消耗状况进行了调查。结果显示，能源消耗中约 50% 来自太阳能、沼气等可再生资源，其余 50% 来自电力、薪柴等。

7.3.6　结语

至 2011 年 5 月，大坪村村民入住新居两年多，大都从对震前家园的向往和留恋中，逐步产生对新建家园的归属和认同。据调研结果统计，村民对新建民居满意度高达 95%。周边村庄的村民自愿参观、学习并模仿建造大坪村的民居样式。

在调查走访中统计，新建民居外墙基本都采取木板＋木龙骨＋聚苯乙烯泡沫塑料＋木龙骨＋木板的构造措施，屋面则采取屋架上直接铺瓦的做法。据估算，这一保温隔热措施的实施，使新建民居的空调与采暖能耗在原有基础上至少降低 70%。在 2009 年 7 月与 2010 年 2 月的调查中发现，大坪村村民夏季没有使用空调、风扇，冬季没有采取取暖措施，说明建筑的空调采暖能耗几乎为零。

至 2009 年 7 月，约有 72% 的农户正在修建沼气池或者已经建成沼气池并投入使用，这将方便农户对能源的使用，同时减少了对薪柴等传统能源的使用。土、木、竹等当地材料的运用降低了能源资源的消耗，且为建筑后期材料循环利用及拆卸过程降低碳排放创造了可能。自然通风、采光等手段的运用使得建筑在运行阶段除满足人体环境舒适要求外，更降低了能耗，减少了二氧化碳排放。

大坪村生态民居在墙体保温、防潮、遮阳、自然通风与采光等方面的具体措施可直接应用于周边村庄的民居设计与建设。依据该方案建造的民居，不仅能够成为低碳环保的生态乡村民居与聚落，还对于我国乡村建筑的节能减排、可持续发展具有直接的借鉴意义。

7.4 深圳建筑科学研究院办公大楼

7.4.1 项目概况

7.4.1.1 设计理念

深圳建筑科学研究院科研办公建筑（图7-54），是以探索和实现低成本和软技术为核心的绿色建筑，也是以实现建筑全寿命周期内最大限度地利用资源、保护环境和减少污染为目标的示范性绿色建筑。资料显示[62]，深圳市建筑科学研究院（IBR）开拓性地提出了"平衡、时空、系统"的绿色技术哲学观、"本土、低耗、精细化"的绿色技术指导原则和"政策、市场、技术联动"的绿色技术体系，并结合平等的生命观形成"共享设计"理念。该理念体现在建筑设计过程是个共享参与权的过程，权利和资源的共享在设计的全过程中充分体现出来；同时，建筑本身是一个共享平台，其为实现建筑本身为人与人、人与自然、物质与精神共享提供了一个有效的、经济的平台。

图7-54 大楼总体全景图
图片来源：《建科大楼：实践平民化的绿色建筑》

该绿色建筑方案，将夏热冬暖地区的各项绿色、节能、可持续建筑技术进行了整理综合，运用到了实际项目中。它的建成，有助于推动南方地区的绿色、节能建筑的普及，把低成本建设推广到一个新的层面。

7.4.1.2 建筑基本信息

此处所介绍的科研办公大楼位于深圳市福田区北部梅林片区，占地面积为 $0.3 \times 10^4 m^2$，建筑面积为 $1.8 \times 10^4 m^2$，建筑高度为 59.6m，地上 12 层，地下 2 层，此建筑功能包括实验、研发、办公、学术交流、地下停车、休闲及生活辅助设施等（表7-11）。该建筑以 4300 元/m^2 的工程单方造价，达到了国家绿色建筑评价标准三星级和美国 LEED 金级的要求，取得了较为突出的社会效益。

表7-11 建科大楼基本信息

建造年代	2009 年	建筑功能	综合建筑
地理位置	深圳市上梅林梅坳 3 路	人数	约 350 人
建筑层数	地上 12 层，地下 2 层	建筑面积	18170m²

表格来源：《热湿地区温湿度独立调节空调系统运行研究》

7.4.2　方案设计概述

7.4.2.1　建筑所在地的气候特点

深圳位于北回归线以南，属亚热带海洋性气候区，气候温和，阳光充沛；夏季长达 6 个月，春秋冬三季气候较温暖；年平均气温 24℃，最高气温 36.6℃，最低气温 1.4℃，年日照时数 2120h，年均降雨量 1948mm，年平均风速为 2.7m/s，年主导风向为东南风。

7.4.2.2　建筑方案设计

平面布局上，该方案采用了"吕"（图 7-55）字形布局，有一定的东西错位；功能空间处理上，采用的是立体叠加的方式，各功能块根据性质、空间需求和流线组织，分别安排在不同的竖向空间体块中；在与城市关系上，该大楼将首层架空 6m，形成开放的城市共享空间，充分体现了大楼的人性化设计理念；在交通联系上，由垂直交通核与水平开放的绿化平台相通，做到垂直交通与水平交通相联系；在室内外开放空间的处理上，空中的第六层和屋顶层设置整层的绿化花园，将室外开放空间水平渗入纵向办公楼。

据深圳建科院资料[62]显示，该大楼从设计到建设采用了一系列适宜技术共 40 多项，其中被动、低成本和管理技术占 68% 左右，每一项技术并非机械地对应于绿色建筑的某单项指标，而是在节能、节地、节水、节材诸环节进行整体考虑，并满足人们舒适健康需求的综合性措施，是在机理上响应绿色建筑的总体诉求，真正体现了节能的综合设计的概念。

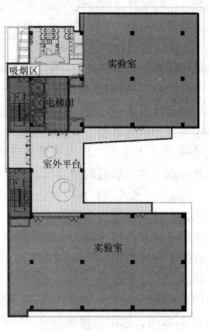

图 7-55　"吕"字形平面布局图

图片来源：《实践平民化的绿色建筑
——深圳建科大楼设计》

7.4.3　建筑节能综合设计策略

本项目是在适应地区气候环境的基础上采用了建筑节能、自然通风、可再生能源利用等技术而形成的节能生态建筑。但上述措施的采用并非满足绿色建筑的单项指标，而是在建筑中集成研究、应用和优化设计，因此，深圳建科院办公楼是一座充分整合和实现地域特色的绿色建筑。它为人们提供了舒适、健康、高效的使用空间，体现了以人为本、人与自然和谐共生的理念。

7.4.3.1　场地的高效利用策略

该项目是典型的高密度城市建设开发模式，其用地面积为 3000m²，容积率达到 4。为了改善目前城市高密度建设带来的人为压抑感，该大楼采用架空层、空中花园、屋顶花园（图 7-56）等形成立体绿化庭院，将水平绿化与高

图 7-56　建科大楼立体绿化系统

图片来源：深圳建设网——深圳建科大楼

215

层建筑垂直使用空间良好结合，解决了高层建筑上部空间无法接触和感受自然的困境。设计将首层架空 6m，形成开放的城市共享空间，并以绿化功能作为占用土地的补偿，其结果是进行了相当于用地面积两倍的绿化，同时增加了人与自然的接触机会。设计将空中第六层和屋顶层设置为整层的绿化花园，标准层的垂直交通核也与开放的绿化平台相联系，共同形成超过用地面积一倍的室外开放绿化空间。架空层的设置，实际上还解决了一层对外空间和楼层办公区域功能转换的问题，上部的管道还利用架空空间得以转换。除了垂直方向绿化处理外，在大楼的西面，由爬藤植物组成的绿叶幕墙以及水平方向的花池，成为建筑西面的热缓冲层。上述措施的采用将整个大楼组成了一个立体的绿化系统，有效地缓解了区域热岛效应。

7.4.3.2 围护结构设计

该设计对多种可能的窗墙比组合进行计算模拟分析，结合前面提到的竖向功能分区，来确定外围护构造选型。一至五层的外围护结构采用 ASLOC 水泥纤维板和装饰一体化的内保温结构[62]。七至十二层围护结构采用加气混凝土砌块，外贴 LBG 金属饰面保温板[62]（外墙外保温与装饰铝板的结合体，LBG 板能有效解决高层建筑外墙外保温系统容易脱落、开裂等问题）。该外墙外保温做法，选用氟碳喷涂铝板和挤塑聚苯板作为保温层。墙体采用浅色饰面，外墙平均传热系数 $K = 0.54 \text{W/m}^2 \cdot \text{℃}$，热惰性指标 $D = 2.57$[65]。外墙主要热工性能参数参见表 7-12。在人员密集的办公区域采用的是能充分利用自然光的水平袋窗设计，结合利用了外置遮阳反光板和隔热构造窗间 LBG 铝板幕墙，在窗墙比、自然采光、隔热防晒之间找到最佳平衡点。而在人员较少或对人工照明依赖度较高的低层部分，则设计了不同规格的条形深凹窗（图 7-57），自由灵活地适应不同的开窗面积需求。外窗玻璃部分采用传热系数 $K \leqslant 2.6$，遮阳系数 $SC \leqslant 0.40$ 的中空 Low-E 玻璃铝合金窗[62]，西南立面部分采用透光比为 20% 的光电幕墙，同时东立面、北立面和南立面均设计遮阳反光板等外遮阳措施，有效地增大了室内采光面。该建筑的屋顶采用 30mm 厚 XPS 倒置式隔热构造，同时南北主要区域采用种植屋面。

表 7-12 外墙主要热工参数

各层材料名称	厚度 (mm)	导热系数 W/(m²·℃)	蓄热系数 W/(m²·℃)	热阻值 (m²·℃)/W	热惰性指标 D	修正系数
氟碳喷涂铝板	0.8	203	191	—	—	1.00
挤塑聚苯保温层	40	0.032	0.32	0.83	0.27	1.50
水泥砂浆	15	0.930	11.37	0.02	0.18	1.00
蒸汽加压混凝土	200	0.191	3.59	0.84	3.01	1.25
水泥砂浆	20	0.930	11.37	0.02	0.24	1.00
墙体各层之和	276			1.71	3.70	—
墙体热阻 $R_o = R_i + \sum R + R_e = 1.87 (\text{m}^2 \cdot \text{℃})/\text{W}$						
墙体传热系数 $K = 1/R_o = 0.54 \text{W}/(\text{m}^2 \cdot \text{℃})$						
太阳辐射吸收系数 $\rho = 0.52$						

表格来源：《热湿地区温湿度独立调节空调系统运行研究》

7.4.3.3 自然通风设计

本项目所在地年平均风速为 2.7m/s，夏季主导风向为东南偏南风，冬季主导风向为东北偏北风，自然通风条件优越，对于建筑节能的贡献很大。受山地和周围建筑的影响，分别在建筑迎、背风面形成了"最高压力区""次低压力区""次高压力区"和"最低压力区"，并且

(a)　　　　　　　　　　　　　　　(b)

图 7-57　深凹窗

图片来源:《深圳建科大楼——绿色建筑技术》

"最高压力区"与"次低压力区","次高压力区"与"最低压力区"二二对应,为室内自然通风创造了良好条件(自然通风模拟效果见图 7-58)。据有关资料[62]显示,该设计主要采用了以下自然通风技术:

1. 根据立面风压分布条件来优化设计各个立面的外窗形式,并且保证外窗可开启面积在 30% 以上。

2. "吕"字形的平面布局,为室内自然通风创造了良好的先决条件,使建筑不同高度处的背风面和迎风面间均能保持 3Pa 以上的压差。

3. 建筑采用的是大空间设计和多通风面设计,例如可开启的外墙,可通风楼梯间等。

7.4.3.4　照明设计

根据各个房间或室内布局设计、自然采光设计和使用特性,设计者进行了节能灯具类型、灯具排列方式和控制方式的选择和设计。由于方案采用"吕"字形平面布局,使建筑进深控制在合适

图 7-58　通风模拟示意图

图片来源:《实践平民化的绿色建筑
——深圳建科大楼设计》

的尺度,提高室内可利用自然采光区域比例。为了打破传统的完全依赖人工照明和通风的设计方式,最大限度地利用自然照明和通风,项目报告厅两侧的外墙被设计成可转动的墙体。根据内部使用的需求和外部气候特征来选择开关,打开时自然光线和通风被引入到大厅内。通过在外窗的合适位置设置具有遮光和反光双重作用的遮阳反光板,适度降低临窗过高照度的同时,将多余的日光通过反光板和浅色顶棚反射向纵深区域,为办公室奠定了自然通风与自然采光的基础,基本能满足晴天及阴天条件下的办公照明需求。

资料[63]显示,该建筑的大厅、走道主要以节能筒灯为主;会议区域照明和地下车库照明选用 LED 光源(LED 光源就是发光二极管为发光体的光源,这种灯泡具有效率高、寿命长的特点,可连续使用 10 万小时,比普通白炽灯泡长 100 倍);办公区域均采用格栅型荧光灯盘,光源选用的是 T5 灯管;楼梯间采用受红外感应开关控制的自熄式吸顶灯(节能灯光源——安装在房间内部,由于灯具上部较平,紧靠屋顶安装,像是吸附在屋顶上,所以称为吸

顶灯）；办公区域照明采用智能照明控制方式。

7.4.3.5　自然采光设计

该项目地下一层高出室外地面 1.5m，周边设置下沉庭院，通过玻璃采光顶（表 7-13）加强采光效果。地下二层主要采用在一层玻璃采光顶下利用采光井等加强自然采光，车库车道利用光导①管达到采光效果。报告厅和办公区约 90% 的面积采光系数超过 2%。

表 7-13　地下车库合理利用太阳光

	光导管	玻璃水池自然采光
地面		
地下车库效果		

表格来源：《走进深圳建科院》

7.4.3.6　空调系统设计

设计者根据房间的使用功能和使用要求的差异，并未采取统一的空调分区和空调形式，而是进行了空调分区的划分和不同空调形式的甄别选用，从而保证空调系统的节能效果。这里不赘述，仅以空间形式和使用要求划分，分别说明。

使用时间无规律的空间。鉴于地下一层材料力学实验室使用时间的无规律特点，单独设立一套水源热泵空调系统，冷却水就近采用水景池内的水，即主要办公区域采用"水环空调＋冷却塔＋风机盘管"，管路系统简单，运行可靠，在使用时间上也可以灵活运行。

小开间办公空间。例如九层南区院部和十一层南区，为小开间空间，考虑到平时正常时间使用空调外，某些房间还会在节假日不定期使用，空调系统形式采用高效风冷变频多联空调系统＋全热新风系统。变频多联空调室外机置于屋面，新风系统采用全热交换器进行热回收。

---

①　光导照明系统（也称为管道式日光照明系统）是一种新型照明装置，其系统原理是通过采光罩高效采集自然光线导入系统内重新分配，再经过特殊制作的导光管传输和强化后由系统底部的漫射装置把自然光均匀高效地照射到任何需要光线的地方，得到由自然光带来的特殊照明效果。光导照明系统与传统的照明系统相比，存在着独特的优点，有着良好的发展前景和广阔的应用领域，是真正节能、环保、绿色的照明方式。该套装置主要分为采光装置、导光装置、漫射装置等几部分。节能特点在于可完全取代白天的电力照明，至少可提供十小时的自然光照明，无能耗，一次性投资，无需维护，节约能源，创造效益。系统照明光源取自自然光线，光线柔和、均匀，全频谱、无闪烁、无眩光、无污染，并通过采光罩表面的防紫外线涂层，滤除有害辐射，能最大限度地保护居住者的身心健康。

小开间使用率较低的空间。例如，四层检测实验室多为小开间实验室。实验室在室人员较少，对新风量要求较低，因此采用常规水环式冷水机组 + 风机盘管 + 独立新风的空调系统形式。

大空间办公空间。例如，十层为人员较密集的大空间办公室，因此采用能效较高的新型溶液除湿机组的温湿度独立控制空调系统：高温水环冷水机组 + 干式风机盘管（或毛细管辐射吊顶）+ 新风溶液除湿机组。高温冷水机组供回水温度为 16℃/19℃。十层采用高温冷水机组 + 辐射顶板 + 溶液新风除湿系统，新风经除湿降温后承担室内湿负荷，干式风机盘管（或毛细管冷辐射吊顶）承担室内显热负荷。

间歇使用空间，如活动室、餐厅等。在十一层北区、十二层等区域为大空间活动室和餐厅，间歇使用，采用常规冷水机组 + 一次回风空调系统。

报告厅空间。如五层报告厅为人员较密集、位置固定的大空间，采用"水环式冷水机组 + 二次回风空调箱 + 座椅送风"的置换通风空调系统形式。

7.4.3.7　材料的循环利用

该大楼在选材方面优先采用本地材料和 3R 材料①，同时采取一定的措施将废旧材料对环境的污染影响减小至最低。该项目在设计上无装饰性构件，全部采用预拌混凝土，可再循环材料使用重量占所有建筑材料总重量的比例约 10.15%[63]。所有材料均以满足功能需要为目的，以充分发挥各种材料自身的装饰性能和功能效果，将不必要的装饰性材料消耗减到最低。

其主要措施有：主体结构采用高强钢筋和高性能混凝土技术，每层均设有废旧物品分类回收空间，鼓励办公用品的循环使用；办公家具、桌椅均采用符合可循环材料标准的产品等。减少装修材料的使用，局部采用土建装修一体化设计。办公空间取消传统的吊顶设计，采用暴露式顶部处理，地面采用磨光水泥地面，设备管线水平、垂直布置均暴露安装，减少围护用材，同时方便更换检修，避免二次破坏的材料浪费。采用整体卫生间设计，利用产业化生产标准部件，提高制造环节的材料利用效率，节约用材。

7.4.3.8　清洁能源的利用

1. 太阳能能源

（1）太阳能光电利用方面

该建筑设置单晶、多晶硅光伏电池板及 HIT 光伏组件与屋面活动平台遮阳构架相结合；建筑西立面采用了透光型薄膜光伏组件与遮阳防晒相结合。此外，还将光伏发电板与遮阳构件相结合（光伏遮阳棚结合的多晶硅光伏组件）（图 7-59），充分结合遮挡，最大限度地利用太阳能。太阳能光伏系统总安装功率为 80.14kW，年发电量约 73766kWh[62]。大楼屋顶花架安装单晶硅光伏电池板（图 7-60），西立面和南立面采用光伏幕墙系统。光伏发电量约为建筑用电总量的 5% ~ 7%[63]。

（2）太阳能光热利用方面

此建筑针对不同太阳能集热产品的特性，分别采用了不同的集热方式，例如半集中式热水系统、集中式热水系统、分户式热水系统、热管式集热器、可承压的 U 型管集热器等，来满足供应厨房、淋浴间、公寓和空调系统的热水需求。

---

①　3R 材料主要应用于环保方面，是指："垃圾—Rubbish、资源—Resources、再利用—Recycle"，即可重复利用材料、可循环利用材料和可再生材料。

图 7-59　光伏发电板和遮阳构件结合　　　图 7-60　光热、光电系统及风力发电系统
图片来源:《走进深圳建科院》　　　　　图片来源:《建科大楼:实践平民化的绿色建筑》

2. 风能能源

设计者在建筑的屋架顶部安装了五架 1kW 微风启动风力发电风机,并对其进行监测,为未来城市地区微风环境风能利用前景进行研究和数据积累。全空气系统的新风入口及其通路均按全新风配置,通过调节系统的新、回风阀开启度,可实现过渡季节按全新风运行,空调季节按最小新风比运行。新风比的调节范围在 30% ~ 100%[63]。

7.4.4　使用后监测及评价

7.4.4.1　温湿度独立调节空调系统评价分析

鉴于该项目针对分区和使用功能对空调系统进行划分设置,本书未曾收集所有空调系统能耗数据,仅以位于十层的温湿度独立调节空调系统能耗状况为例,说明建筑节能综合设计后的空调能耗及其对室内环境舒适度的影响。就这一问题,重庆大学杨海龙硕士进行了测试与分析,得到如下数据。

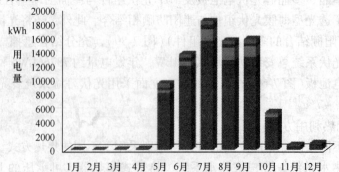

图 7-61　十楼空调系统全年各月用电量
备注:溶液调湿新风机组包括送、回风机,溶液泵,压缩机等;高温冷水机组用电量包括冷冻水泵用电量。
图片来源:《热湿地区温湿度独立调节空调系统运行研究》

1. 温湿度独立调节空调系统能耗分析

从图 7-61 中可以看出，2010 年空调系统用电量主要集中在 5 月—10 月，其中 7 月份用电量达到用电高峰，最高达到了 1.82 万 kWh，5 月和 10 月份用电量较低，主要原因为节假日放假和部分上班期间利用自然通风减少了空调系统运行的时间。1 月—4 月、11 月—12 月这 6 个月期间，由于室外温度较低，正常情况下空调系统不开启，充分利用自然通风等手段来满足室内需求。

从杨海龙提供的数据来看，2010 年建科大楼单位建筑面积空调系统年耗电量为 38.7kWh/(m² · a)，约为深圳同类办公建筑平均空调用电水平[约为 49.5kWh/(m² · a)]的 78.2%，说明温湿度独立调节空调系统在实际应用过程中具有一定的节能优势。

2. 温湿度独立调节空调系统对室内环境的影响

为了反映温湿度独立调节空调系统正常工作时室内空气的品质，针对该建筑十层各办公区进行了空气温度（图 7-62）、湿度（图 7-63）和 CO_2 浓度（图 7-64）的持续测量。《室内空气质量标准》(GB/T 18883—2002)[66] 规定标准状态下，夏季空调期间室内空气干球温度为 22 ~28℃，相对湿度为 40% ~80%，CO_2 浓度小于 1000ppm。

从图 7-62、图 7-63 可以看出，空调系统运行期间（周一至周五 8：30—17：30）室内温湿度水平均满足空气品质要求。其中除南区相对湿度平均值略高外，其他办公区相对湿度水平均维持较好，这主要与南区底层人员密度大以及人员进出房间相对频繁有关。空气干球温度方面，各区都较为稳定。总体上说，空调运行期间各办公区域内空气温度和湿度水平较为稳定，且都在规定的舒适范围内，为工作人员营造了一个较好的热舒适环境。

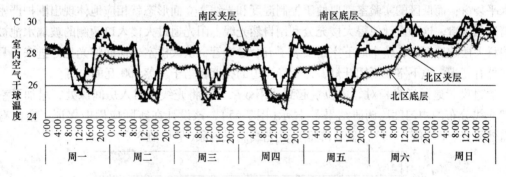

图 7-62　各办公区室内温度变化

图片来源：《热湿地区温湿度独立调节空调系统运行研究》

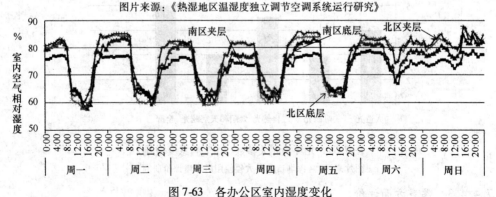

图 7-63　各办公区室内湿度变化

图片来源：《热湿地区温湿度独立调节空调系统运行研究》

在 CO_2 浓度测试中，将八层南区底层与十层南区作对比测试。从图7-64可以看出，除周末外，两办公区 CO_2 浓度变化规律趋于一致，即夜间下班期间 CO_2 浓度都较低且较稳定，而白天上班期间 CO_2 浓度较高，且变化幅度较大，但全部低于1000ppm，满足室内卫生要求。

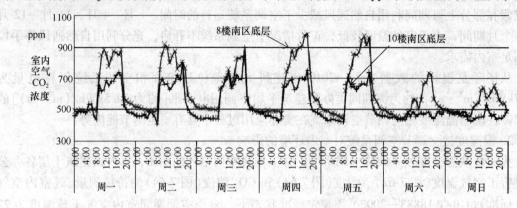

图7-64　两办公区室内 CO_2 浓度变化

图片来源：《热湿地区温湿度独立调节空调系统运行研究》

7.4.4.2　自然采光方面评价

自然采光方面，传统办公建筑临窗的位置易受太阳直射亮度过大，白天需要拉窗帘，而房间深处又因为自然光线不足需要开灯。本建筑采用了"吕"字形平面，最大限度地利用了自然光源。该设计中，人员高度密集的区域需要更多的采光和通风，因此朝东和朝南的立面便采用了水平袋窗；而低区的实验室需要便于控制湿度和光线，立面形态就相应地体现出围护严密和凹窗遮阳构造，这种设计使得大楼充分利用自然光线。阳光通过大楼入口两侧的玻璃水池被引入建科大楼的地下室，整个地下室还安装了五个导光管，从大楼室外地面将光亮导进来，只要是室外有亮光，地下室就不用开灯，每个导光道的亮度相当于一盏300瓦的电灯。

通过设置遮阳反光板对邻窗位置起到遮阳效果，且将光线反射入房间深处，增加了室内自然光线分布的均匀度。调研结果[67]显示（图7-65），该设计在实际应用中保证了室内有充分自然采光（平均值4.45），显著降低自然光线刺眼现象（平均值3.2）。

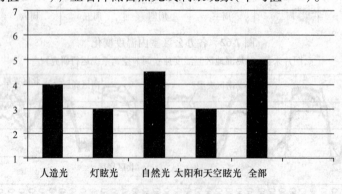

图7-65　光环境相关参数（1～7满意度增强）

图片来源：《深圳市建科大楼使用后环境评价研究》

7.4.4.3　噪声方面评价

噪声方面，本设计对门窗、楼板、地面、天花、室内隔墙均采用构造措施做隔声降噪处理，但是由于本项目采用的是开放式办公环境，人员间的噪声和干扰无法完全避免；而在开窗状况下，建筑周边噪声对室内的影响较大，对工作空间声环境影响突出。

7.4.4.4 行为适用方面评价

工作于深圳建科院大楼的大部分工作人员曾在传统写字楼办公，当该项目在 2009 年开始投入使用后，部分工作人员接受了关于行为方面的调查[67]。该调查要求受访者举例说明该建筑是否使其在某些行为习惯方面有所改变，约 56% 人员表示肯定。其中较常见的行为变化如"调整衣着适应环境温度变化""调节百叶窗来调整自然采光效果""天气情况适宜时，关空调，开窗通风"和"自然光足够时关灯"等，具体如图 7-66 所示。

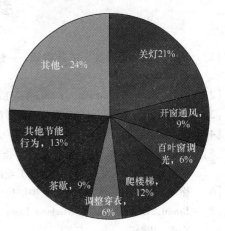

图 7-66　人员行为习惯变化
图片来源：《深圳市建科大楼使用后环境评价研究》

开窗通风、百叶窗调节、敞开式平台上茶歇、衣着调节等行为是建筑使用者主动适应环境的有效方法，重塑了人、建筑与气候的关系，能够降低人们对环境的期望值，提高建筑使用者的舒适度。通过被动式建筑设计和低成本建筑技术，形成与室外气候紧密联系的室内舒适环境，从而实现建筑运行低能耗[68]。

7.4.5 结语

文献[62]显示，通过有关部门的统计分析，在与典型办公建筑分项能耗水平比较时，本工程空调能耗比同类建筑低约 63%，照明能耗比典型同类建筑低约 71%；与典型办公建筑平均水平相比时，大楼总能耗比典型办公建筑平均能耗低 63%，常规电能消耗比典型同类建筑低 66%。按此能耗水平计算，一年内大楼共可节约常规电能约 109.44 万 kWh。经初步测算分析[63]，1.8 万 m² 规模的整座大楼每年可减少运行费用约 150 万元，其中相对常规建筑节约电费 145 万元，节约水费 5.4 万元，节约标煤 610t，每年可减排 CO_2 1600t。

通过以上数据，我们不禁感叹节能设计将会给社会带来很大的经济效益和环境效益，而节能的综合设计是比单一的节能设计更先进的意识与做法。因为综合设计不是满足衡量绿色建筑的单一指标，它是在总体协调的基础上，节能措施的集成研究、应用和优化设计，是系统观念下的综合协调设计。通过综合节能设计的建筑要比仅强调某些节能措施的建筑的经济性、可行性更强。当然，这对我们的建筑师也提出了更高的要求，要求我们具备更强烈的节能意识和更强大的协调能力。

绿色生活永不止步，绿色理念应当贯穿建筑的全寿命周期，建筑节能综合设计将引导我们向更节能、更环保、更生态的方向迈进。

参 考 文 献

[1] 伦纳德 R. 贝奇曼. 整合建筑——建筑学的系统要素[M]. 梁多林，译. 北京：机械工业出版社，2005.

[2] Rocky Mountain Institute. Factor Ten Engineering Design Principles Version1.0[R]. 2010.

[3] 黄继红，贺鸿珠，周岱，等. 建筑节能设计策略与应用[M]. 北京：中国建筑工业出版社，2008.

[4] 戎卫国. 建筑节能原理与技术[M]. 武汉：华中科技大学出版社，2010.

[5] 诺伯特·莱希纳. 建筑师技术设计指南——采暖·降温·照明（原著第二版）[M]. 张利，周玉鹏，汤羽杨，等译. 北京：中国建筑工业出版社，2004.

[6] 徐峰，周爱东，刘兰. 建筑围护结构保温隔热应用技术[M]. 北京：中国建筑工业出版社，2011.

[7] Brown, G. Z., Sun, Windand Light, Architectural Design Strategies, John Wiley & Sons, Inc., New York, 1985.

[8] Lam, W. M. C., Sunlighting as Formgiver for Architecture, Van Nostrand Reinhold, New York, 1986.

[9] 刘加平，谭良斌，何泉. 建筑创作中的节能设计 [M]. 北京：中国建筑工业出版社，2009.

[10] 杨柳. 建筑气候学 [M]. 北京：中国建筑工业出版社，2010.

[11] 刘加平，杨柳. 室内热环境设计 [M]. 北京：机械工业出版社，2005.

[12] 付祥钊，肖益民. 建筑节能原理与技术 [M]. 重庆：重庆大学出版社，2008.

[13] 桑国臣. 西藏高原低能耗居住建筑构造体系研究 [D]. 西安：西安建筑科技大学，2009.

[14] 龙惟定，武涌. 建筑节能技术 [M]. 北京：中国建筑工业出版社，2009.

[15] 徐春桃. 居住建筑外围护结构对室内热环境与建筑能耗的影响 [D]. 重庆：重庆大学，2008.

[16] 郎四维. 《公共建筑节能设计标准》（GB 50189—2005）剖析 [J]. 暖通空调，2005（11）.

[17] 周丽红，李寿德. 夹芯保温复合墙体研究与探讨 [J]. 墙体革新与建筑节能，2008（7）.

[18] JG/J 144—2004，外墙外保温工程技术规程 [S]. 北京：中国建筑工业出版社，2005.

[19] 03J122，外墙内保温建筑构造 [S]. 北京：中国建筑标准设计研究院，2011.

[20] 吴振荧. 北方农村太阳能住宅优化设计及测试分析 [D]. 北京：北京建筑工程学院，2008.

[21] 李元哲，等. 被动式太阳房的原理及其设计 [M]. 北京：能源出版社，1989.

[22] 李元哲. 被动式太阳房热工设计手册 [M]. 北京：清华大学出版社，1993.

[23] 高庆龙. 被动式太阳能建筑设计参数优化研究 [D]. 西安：西安建筑科技大学，2006.

[24] 卜亚明，太阳能采暖系统在小城镇住宅建筑中应用技术的研究 [D]. 上海：同济大学，2006.

[25] 翟亮亮. 西北地区农村民居适宜性建筑技术研究 [D]. 西安：西安建筑科技大学硕士论文，2010.

[26] 梁锐，张群，刘加平. 西北乡村民居适宜性生态建筑技术实践研究 [J]. 西安：西安科技大学学报，Vo.130 No·3，2010

[27] 丹尼尔·D·希拉著. 太阳能建筑——被动式采暖和降温 [M]. 薛一冰，管振忠，译. 北京：中国建筑工业出版社，2008.

[28] 田鹏. 榆林沙地区域的绿色建筑模式研究 [D]. 西安：西安建筑科技大学，2010.

[29] 杨柳. 建筑气候分析与设计策略研究 [D]. 西安：西安建筑科技大学，2003.

[30] 董宏. 自然通风降温设计分区研究 [D]. 西安：西安建筑科技大学，2006.

[31] 张志强，曾朋，苏文佳，李平. 建筑物辐射制冷研究 [J]. 郑州：郑州轻工业学院学报（自然科学版），2008（4）.

[32] 芮智刚. 辐射制冷的应用研究 [D]. 镇江：江苏大学，2010.

[33] 李俊鸽. 夏热冬冷地区人体热舒适气候适应模型研究 [D]. 西安：西安建筑科技大学，2006.

[34] 文福. 大开口自然通风模拟及实验研究 [D]. 西安：西安建筑科技大学，2008.

[35] 郭宏亮. 居住区室内自然通风关键问题研究 [D]. 哈尔滨：哈尔滨工业大学，2009.

[36] 甘灵丽. 夏热冬冷地区住宅间歇通风研究 [D]. 重庆：重庆大学，2008.

[37] 李跃群. 遮阳构件对室内自然通风影响的研究 [D]. 广州：华南理工大学，2010.

[38] 卜根. 不同地区自然通风应用潜力与节能潜力研究（硕士学位论文）. 南京：南京理工大学，2010.

[39] 吕书强. 窗户位置和尺寸对住宅室内自然通风的影响及效果评价 [D]. 天津：天津大学，2010.

[40] 刘元. 寒冷地区住宅适宜性节能构造技术研究 [D]. 西安：西安建筑科技大学，2007.

[41] 陈飞. 建筑与气候——夏热冬冷地区建筑风环境研究 [D]. 上海：同济大学，2007.

[42] 邓巧林. 具有中庭空间的高层住宅建筑自然通风特性研究 [D]. 长沙：湖南大学，2006.

[43] G·Z·布朗，马克·德凯. 太阳辐射·风·自然光——建筑设计策略 [M]. 北京：中国建筑工业出版社，2007.

[44] 赵荣义，范存养，薛殿华，钱以明. 空气调节（第四版） [M]. 北京：中国建筑工业出版社，2009.

[45] 杨世铭，陶文铨. 传热学（第三版）[M]. 北京：高等教育出版社，1998.

[46] 吉沃尼著，陈士麟译. 人·气候·建筑 [M]. 北京：中国建筑工业出版社，1987.

[47] 克里尚，等. 建筑节能设计手册——气候与建筑 [M]. 刘加平，等译. 北京：中国建筑工业出版社，2005.

[48] 周若祁. 绿色建筑 [M]. 北京：中国计划出版社，1999.

[49] 巴鲁克·吉沃尼. 建筑设计和城市设计中的气候因素 [M]. 汪芳，等译. 北京：中国建筑工业出版社，2011.

[50] 夏菁，黄作栋. 英国贝丁顿零能耗发展项目 [J]. 世界建筑，2004：76 - 79.

[51] 刘嘉. 贝丁顿生态村的"低碳"启示 [J]. 视野，2010：60 - 61.

[52] 周小玲. 低碳社区典范：零能耗的贝丁顿社区 [J]. 世界科学，2010：26 - 27.

[53] 郭禅娇，刘建. 贝丁顿生态村建筑实例解析 [J]. 河南建材，2008 (1)：24 - 25.

[54] ZEDfactory，朱晓琳. 贝丁顿零碳社区 [J]. 建筑技艺，2011 (Z5)：146 - 151.

[55] 夏斐. 英国低碳生态住宅区实践 [J]. 电力需求与管理，2010，12 (3)：74 - 76.

[56] 张建新，郑大玮. 国外雨水收集利用与研究 [J]. 四川水利，2004 (增刊)：61 - 63.

[57] 李戬洪，马伟斌，江晴，黄志诚，夏文慧. 100kW 太阳能制冷空调系统 [J]. 太阳能学报，1999，20 (3)：239 - 243.

[58] 姚润明，昆·斯蒂摩司（Koen Steemers），李百战. 可持续城市与建筑设计（中英文对照版）[M]. 中国建筑工业出版社，2006.

[59] Bill Dunster. 走向零能耗（From A to Zed）[M]. 史岚岚，郑晓燕，TopEnergy，译. 中国建筑工业出版社 ，2008.

[60] 蔡增基，龙天渝. 流体力学 [M]. 北京：建筑工业出版社，2004.

[61] 周若祁. 绿色建筑体系与黄土高原基本聚居模式 [M]. 北京：建筑工业出版社，2007.

[62] 深圳市建筑科学研究院有限公司. 建科大楼：实践平民化的绿色建筑 [J]. 建设科技，2010 (13)：56 - 60.

[63] 袁小宜，叶青，刘宗源，沈粤湘，张炜. 实践平民化的绿色建筑——深圳建科大楼设计 [J]. 建筑学报，2010 (01)：14 - 19.

[64] 田旭东，杜立卫，宋有强等. 温湿度独立控制系统用干式显热风机盘管的研究 [J]. 暖通空调，2011 (41)：28 - 32.

［65］ 杨海龙. 热湿地区温湿度独立调节空调系统运行研究 ［D］. 重庆：重庆大学，2011.

［66］ 国家质量监督检验检疫总局. 室内空气质量标准 ［S］. 北京：中国标准出版社，2002.

［67］ 陈凤娜，苟中华. 深圳市建科大楼使用后环境评价研究 ［J］. 城市发展研究——第七届国际绿色建筑与建筑节能大会论文集，2011.

［68］ 张宇峰，赵荣义. 建筑环境人体热适应研究综述与讨论 ［J］. 暖通空调，2010（9）：38-48.